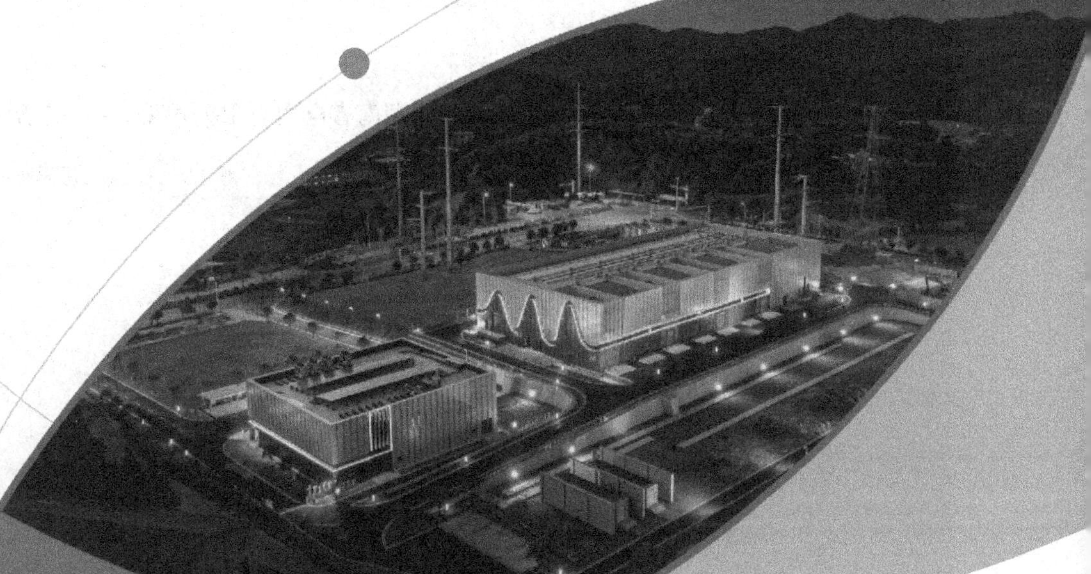

电网现代建设管理体系探索与创新

国网湖南省电力有限公司 编

中山大学出版社
·广州·

版权所有　翻印必究

图书在版编目（CIP）数据

电网现代建设管理体系探索与创新／国网湖南省电力有限公司编． -- 广州：中山大学出版社，2025.5. -- ISBN 978 - 7 - 306 - 08439 - 2

Ⅰ．TM727

中国国家版本馆 CIP 数据核字第 2025XR7638 号

出 版 人：	王天琪
策划编辑：	吕肖剑
责任编辑：	罗雪梅
封面设计：	曾　斌
责任校对：	刘奕宏
责任技编：	靳晓虹
出版发行：	中山大学出版社
电　　话：	编辑部 020 - 84110283，84111996，84111997，84113349
	发行部 020 - 84111998，84111981，84111160
地　　址：	广州市新港西路 135 号
邮　　编：	510275　　传　真：020 - 84036565
网　　址：	http://www.zsup.com.cn　E-mail：zdcbs@mail.sysu.edu.cn
印 刷 者：	广东虎彩云印刷有限公司
规　　格：	787mm×1092mm　1/16　19.25 印张　515 千字
版次印次：	2025 年 5 月第 1 版　2025 年 5 月第 1 次印刷
定　　价：	68.00 元

如发现本书因印装质量影响阅读，请与出版社发行部联系调换

编委会

主　任：明　煦
副主任：闫承山　李　荣
委　员：颜宏文　姚震宇　徐　畅　张恒武　严科辉　杨力帆　唐　信
　　　　罗仲达　钱　武　徐　超　谌　智　彭凌烟

编写组

组　长：姚震宇
副组长：徐　畅　张恒武　严科辉
成　员：谢春光　江志文　洪　峰　刘永宽　胡　伟　陈　卫　江　雷
　　　　甘　星　师　塁　侯雪波　李国勇　易南健　马　海　张　宏
　　　　彭可竹　许亚伦　李金茗　朱百一　周振兴　侯少夫　邓　源
　　　　陈逢榜　邹永兴　王　力　刘　嘉　龙宗刚　周松林　黄　韬
　　　　蒋　成　许自豪　孔祥霁　袁　翎　陈　亮　谢子轩　程　浩
　　　　张国伟　孔嘉毅　车　垚　谭　彬　徐志强　罗佑锋　周　芳
　　　　李振华　荣　耀　曾　真

序

党的二十届三中全会是在以中国式现代化全面推进强国建设、民族复兴伟业的关键时期召开的一次具有里程碑意义的重要会议。作为党领导下的国有企业，国网湖南省电力有限公司（以下简称"公司"）必须切实把思想和行动统一到全会精神上来，奋力推动湖南电力改革发展。

全会指出，当前和今后一个时期是以中国式现代化全面推进强国建设、民族复兴伟业的关键时期。对于公司而言，同样是发展转型跨越的关键时期，必须把准时代发展大势，因势而动、顺势而为。作为服务湖南"三高四新"美好蓝图的电力"先行官"，作为责任央企，公司必须在进一步全面深化改革中干在实处、走在前列。

近年来，公司全面贯彻落实习近平总书记关于"能源转型"的工作要求，围绕实现"双碳"（碳达峰、碳中和）目标，加快构建新型电力系统，助力新型能源体系规划建设，不断探索适应中国式现代化电网企业发展路径的电网建设管理新模式，推动电网高质量建设。

公司始终坚持把改革创新作为解决发展难题的"金钥匙"，有序推进电力体制改革、内部管理变革，企业治理体系和治理能力现代化迈出坚实步伐。《电网现代建设管理体系探索与创新》是公司继《电网现代建设管理体系研究与实践》后的第二本电网现代建设管理系列书籍。该书从推动转型升级、促进管理提升、大力研究创新三个层面，对电网现代建设管理体系进行了总结和阐述，力求系统全面、凝聚焦点、突出重点，与社会各界共享智慧、共促发展。

期望公司广大员工继续发扬钉钉子精神，直面问题、主动亮剑，苦干实干、攻坚克难，推出更多更好的新成果，打造精品，形成系列，奋力交出进一步全面深化改革的精彩答卷、高分答卷、满意答卷。

国网湖南省电力有限公司董事长、党委书记

目 录

上编　推动转型升级

国网湖南电力建设部关于输电线路机械化施工设计指导意见（技术部分） ……………………………………………………………………………………… (2)

国网湖南电力建设部关于输电线路机械化施工设计指导意见（技经部分） ……………………………………………………………………………………… (8)

国网湖南电力建设部关于执行线路工程机械化施工道路修筑、修复及施工装备应用管理二十七条的通知 …………………………………… (12)

国网湖南省电力有限公司关于加强电网建设项目施工期环保水保监督管理的指导意见（试行） ………………………………………… (14)

国网湖南省电力有限公司关于进一步加强环境保护专业管理的通知 ……… (24)

国网湖南省电力有限公司关于建设专业数智化转型顶层设计方案 ………… (37)

国网湖南省电力有限公司关于基建无人机全链作业体系建设实施的指导意见 ……………………………………………………………… (50)

中编　促进管理提升

国网湖南电力建设部关于开展输变电工程建设状态"日评价"工作的通知（试行） ……………………………………………………………… (56)

国网湖南电力建设部关于印发电网建设专业安全生产治本攻坚三年行动实施方案的通知 ……………………………………………………… (69)

国网湖南电力建设部关于开展输变电工程"严规矩、强执行"专项整治行动的通知 …………………………………………………………… (74)

国网湖南电力建设部关于强化"前期、业主、监理、施工"四个项目部安全履职管控的通知 ……………………………………………… (77)

国网湖南电力建设部关于印发输变电工程安全挂点负责管理指导意见的通知 ……… (108)

国网湖南省电力有限公司关于印发输变电工程前期工作质量管理二十条硬性规定的通知 ………………………………………………… (114)

国网湖南省电力有限公司深化输变电工程前期项目部高效运转的指导意见（试行） ……………………………………………………… (119)

国网湖南电力建设部关于强化市州供电公司电网建设"两主一机制"的通知 ……… (148)

国网湖南省电力有限公司关于印发输变电工程设计能力提升两年行动方案的通知 ………………………………………………………… (151)

1

国网湖南省电力有限公司关于印发产业施工单位能力提升两年行动
　　方案的通知 ……………………………………………………………（169）
国网湖南省电力有限公司关于开展基建现代班组建设的指导意见 …………（177）
国网湖南电力建设部关于建立电网建设专业专家骨干人才共享共用
　　机制的通知 ……………………………………………………………（191）
国网湖南省电力有限公司电网建设产业工人履职能力和技能水平测试
　　实施指导意见（试行） …………………………………………………（195）
国网湖南电力建设部关于开展"卓越业主项目经理""金牌施工
　　项目经理""五星施工班长"评选的通知 ……………………………（208）
国网湖南省电力有限公司技经专业与项目管理高度融合实施方案 …………（216）

下编　大力研究创新

国网湖南电力有限公司关于打造新时代湖湘特色电网建设工程技术
　　研发基地服务电网高质量发展的方案 ………………………………（263）
关于造价、装备、环保水保等专业在机械化施工转型升级中的影响
　　与作用的研究报告 ……………………………………………………（272）
基于预制混凝土结构变电站绿色智能建造体系和资源循环技术的研究
　　与应用 …………………………………………………………………（280）
关于无人机在基建全过程中深化应用的研究报告 ……………………………（292）

上 编

推动转型升级

国网湖南电力建设部关于输电线路机械化施工设计指导意见（技术部分）

为全面落实公司《基建机械化施工三年提升计划工作方案》，持续深化机械化施工创新应用，提升公司机械化施工应用成效，安全优质高效推进电网建设，特制定机械化施工设计指导意见（技术部分），请各单位参照执行。

一、总体原则

（1）本指导意见适用于湖南省内110千伏及以上电网建设工程，35千伏输电线路可参照执行。

（2）全面转变设计理念，围绕机械化施工"降风险、提效率、增效益"目标，依据公司《基建机械化施工三年提升计划工作方案》要求，积极应用数字航测技术，优化选址选线，深化应用三维设计成果，做深做实机械化施工专项设计，不断提高机械化施工应用率。

（3）积极应用国网公司和公司现有机械化施工装备体系，优化设计方案，深度融合施工装备技术成果，确保技术落地、施工绿色高效、风险可控。

（4）平地、泥沼、丘陵地形条件下的输电线路宜全面采用机械化施工；山地、高山地形条件下的输电线路应结合线路附近交通条件，经过经济技术比较后科学采用。

二、全过程机械化施工设计要点

机械化施工理念应贯穿设计全过程，从可行性研究阶段开始至施工图设计阶段，应提出可实施的机械化施工设计方案，并按照机械化施工模式编制工程概算和预算。

（一）可行性研究阶段

重点落实路径机械化施工方案可行性。路径选择应结合卫片（卫星像片图）或数字航测成果，充分利用现有道路，综合考虑物料运输、设备进场、牵张场设置、重要跨越（铁路、高速公路）等机械化施工作业因素，在可研报告中，应通过专章阐述机械化设计相关内容，并进行多方案技术比选，为后续机械化施工设计方案的制定做好技术储备。

线路工程地质勘察应结合区域地质资料，以地质调查为主；地质条件对路径走向或工程造价有重大影响的地段，如大面积回填区、湖区、河滩等，需适当增加勘探点；大跨越塔位、江心洲塔位应逐基开展工程钻探。

（二）初步设计阶段

全面应用数字航测和三维设计成果，结合现场详细踏勘和沿线交通调查，进一步优化线路路径，开展杆塔预排位，充分考虑设备进场和材料运输，细化塔位临时道路方案，落实环评水保要求，合理计列工程量。

初步设计阶段，应有独立的机械化施工专题报告，包含但不限于以下内容：路径方案比选及优化、临时道路方案、导地线运输及架设、杆塔选型及接地优化、基础型式选择及优化、运输方案及环水保措施等。临时道路方案应逐基明确长度、宽度、降方量及修筑方式（如路床整形、碎石铺筑、余土外运、路基箱敷设方式），土石比按地勘报告选取。

加强线路工程地质勘查，针对地质条件对路径走向或工程造价有重大影响的地段，如大面积回填区、湖区、河滩、江心洲等，初步设计按施工图深度逐基一次性勘查到位。

（三）施工图设计阶段

全面加强现场勘察，重点做好路径选择、杆塔排位、装备选型、临时道路方案、基础优化等工作，全面做好"设计与施工""工法与装备""技术与技经"三个协同，做到设计更优、工程量计列规范、造价合理。

结合三维设计开展施工道路及通道清理设计，深化应用机械挖孔基础，重点突出工程设计与施工技术、装备性能的高度协同。从设计源头开展技术创新，持续提升基础、组塔、接地等工序的机械化施工水平。

1. 路径选择

基于多源航测技术，结合三维设计对路径方案进行细化和落实，以"占地赔偿少、施工道路短、方案可实施"为原则优化杆塔排位，尽量靠近附近已有道路、避开高陡边坡等机械化施工困难的场地，方便机械化施工。

2. 装备选型

设计阶段应加强装备选型理念，熟悉临时道路修建、物料工地运输、基础开挖成孔、混凝土施工、接地施工、组塔施工、架线施工和施工辅助全过程施工设备性能参数。桩基础优先选用电建钻机，锚杆基础优先选用锚杆钻机，板式基础采用履带式挖掘机，微型桩采用电建钻机或其他专用设备，预制管桩采用柴油或液压打桩机。山地和丘陵地区宜采用预拌混凝土加地泵或天泵方式，如预拌混凝土采用转运方式，坍落度80毫米以上的预拌混凝土不应采用斗车等平板式车辆转运，不考虑大型预拌混凝土罐车直接到塔位而扩大修路，宜优先选用小型履带预拌混凝土罐车。

组塔装备选型原则。500千伏线路工程优先选用轮式/履带式起重机、落地抱杆。220千伏及以下线路工程，地形具备条件时优先采用轮式/履带式起重机，结合装备研发进展选用轻型履带式电建起重机，其次采用轻型落地抱杆，悬浮抱杆方式作为备选方式。采用机械化施工的塔位，每基应考虑一次机械设备转场的措施费。

3. 临时道路和运输方案

施工道路的路径选择应充分结合地形地貌和机械装备性能参数。现有道路宽度、路面质量等不满足运输要求时，应进行拓宽、加固，通过技术经济对比选取最优的临时道路路面加固方案，如铺设碎石、钢制路基板或路基箱等方式，积极探索采用新型环保材料替代的铺设方案。

新修运输道路应选择最经济可行的方案，通过合理规划兼顾森林防火、永久道路和巡线道路，实现道路的"永临结合""生态环保"。

采用机械化施工的工程，施工临时道路应综合考虑施工机械设备进退场（大型预拌混凝土罐车除外），并充分调查道路限载、桥梁限重及涵洞限高等通道关键控制点，道路修筑应全面落实环水保和文明施工管理要求，宜采用原有小路或沿山脊进行道路修筑，禁止采用

"之"字形盘山路修筑方式。临时道路宽度220千伏及以上宜控制在4米以内，110千伏及以下宜控制在3米以内，严禁大规模毁林或破坏植被行为。各地形临时施工道路修筑平均长度原则上不超过以下限值：水田150米，丘陵280米，山地350米，高山500米，道路修筑降基高度不宜超过1.5米；特殊情况平均修路长度超过对应地形典型修路长度或涉及经济作物补偿的，应进行专项分析；单基修路长度超过800米的，应进行单基技术经济比选。对履带式电建钻机难以到达的塔位，应采取优化基础型式、塔位调整等措施，降低深基坑人工开挖作业风险。

设计应根据工程实际，结合地形地貌特点，选择合理的施工运输机械方案，以提高施工效率，降低工程成本，因地制宜地选用窄轨履带运输车、轻型卡车、轮胎式运输车及索道等物料运输装备。设计应综合比较索道运输和车辆运输条件，提出具体的运输方式，如采用索道应明确索道架设方式（如循环式、往返式等）。

货运架空索道应用原则。在高山峻岭地区（坡度35°以上）的人力无法运输的塔位，宜采用索道运输；在山地（坡度25°～35°）及一般山地（坡度15°～25°）地区，当塔位距离车辆运输到达点直线距离在600米以上时，可采用索道运输；对于以上地形，如存在连续2基及以上塔位，可共用一条索道，宜采用索道运输。如塔基范围地形受限，采用机械、畜力、人力无法满足要求时，可采用索道运输。

4. 提高勘测深度和精度

以遥感、激光雷达影像为基础，应用微动法、高密度电法、地质雷达、面波仪等地质探测新手段，查明覆盖层厚度、溶洞发育和基岩面起伏情况，评价岩石风化程度和完整性，提升数据的准确性。根据岩石强度合理选择机械设备及钻头，提高施工效率。

采用岩石锚杆等新型基础的塔位，先地质调查，高密度电法物探，再加工程钻机逐腿钻探；利用旋挖成孔机械化施工的塔位，在采用常规便捷勘探手段的同时，应根据区段类别每3～5基使用工程钻机进行钻探，逐基查明并判断覆盖层厚度、岩土类别和地层的可钻性；地质条件较差（如厚填土、厚淤泥）的塔位，须使用工程钻机逐基钻探；沿城区或城区外既有道路采用钢管或窄基塔架空的线路，应采用工程钻机逐基钻探。

5. 基础选型及优化

明确机械化施工的塔位，强化地勘报告的深度，细化单基地质的分层结构，根据地质分类及机械化施工需求，因地制宜地采用适合机械化施工的基础型式：覆盖层较厚的山区塔位宜采用机械挖孔桩基础，覆盖层较薄或岩石裸露的山区塔位优先采用岩石锚杆和微型桩等环保基础；水田优先采用灌注桩基础，地质为上土下岩时，可采用电建钻机旋挖成孔；地质中夹杂流砂等不易成孔的地层时，可采用电建钻机配置护筒护壁或者采用循环泥浆护壁；开挖深度不超过5米，并经过经济技术比较具有较大优势时，可采用板式基础。灌注桩基础采用泥浆护壁时，应考虑泥浆外运等措施，若采取其他护壁措施，设计应在图纸中明确。

设计应针对不同的地质地形、基础作用力等条件，优化基础设计，严格控制入岩深度，降低施工难度。为方便机械化施工，单项工程基础直径宜控制在5种以内，逐基做好地质勘探，确保基础设计方案、钻机钻具配备符合现场实际。

5种常用基础型式的适用性选型见表1。

表1 适用于机械化施工常规基础的适用性选型

基础型式	软质岩			硬质岩			一般土层		软弱土层
	覆盖层薄	覆盖层中	覆盖层厚	覆盖层薄	覆盖层中	覆盖层厚	无水	有水	有水
挖孔桩	+	++	++	+	++	++	++	-	-
岩石锚杆	++	+	-	++	+	-	-	-	-
灌注桩	-	-	-	-	-	-	-	++	++
板式基础	-	-	+	-	-	+	++	+	+
微型桩基础	++	++	+	++	++	+	+	-	-

注：1. 其中"++"表示普遍适用，"+"表示部分适用，"-"表示不适用；
　　2. 覆盖层薄是指厚度为3米以内，覆盖层中是指厚度在3～5米间，覆盖层厚是指厚度大于5米。

6. 杆塔选型优化

进行杆塔结构优化，提升山区铁塔组立机械化施工水平。结合履带式电建塔吊系列化研发进展，在220千伏、500千伏线路组合角钢铁塔中积极探索应用钢管塔，减少塔身辅材、节点数量，降低螺栓紧固工作，减少现场拼装，压降施工作业风险。由于地形受限，需搭建特殊作业平台的塔位，应逐基落实设计方案，并合理计列相关费用。

7. 塔基施工作业面

塔基施工作业面应满足设备进场、基础开挖及组塔等作业要求，尽量减少占地及基面降基。结合塔位实际地形、机械化施工装备作业要求，利用原有平台，灵活布置，必要时选择合理位置进行降基。

设计应结合施工便道，充分利用塔位附近的原有道路或临时道路，根据现场坡度、铁塔根开范围，合理选择塔位中心区域或周边环形区域作为施工作业面。施工作业平台位于基础上边坡或与基础天然地面同标高。设计应根据山地地形优化高低腿配置，每基塔位施工作业平台不宜超过两个，尽量减少塔基范围内机械进场道路修筑，依据工程实际情况，在图纸中列出各类塔基施工作业平台典型布置方案，并在单基策划表中明确选用的作业平台方案类型。

8. 接地方案优化

充分利用电建钻机性能，探索研究新型接地设计方案，将接地射线控制在施工场地范围内，避免大范围开挖引发环水保问题，提高接地工序机械化水平。开挖深度范围内为岩石的接地装置通过经济技术比较可采用柔性石墨接地带或接地模块，避免接地线过长造成毁林与植被破坏。积极探索铜覆钢等垂直接地体的推广应用。

9. 环水保措施

设计单位应遵循"先控后治"原则，根据工程情况和环水保批复要求完成环水保专项设计，临时道路应采取削高就低方案，明确余土处置要求；明确施工后复绿方案，如播撒草籽、布置植被恢复生态包、灌木种植等，并计列相关费用，确保机械化与环水保和谐共生。

10. 机械化施工专项设计卷册

在施工图阶段，应有单独的机械化施工专项设计卷册，应包含但不限于以下内容：

(1) 路径方案图。
(2) 基础配置表。
(3) 机械化施工单基策划表。
(4) 机械化施工总表。

机械化施工设计方案应充分考虑施工装备进场的可行性，开展基于三维设计的精准选线定位和施工临时道路单基策划。每基塔位应有独立的单基策划表，表中包含杆塔及基础主要信息、施工道路修筑、通道清理、作业平台、装备选择及含高程信息的现场全景图等内容。

11. 技术经济比选

进行机械化施工方案与常规方案的技术经济指标对比分析，充分论证机械化施工设计方案的可行性和经济性，合理确定工程造价。

三、工作要求

（一）高度重视，提高认识

各单位要深刻认识到机械化施工对基建安全、质量、进度带来的积极变革，要深入学习国网公司和省公司机械化施工管理有关文件，从设计源头落实机械化施工要求。设计单位要关口前移，做深可行性研究（简称"可研"），做优初步设计，做实施工图设计，切实发挥设计龙头引领作用。

（二）深入开展设计与施工融合

建管单位要组织施工专家提前参与工程前期，220千伏及以上工程，原则上由省送变电公司安排专家支撑，110千伏及以下项目由市（州）供电公司安排专家支撑，设计单位应主动对接施工专家，在可研、初步设计及施工图阶段充分听取施工方面的意见和建议，确保设计方案更具可操作性和合理性。工程需采用货运架空索道时，在施工图评审阶段由专家审查确定具体技术方案。

（三）加强各阶段设计评审把关

评审单位认真开展"预评审"，对机械化施工专项设计方案缺失或深度严重不足的，严格执行"挡出制"，并在设计质量评价中予以扣分。因客观条件导致机械化应用率低于基准应用率目标的，应严格履行沟通汇报机制，经公司建设部审批同意后，方可纳入评审。

（四）严格把握评审重点

评审单位应结合数字航测成果、现场勘测基础数据，重点审查是否落实设计指导意见，是否落实"因地制宜、能用必用"原则，临时道路修筑等辅助工程量计列是否合理。评审单位要配齐岩土专家，加强对地勘深度和技术方案的审查把关，避免出现基础型式与施工装备不匹配、钻机钻具配置与地质条件不匹配等问题，确保机械化施工顺利实施。

（五）建立考核约谈机制

未落实机械化施工设计要求，无特殊原因且未沟通汇报的，造成后续重大设计变更或签证的，对设计单位进行问责约谈，除依据合同条款进行考核外，设计纳入负面清单管理。对于建管单位管理缺位的，纳入同业对标考核。机械化施工专项设计方案在施工图审定后，原则上不得在施工过程中随意改变。

四、发展展望

（一）持续发挥设计在机械化施工中的技术引领作用

通过设计创新及设计优化，不断提升机械化施工整体功效。加强设计与施工的互补交流，鼓励设计人员到施工项目部、作业班组开展轮训，深入了解施工工法、作业工序，全面提升设计人员施工理念，做深做实机械化设计方案。

（二）加快机械化施工专用装备研发与应用

聚焦基础和组塔等高风险作业施工装备，重点突破山地模块化微型钻机、轻型履带式电建起重机等研发，强化环水保"先控后治"管理体系，保障机械化施工依法合规推进。

国网湖南电力建设部关于输电线路机械化
施工设计指导意见（技经部分）

依据国家能源局发布的《电网工程建设预算编制与计算规定（2018年版）》和《电力建设工程预算定额（2018年版）》（第四册"架空输电线路工程"），以及《国网湖南省电力有限公司关于印发输电线路机械化施工设计指导意见（2022年版）的通知》（湘电公司建设〔2022〕367号）中输电线路机械化施工设计指导意见（技术部分）有关设计原则，为进一步规范输电线路工程机械化施工概预算编制管理，明确以下原则，请参照执行。

一、总体原则

（1）本指导意见适用于公司投资的、符合技术要求的110千伏～500千伏架空输电线路工程机械化施工概预算编制。35千伏架空输电线路工程仅当采用深基坑设计方案时参照执行。

（2）根据输电线路机械化施工设计指导意见（技术部分）编制工程机械化施工专项设计方案（以下简称"专项方案"），并根据单基策划和工程实际计列必要的道路修筑和相关补偿等费用。

（3）实施机械化施工的架空输电线路工程，应开展与国家电网有限公司输变电工程多维立体参考价及湖南省电力有限公司输变电工程差异化标准参考价的对比分析，对于超参考价±10%以上的工程，设计文件中必须提供方案技术经济比选专篇论证材料。以参考价为宏观尺度，加强方案比选，合理确定造价。

二、工地运输费用

实施机械化施工段，修筑满足施工机械、设备必要行走条件的临时道路，原则上材料按汽运到桩位考虑，不计人力运输。

山地、高山地形，根据实际运输条件计列拖拉机运输。500千伏线路工程，丘陵、山地、高山地形，根据工程实际需采用履带车运输的，按照拖拉机运输×调整系数2.5计列。

三、基础工程费用

（1）挖孔桩基础。在非岩石地质情况下，采用新型旋挖钻机进行基础开挖，执行《电力建设工程预算定额（2018年版）》（第四册"架空输电线路工程"）第2章机械挖方定额，基础浇筑执行第3章现浇基础定额；岩石地质情况下，采用新型旋挖钻机进行基础开挖，挖孔基础机械开挖岩石定额调整＝机械挖松砂石定额×调整系数。

调整系数计算原则，根据《岩土工程勘察规范》（GB 50021—2001）（2009年版）中的岩石分类及工程实测水平计列：

①软岩-较软岩（5MPa～30MPa），如弱风化较软岩、未风化泥岩、强风化的坚硬岩、弱风化的较坚硬岩，调整系数为1。

②较硬岩（30MPa～60MPa），如未风化-弱风化的凝灰岩、千枚岩、砂质泥岩、泥灰岩、泥质砂岩、粉砂岩、页岩等，以及弱风化的坚硬岩、未风化-微风化的熔结凝灰岩、大理岩、板岩、白云岩、石灰岩、钙质胶结的砂岩等，调整系数详见下表。

孔径	1.0米以内	1.2米以内	1.4米以内	1.6米以内	1.8米以内	2.0米以内
调整系数	1.53	1.61	1.76	1.85	2.05	2.32

③坚硬岩（60MPa以上），如未风化-微风化的花岗岩、闪长岩、辉绿岩、玄武岩、安山岩、片麻岩、石英岩、石英砂岩、硅质砾岩、硅质石灰岩等，调整系数详见下表。

孔径	1.0米以内	1.2米以内	1.4米以内	1.6米以内	1.8米以内	2.0米以内
调整系数	2.04	2.33	2.73	3.19	3.75	4.40

④所述类型岩石，设计单位应做到"一基一验算"，优化基础型式，严格控制入岩深度，降低施工难度。

（2）灌注桩基础、岩石锚杆基础。执行《电力建设工程预算定额（2018年版）》（第四册"架空输电线路工程"）第3章相应定额。

（3）采用商品混凝土的价格按当地信息价计列，另考虑运距100米以外的泵送费（含安拆费），平地地形暂按20元/立方米、丘陵地形暂按40元/立方米、山地地形暂按50元/立方米、高山地形暂按70元/立方米计列。

（4）单独考虑履带式旋挖钻机和履带式电建起重机场外运输一次费用。

履带式旋挖钻机：泥沼地形暂按3188元/台次、丘陵地形暂按4250元/台次、山地地形暂按7438元/台次、高山地形暂按10626元/台次以一笔性费用计列，机械转运道路连续的山地、高山地形，场外运输费用降档计列。

履带式电建起重机：泥沼地形暂按3088元/台次、丘陵地形暂按4117元/台次、山地地形暂按7205元/台次、高山地形暂按10293元/台次以一笔性费用计列，机械转运道路连续的山地、高山地形，场外运输费用降档计列。

四、组塔工程费用

采用落地抱杆或者吊车组塔的工程，根据塔高和重量，执行《电力建设工程预算定额（2018年版）》（第四册"架空输电线路工程"）第4章相应定额。

五、架线工程费用

采用飞行器展放引绳及采用张力放线的工程，执行《电力建设工程预算定额（2018年版）》（第四册"架空输电线路工程"）第5章相应定额。飞行器租赁费暂按220千伏及以上双回架空线路工程3000元/千米，单回架空线路工程2000元/千米；110千伏及以下双回架空线路工程 1800 元/千米，单回架空线路工程 1200 元/千米计列。

六、辅助工程费用

（1）丘陵、山地、高山地形临时施工道路一般采用路床整形和拓宽的方式，道路宽度 220 千伏及以上按不超过 4 米考虑，110 千伏及以下按不超过 3 米考虑。临时道路修筑引起的土石方开挖降基工程量中，10% 按人工降基方式考虑，套用输电线路工程相关定额，其余部分参考公路定额中的挖土方计列。

（2）水田、泥沼地形一般采用铺设钢制路基板或路基箱的方式，110 千伏及以下以铺设钢制路基板为主，路基箱铺设比例原则上不超过 40%。路基箱采取横铺长度以不超过离路边 30 米以及离塔 30 米考虑，其余采取竖铺。

路基箱租赁时间：仅基础采用机械化施工的，500 千伏工程 12 天，220 千伏工程 10 天，110 千伏工程 7 天；基础和组塔采用机械化施工的，500 千伏工程 21 天，220 千伏工程 18 天，110 千伏工程 12 天。

安拆和移动费用：安拆移动和进出场按不超过 2 次考虑。路基箱如采用租赁方式，单价暂按 11 元/天·块（含税）计列，基础和组塔采用机械化施工的，考虑 2 次安拆费；仅基础采用机械化施工的，考虑 1 次安拆费。500 千伏工程 8000 元/（基·次），220 千伏工程 6000 元/（基·次），110 千伏工程 4000 元/（基·次）。

七、建设场地征用及清理费

1. 临时道路青苗补偿费

（1）综合考虑道路修筑和路基箱铺设，临时道路青苗补偿费＝临时道路长度（m）×宽度（m）/667（m^2/亩）×青苗补偿综合单价。

（2）青苗补偿综合单价依据实际植被覆盖比例，按照当地政府青苗补偿相关文件计列，对于实际情况超文件标准的，应另行提供有效依据文件计算。

（3）设计单位须按附件要求出具青苗覆盖情况统计表，明确各线路段实际植被覆盖种类和比例。（见附表 1、附表 2）

2. 临时使用林地恢复植被和林业生产条件费

按照湖南省林业局关于印发《湖南省"恢复植被和林业生产条件"所需费用执行标准》（湘林法〔2023〕6 号）规定执行。

3. 现场复绿费用

按照水保批复方案中的工程量和费用计列。

4. 机械化施工引起的额外乡村道路修复费用

概预算阶段根据采用机械化施工的塔基数量，按 500 千伏线路工程 9000 元/基，220 千伏线路工程 6000 元/基，110 千伏线路工程 3000 元/基计列，位于湖区且为泥沼、河网地形的塔基，按调整系数 1.6 计列。施工招标阶段列入最高投标限价中的措施项目二，结算阶段根据实际采用机械化施工的塔基数调整。在建、未结算且实际发生了该项费用的工程，参照本条款，由发承包双方签订补充协议，以上述标准为上限，据实签证结算。

八、灌注桩施工措施补助费

按灌注桩施工设计专项方案计列措施补助费用,如泥浆处置方式、外运量、外运距离等。

附表1

架空输电线路机械化施工道路修筑青苗覆盖情况统计(初步设计阶段)

植被覆盖类型	水田	旱土	一般林地	经济林	专业菜地	备注
比例(%)						

注:如有单棵名贵苗木赔偿,可备注补充。

附表2

架空输电线路机械化施工道路修筑青苗覆盖情况统计(施工图设计阶段)

桩号	青苗赔偿长度(m)	植被覆盖类型(%)					备注
		水田	旱土	一般林地	经济林	专业菜地	

注:如有单棵名贵苗木赔偿,可备注补充。

国网湖南电力建设部关于执行线路工程机械化施工道路修筑、修复及施工装备应用管理二十七条的通知

为深入推进机械化施工全面应用，强化专业管理，保障工程建设顺利开展，充分发挥机械化施工安全、优质、高效助力电网建设优势，公司建设部组织制定了机械化施工道路修筑、修复及施工装备应用管理二十七条，请各单位严格遵照执行。

一、设计及评审管理

（1）可行性研究阶段应优先选用机械化施工技术方案，足额计列估算费用，参考公司关于输电线路机械化施工设计指导意见的有关要求。

（2）初步设计阶段应充分考虑机械化施工临时道路修筑及修复实际需求，足额计列概算专项费用，执行公司关于架空输电线路工程机械化概预算编制管理指导意见的有关要求。

（3）评审单位应重点审查初步设计机械化施工专题报告、施工图设计机械化施工专题卷册（含单基策划）。

（4）因机械化施工设计深度不足，造成重大设计变更的，将严格考核设计单位（为满足先进技术、装备应用，提高机械化施工应用率的设计变更除外）。

二、工程前期管理

（1）属地公司与政府签订的"征/占地补偿协议"中应明确临时占地面积（包含塔基周边、临时道路、牵张场），整体按照塔基永久占地的10倍控制，单基按照以下规模控制：500千伏角钢塔5.0亩/基、220千伏角钢塔3.5亩/基、110千伏角钢塔2.5亩/基、35千伏角钢塔2.0亩/基，各电压等级钢管杆2.0亩/基，超出部分由施工单位按照相关政策标准出资补偿。

（2）属地公司应结合公司与市州政府签订的合作协议，根据不同区域，分析单基包干费用组成，在限价范围内积极争取政府承担部分道路修复费用。主动协调区县一级政府电力建设协调指挥部，统筹所辖区域的道路修复标准及协调工作。

（3）在政府组织的开工动员会上，应强调道路损坏修复由施工单位按照公路技术状况评定标准及时进行修复，严禁施工单位私自与村组协商修复标准、村组承揽道路修复工作。

（4）建管单位应组织施工单位、属地公司青苗协调人员开展交底培训，明确赔偿政策、费用标准等重点内容。

（5）施工项目部应对自有班组和专业（劳务）分包队伍进行塔基道路修筑技术交底，明确修建标准、清表范围、防护措施等。

三、施工过程管理

（1）施工单位是工程施工道路修筑和损坏修复的责任主体，属地公司是工程施工道路

修筑和损坏修复的协调责任主体。

（2）施工单位编制的机械化施工单基策划应包含道路修筑的详细方案，报监理、业主审批后实施。

（3）严禁施工单位"以包代管"，将道路修筑、修复工作包干（转包）给村组。

（4）山地临时道路严禁修筑蛇形盘山道路，严控修筑"之"字形道路。临时道路宽度220千伏及以上宜控制在4米以内，110千伏及以下宜控制在3米以内，严禁大规模毁林或破坏植被行为。各地形临时道路修筑平均长度原则上不超过以下限值：水田150米，丘陵280米，山地350米，高山500米，道路修筑降基高度不宜超过1.5米；特殊情况平均修路长度超过对应地形典型修路长度或涉及经济作物补偿的，应进行专项分析；单基修路长度超过800米的，应进行单基技术经济比选。

（5）丘陵及以上地形塔基采用机械化施工，建管单位应组织第三方环水保服务单位在开工前制定环水保预控措施，基础施工后制定复绿治理措施。

（6）施工单位应留存运输道路进场前后影像，便于后期进行道路对比修复。

（7）施工单位承担现场施工环水保预控和治理的主体责任，应及时组织现场复绿，严禁将复绿工作包干（转包）给村组。

（8）业主（项目管理部）、监理项目部应加强对道路修筑的管控力度，将道路修筑进度和质量纳入日常检查范围。对于施工单位管理不到位而造成的超标准、超范围的野蛮修路，建管单位应纳入合同履约考核。

（9）属地公司应参与审核施工道路修筑方案，协调区县电力建设指挥部按照标准处理道路修复。

（10）建管单位应督促施工单位及时完成道路修复，竣工后不遗留问题。

四、装备应用管理

（1）丘陵及以上地形宜优先选择履带式施工装备，严格控制乡村区域及山地施工装备重量，严禁超40吨装备进入乡村水泥路。

（2）履带式施工装备长距离转场宜采用平板拖车，短距离转场经过乡村水泥路面宜采用橡胶履带，钢履带直接行走时应采用橡胶轮胎或钢板或复合材料板等路面保护措施。

（3）施工现场应优先选用国家电网公司发布、公司创新研发的专用施工装备，严格限制"三无"施工装备进入施工现场。

（4）山区道路修筑宜采用道路清障车，挖掘机宜采用中小型。

（5）基础施工，严禁超过150千牛·米旋挖钻机进入丘陵以上地形，500千伏及以下线路工程宜采用电建钻机。

（6）山地宜采用2方履带式预拌混凝土罐车或地泵接管进行浇筑。严禁为满足6方以上预拌混凝土罐车、自卸吊汽车直接到达桩位而扩大修路。

（7）组塔施工，220千伏～500千伏线路宜采用履带式电建起重机、智能集控式轻型落地摇臂抱杆，110千伏及以下线路宜采用轻型履带式电建起重机。

（8）物料运输，山地宜采用窄轨履带运输车、履带式转运车。

国网湖南省电力有限公司关于加强电网建设项目施工期环保水保监督管理的指导意见（试行）

为进一步落实公司电网建设项目"四全两控"环保水保管理总体要求，强化施工期环保水保监督管控，压实参建单位主体责任，防范施工过程生态环保合规风险，特制定本指导意见（试行）。

一、实施背景

1. 主体责任更加突出

目前，中央生态环保督查将中央企业生态环保工作纳入督查范围，考核问责严格，违规成本巨大。公司迫切需要建立健全环保水保监督检查及考核机制，强化问题考核奖惩，形成层层抓落实的责任体系。

2. 监管手段不断加强

国家主管部门在工程可研设计阶段运用大数据、云计算等开展技术复核，在建设阶段运用遥感、无人机等实施"天地一体化"监管，在验收及运行阶段运用航拍影像精准定位、实地监测核查。公司亟须创新和完善监督方式、手段，进一步主动加强建设期的环保水保监管。

3. 合规意识亟待加强

从外部监管形势来看，部分企业被查处存在未批先建、未验先投、环境污染、生态破坏等生态环保问题。当前，公司环保水保监督管理机制未有效建立和运转，参建单位及人员的合规意识欠缺，未能及时发现问题并及时整改。

二、工作思路及适用范围

1. 工作思路

按照"专业负责、查管分离"原则，建立电网建设项目施工期环保水保监督检查管理体系，健全公司、参建单位、项目部三级监督检查机制，融合现有的安全监督和全过程环保水保技术监督工作，实现资源最优配置。按照"标准全面、分级考核"原则，细化检查标准，明确考核要求，压实参建单位环保水保管理责任和项目部环保水保实施责任，全面提升公司电网建设环保水保的工作实效。

2. 适用范围

本指导意见仅适用于公司 35 千伏及以上输变电工程和抽水蓄能项目的施工期管理。

三、工作职责

（1）公司建设部、特高压及抽水蓄能建设管理中心负责统筹建立电网建设项目环保水保监督检查机制，明确检查标准和考核要求。"专业负责"原则：建设管理处负责电网工程项目的环保水保措施落实以及问题的闭环整改，工程管理处负责特高压工程和抽水蓄能项目环保水保措施落实以及问题的闭环整改。"查管分离"原则：安全质量处负责常态化组织开展电网建设项目环保水保监督检查，负责监督检查发现问题的定性和通报，技术管理处负责电网建设项目环保水保的归口管理，对监督检查发现的问题进行分析和考核。

（2）省电科院、省经研院负责环保水保施工期监督管理的具体实施。省电科院负责协助开展监督检查的统筹管理，负责环保水保现场监督检查，支撑环保水保的远程监督检查。省经研院依托远程视频监控中心，负责环保水保远程视频监督检查，支撑环保水保的现场监督检查。

（3）市州供电公司建设部依托现有的基建安全督查组和远程视频监控分中心开展环保水保的监督管理工作。

（4）省建设公司技术质量部、省送变电公司施工管理部归口管理本单位电网建设项目环保水保工作，负责监督检查发现问题的整改、分析及考核。两家单位安全监察部依托安全稽查大队和远程视频监控分中心，负责开展环保水保现场和远程的监督检查，负责监督检查发现问题的定性及通报，负责选派专家支撑公司环保水保现场监督检查工作。

（5）产业单位安全监督部门负责本单位电网建设项目环保水保的监督管理，依托现有安全督查力量开展环保水保的监督检查。

（6）业主、监理、施工项目部配备环保水保专责人员，负责环保水保工作要求的具体落实。

四、监督检查机制

（一）监督检查机构

按照公司、参建单位和项目部3个层级健全监督检查机构。

（1）公司建设部、特高压及抽水蓄能建设管理中心负责建立"1办公室+2现场监督检查组+1远程监督检查组"的督查管理机构。办公室设置：利用现有环保水保技术监督力量，在省电科院化学及环境工程技术中心内设1个环保水保监督管理办公室，由技术管理处进行专业管理、安全质量处进行督查管理，负责支撑督查计划制定和督查发现问题的定性、分析、通报及考核，人员由省电科院现有环保水保专业人员组成。监督检查组设置：融合现有安全监督力量，在省电科院设立2个现场监督检查组，人员由省电科院、省建设公司、省送变电公司等单位的现有安全及环保水保专业人员组成；在省经研院设立1个远程监督检查组，负责通过远程视频开展常态化监督检查，人员由省经研院现有的安全值班人员组成。安全质量处负责管理3个监督检查组，设立环保水保监督检查专家库，随机抽取专家开展监督检查工作。

（2）建设管理、监理、施工单位依托现有基建安全督查组（安全稽查大队）和远程视频监控分中心人员，根据实际情况补充环保水保专业人员，常态化开展现场监督和远程检查工作。

（3）业主、监理、施工项目部安全监督人员将环保水保的监督融入工程安全监督检查体系。

（二）监督检查方式

监督检查采取例行检查、专项检查、"四不两直"检查等方式进行。

（1）公司督查。按照"一个重点，两个全覆盖"的原则进行，涉及生态敏感区项目和作业点进行重点检查，每季度对各建设管理单位、各电压等级进行全覆盖。现场监督检查组采取调阅资料、现场踏勘、卫星遥感初筛、无人机现场核查、座谈交流等方式开展。对35千伏及以上涉及生态敏感区（含水环境敏感区、生态红线、绿心）、发生环保水保舆情事件等存在较大生态环境风险的在建项目进行全查，其他项目采取抽查方式。远程监督检查组结合全过程风险管控要求，值班人员在视频监控检查可视范围内，每日对工程现场的环保水保情况进行抽查。

（2）建设管理、监理、施工单位过程检查。每季度结合安全检查对本单位所辖在建工程开展一次全覆盖的环保水保检查。

（3）项目部自查。业主项目部结合周、月安全检查，组织监理、施工项目部对所辖在建项目每月至少进行一次环保水保自查。

（三）监督检查流程

（1）制定督查计划。公司建设部、特高压及抽水蓄能建设管理中心结合部门月度例会和安委会等会议，明确涉及生态敏感区、水环境敏感区和生态保护红线等重点项目，组织省电科院环保水保监督管理办公室制定月度环保水保重点项目检查计划，明确检查项目、内容、时间和方式。建设管理、监理、施工单位和各项目部结合项目建设情况，按月制定环保水保检查计划。

（2）开展监督检查。公司监督检查组及各单位督查组，按计划常态化开展环保水保的监督检查，检查结果应公正客观，如实反映工程建设现状。对投产超过12个月未完成环保水保验收报备的项目，以及构成重大环保水保问题的，由公司现场监督检查组开展一次"回头看"专项检查。环保水保监督检查应加强卫星遥感、无人机巡查等先进技术应用。

（3）形成检查记录。监督检查组按照"一项目一单"，对工程现场违反和不符合环保水保标准的问题下发问题整改通知单（见附件1），限期整改，实行闭环管理；对因故不能立即整改的问题，责任单位应采取临时措施，制定整改措施计划报公司建设部技术管理处，分阶段实施。省电科院环保水保监督管理办公室每月对督查情况进行总结分析，建立问题台账，实施验收销号管理。公司建设部结合月度点评会议，对相关情况进行通报，将相关事项纳入考核。

五、监督检查标准

公司建设部、特高压及抽水蓄能建设管理中心统筹制定监督检查标准（见附件2），包括环保水保组织管理情况、环保水保设施（措施）实施情况、主管部门监督检查意见整改落实情况等。

（1）组织管理情况：主要检查现场环保水保管理体系建设、环保水保管理策划、环保水保"三个项目部"标准化管理、环保水保施工班组管理、施工期环保水保信息公开情况。

（2）设施（措施）实施情况：检查变电站（换流站）、线路工程、抽水蓄能电站工程的环保水保设施（措施）落实情况；重点检查涉及生态敏感区、水环境敏感区和生态保护红线的项目具体措施落实情况。

（3）监督检查意见整改落实情况：检查行政主管部门、公司监督检查中所提出问题的整改落实情况。

六、问题定性及考核标准

（一）问题定性

各级检查发现的环保水保问题根据严重程度分为环保水保事件，以及Ⅰ、Ⅱ、Ⅲ类问题和一般问题，分类标准详见附件3。

（二）考核标准

公司监督检查查处的环保水保事件和Ⅰ、Ⅱ、Ⅲ类环保水保问题，根据问题的性质和严重程度实行通报、约谈、考核等问责措施。参建单位自查发现的问题可参照执行。

（1）环保水保事件考核。公司对责任单位实施企业负责人业绩和同业对标考核，对责任单位主要负责人、分管负责人及相关人员进行约谈，对涉及的项目取消评优资格并按合同进行考核。责任单位对主要负责人、分管负责人、专业部门和机构负责人，以及责任者按照本单位相关规定或参照安全事件进行经济处罚。

（2）Ⅰ类问题考核。公司对责任单位实施同业对标考核，对责任单位分管负责人及相关人员进行约谈，对涉及的项目取消评优资格并按合同进行考核。责任单位对分管负责人、专业部门和机构负责人，以及责任者按照本单位相关规定或参照安全Ⅰ类违章进行经济处罚。

（3）Ⅱ类问题考核。公司对责任单位专业部门负责人及相关人员进行约谈，对涉及的项目按合同进行考核。责任单位对专业部门和机构负责人，以及责任者按照本单位相关规定或参照安全Ⅱ类违章进行经济处罚。

（4）Ⅲ类问题考核。立查立改，不纳入公司考核范畴。责任单位对项目负责人和相关责任者按照本单位相关规定或参照安全Ⅲ类违章进行经济处罚。

（5）一般问题。立查立改，不纳入考核范畴。

（6）提级处理问题。公司查处的各类问题，超期未整改及同一项目在监督检查后重复发生的，对该问题分类按照"一般—Ⅲ类—Ⅱ类—Ⅰ类—事件"提升一级进行考核。

七、其他要求

（一）高度重视，加强工作统筹

各单位要深刻认识开展电网建设项目环保水保监督管理的重要性，建立健全过程监督管理考核机制，配齐配强环保水保专业人员，把安全监督工作与环保水保监督工作相结合，确保监督工作到位、问题整改到位、措施效果到位。

（二）提高认识，加强宣贯培训

各单位要统筹安排，积极推动指导意见措施落实，结合工程建设实际组织各层级人员全覆盖进行宣贯培训，明确环保水保监督管理职责界面和岗位工作要求，引导参建人员严格落实环保水保专业责任。

（三）严格落实，加强过程管控

各单位应按照本指导意见要求，结合本单位实际情况，制定环保水保监督检查具体实施方案并严格执行，确保工作实效。对监督检查发现问题的整改情况进行跟踪督办，堵塞管理漏洞，补齐短板弱项，确保施工过程生态环保要求落实到位。

附件：1. 环保水保督查问题通知单
      2. 电网建设项目施工期环保水保监督检查要点
      3. 电网建设项目施工期环保水保问题分级

附件1

环保水保督查问题通知单

编号：hnjj–hbsb–2024–0××

被查项目	×××工程	建设管理单位	
督查分类	专项督查/常态化督查	监理单位	
检查时间		施工单位	
序号	问题		主责单位/次责单位
1	×××		建管/施工/监理
2	×××		施工
3	×××		施工/监理
整改要求（建议）	×××； ×××； ×××。		
督查组签字			

问题照片附后。

问题照片

问题1	问题照片
	问题描述
问题2	问题照片
	问题描述

附件2

电网建设项目施工期环保水保监督检查要点

一、项目部环保水保组织管理监督检查要点

类别	检查要点
项目部环保水保管理	（1）检查环保水保组织机构设置文件、环保水保专兼职人员任命文件和工作职责要求文件、履职记录和环保水保公示牌。 （2）检查环评报告及批复、水保方案及批复有效性和水土保持缴费凭证及缴纳期限，复核设计文件与环评水保方案及批复要求一致性；检查弃土弃渣场设置规范性和弃土协议。 （3）检查工程建设管理纲要环水保专篇、环水保交底和培训记录，涉生态敏感区的应有环水保专项培训及考试合格记录。 （4）检查水保监测报告、水保监理报告和环保水保工作总结。 （5）检查降噪、污水处理、事故油池、截排水沟等环保水保设施质量评定、环保水保设施（措施）质量验收、竣工环保验收和水保设施验收文件及整改消缺文件。

二、现场检查监督检查要点

类别	检查要点
1. 施工营地	（1）检查生活区沉淀池、化粪池、隔油池、地埋式污水处理系统等临时污水处理装置，检查污水处理去向和排放手续，核实是否满足环评文件及批复要求。 （2）检查施工营地生活垃圾垃圾清运协议、分类收集装置，检查集中堆放处的围护及地面防渗铺垫措施。 （3）施工结束后检查施工临时占地、道路、施工生产生活等区域临时地表建筑物拆除和土地平整情况，检查土地整治效果。

续表

类别	检查要点
2. 变电站	（1）按照环评文件及批复要求检查变电站永久污水处理装置和事故油池，检查污水排放相关手续和处理去向，检查施工泥浆、渣土处置措施。 （2）按水土保持方案要求检查变电站、道路等区域截排水沟和外排水相关准排手续；检查施工汇水面的临时排水措施或排水顺接情况。 （3）检查工地周边围挡、材料堆放覆盖、土方开挖湿法作业、路面硬化、出入车辆清洗和渣土车辆密闭运输"六个百分之百"；检查城区变电站的车辆限速及运输道路洒水抑尘措施。 （4）检查噪声敏感建筑物集中区域变电站的噪声自动监测系统；涉及夜间施工的，检查相关手续和公示、公告。 （5）检查变电站施工垃圾分类收集装置、垃圾清运协议，检查集中堆放处的围护及地面防渗铺垫措施。 （6）涉生态敏感区的变电工程检查现场环保水保公示牌，检查施工方案布置，核查施工临建区有无违规进入生态敏感区内。 （7）检查施工前对占地范围内重点保护野生动植物、古树名木的排查记录和保护措施落实情况。 （8）检查施工区域表土剥离、保护及回用等措施，施工结束后检查熟土覆表、绿化或复耕情况。 （9）变电站土建转电气安装前检查边坡及进站道路的植被措施。 （10）检查施工区域、临时道路的限界措施，核实是否扰动面积过大。 （11）检查上下边坡，施工无扰动的裸露面、堆土区的苫盖措施、边坡防护措施，是否发生溜坡溜渣。 （12）施工结束后检查生产生活区地表建筑物，施工临时占地、道路、施工生产生活等区域土地平整、回覆表土和土地整治情况
3. 线路工程	（1）检查施工场地施工泥浆、渣土处理措施和去向。 （2）按水土保持方案检查道路、塔基等区域的截排水沟设置及顺接情况，检查施工汇水面的临时排水措施或进行排水顺接情况。 （3）检查牵张场、索道运输、耕地施工区域的衬垫保护及含油设备铺垫防渗措施。 （4）噪声敏感建筑物集中区域夜间施工的，检查相关手续和夜间施工公示公告。 （5）检查塔基区建筑垃圾、砍伐树竹、施工余料、生活垃圾清理情况。 （6）涉生态敏感区的，检查现场环保水保公示牌，检查施工方案布置，核查施工临建区有无违规进入生态敏感区内。 （7）检查施工前对占地范围内重点保护野生动植物、古树名木的排查记录和保护措施落实情况。 （8）线路基础转组塔前检查上下边坡，组塔转架线前检查路面及施工区域的植被措施。 （9）检查临时道路、塔基、牵张场等施工区域的限界措施，核实是否扰动面积过大或大开大挖。 （10）检查基坑、道路、上下边坡、施工无扰动的裸露面、堆土区、砂石材料的苫盖措施、边坡防护措施，以及是否发生溜坡溜渣。 （11）检查表土剥离、保护及回用等措施，施工结束后检查临时占地熟土覆表、绿化或复耕情况。 （12）施工结束后检查需拆迁的房屋、杆塔拆除情况，检查土地平整、回覆表土和土地整治情况

附件3

电网建设项目施工期环保水保问题分级

一、环境事件

1. 被生态环境、水行政主管部门行政处罚，或因生态环境问题造成较大社会不利影响的。
2. 向饮用水源保护区内排放污染物，造成较大及以上环境影响的。
3. 生态敏感区内施工造成国家、地方重点保护野生动植物伤害行为的。

二、环境问题

（一）Ⅰ类问题

1. 无环评、水保批复文件①开工建设。
2. 生态敏感区内严重顺坡溜渣②。

（二）Ⅱ类问题

1. 未明确环保水保组织机构或无环保水保管理履职记录。
2. 未在开工前足额缴纳水土保持补偿费。
3. 未按规定组织开展水保监测、监理工作。
4. 非生态敏感区严重顺坡溜渣、扰动面积③超标50%及以上。
5. 弃土弃渣场设置不规范且存在安全隐患。

（三）Ⅲ类问题

1. 未针对项目特点编制工程建设管理纲要环水保专篇，或未组织施工、监理及分包队伍开展环水保交底、培训。
2. 涉生态敏感区施工的作业人员未经环保水保专项培训并考试合格，或现场未按规定公示环保、水保相关内容。
3. 变电站未设置车辆清洗、洒水抑尘措施。
4. 施工营地生活污水未经处理或处理不达标直接排放，施工泥浆、渣土处置不当污染水体。
5. 未实施表土剥离、保护及回用等措施。
6. 外弃土方未签订弃土综合利用协议。
7. 发生中度顺坡溜渣④、扰动面积超标30%～50%。
8. 变电站土建转电气安装前的边坡及进站道路边坡，线路基础转组塔前的临时道路边坡及塔基边坡、组塔转架线前的临时道路路面及施工区域未实施有效的植被措施。

---

① 含环评、水保批复文件超有效期，环评重大变动及水保重大变更未重新审批。
② 严重顺坡溜渣：溜渣长度10米及以上，或连续溜渣面积50平方米及以上。
③ 扰动面积："一塔一设计"规定的永久及临时面积之和。设计未明确规定面积的，执行《输变电工程水土保持技术规程 第1部分：水土保持方案》（Q/GDW 11970.1—2023）附录C要求。
④ 中度顺坡溜渣：溜渣长度5～10米，或连续溜渣面积30～50平方米。

9. 边坡、施工无扰动裸露面及堆土苫盖率低于60%。

10. 工程验收时，降噪、污水处理、事故油池、截排水沟等环保水保工程措施未组织质量验收或验收不合格。

（四）一般问题

1. 三个项目部、变电站施工现场未按规定公示环保、水保相关内容。

2. 未组织开展环保水保设施质量评定。

3. 噪声敏感建筑物集中区域变电站未设置噪声监测装置、装置运行不正常，或夜间施工未办理手续。

4. 变电站及施工营地外排水无相关手续，弃土综合利用协议未明确水土流失防治责任。

5. 变电站施工未落实工地周边围挡、材料堆放覆盖、土方开挖湿法作业、路面硬化、出入车辆清洗、渣土车辆密闭运输"六个100%"要求。

6. 施工营地生活垃圾、变电站施工垃圾未分类收集和及时清运。

7. 施工营地拆除、房屋拆迁、杆塔拆除不及时、不彻底。

8. 临时道路、塔基、牵张场等施工区域未采取限界措施。

9. 塔基区建筑垃圾、砍伐树竹、施工余料、生活垃圾未及时清理干净。

10. 临时占用耕地恢复不及时或复耕质量不高。

11. 牵张场、索道运输、耕地施工区域未采取衬垫保护，含油设备未采取铺垫防渗措施。

12. 施工汇水面未采取临时排水措施或未进行排水顺接，出现"断头沟"或明显冲蚀沟。

国网湖南省电力有限公司
关于进一步加强环境保护专业管理的通知

为进一步提升公司环境保护技术监督等工作规范水平，依据《国家电网有限公司环境保护技术监督规定》（国家电网企管〔2023〕649号）、《国网湖南电力建设部关于进一步加强电网建设项目环境保护和水土保持全过程管控的通知》（建设〔2022〕74号）等文件，结合公司实际，提出如下要求，请各单位遵照执行。

一、加强环境保护技术监督

（一）健全监督网络、完善工作机制

公司各单位要建立覆盖环保归口管理部门、业务管理部门（发展、运检、物资等部门）和实施单位（项目管理中心、检修公司、物资公司）的环境保护监督网络，完善环保归口管理部门抽查监督、业务管理部门日常监督和实施单位具体落实相结合的工作机制。

（二）常态化开展日常监督管理

电网项目的建管单位、运维单位和物资保障单位要将环保水保要求纳入相关岗位职责，落实到电网项目施工、运维检修、固体废弃物暂存及处置等具体工作中。各单位建设、运检、物资等业务管理部门要开展日常监管，定期向本单位环保归口管理部门和上级业务管理部门报送统计报表，各环节环境保护监督要点见附件1。

（三）定期开展省市两级专业监督

省电科院负责公司层面环保水保专业监督检查和技术指导，每半年覆盖所有单位，重点检查督促各单位环保水保工作落实情况和监督工作开展情况；选取环境影响和合规风险较大的电网建设、运行检修、退役物资等工作开展重点项目监督，防范环保水保风险。各单位环保归口管理部门负责本单位环保水保专业监督，每季度对不少于25%的在建电网项目施工现场（含变电站和部分山丘区塔基）和3座及以上在运变电站、固体废弃物暂存及处置记录开展监督检查，填报监督记录表（格式见附件2）。

（四）强化监督问题闭环责任追究

监督检查发现以下问题时，应下达问题告警单，明确整改时限，5个工作日内提交反馈整改单：

（1）电网项目管理。扰动面积超过水保方案规定30%、严重顺坡溜渣、大面积苫盖未落实、植被复绿恢复效果差、变电站降尘及车辆清洗措施未实施、降噪设施措施未落实等。

（2）生产运维管理。环境因子监测超标但未制定整改计划，技改迁改项目未依法办理环保水保审批手续，存在环境污染风险，环保设施未落实巡视要求或擅自拆除及闲置。

（3）退役物资管理。废矿物油或废铅酸蓄电池暂存场地及标识不规范，进入库记录不

齐全完整，转移联单等手续及保存不规范。

告警单应由原监督人员或指定人员进行闭环审核签字。规定时限内未闭环或未反馈整改效果的，电网项目管理问题由建管单位进行责任追究，依据合同进行考核；责令限期整改、工程投产时仍未整改完成的，暂停工程进度款支付，扣留质保金，并由建管单位另行委托第三方整改，整改费用从施工合同款中支出。生产运维和退役物资的环保问题，由环保归口管理部门通报至本单位业务管理部门，按相关制度处理。

（五）完善监督评价机制

公司建设部每半年对各单位环境保护技术监督工作成效开展评价，内容包括监督工作开展情况、问题闭环率、信息报送质效等，评价结果纳入半年度专业绩效评价和地市公司第二、四季度同业对标；省电科院负责监督评价支撑工作。

二、加强环境评价等报告管理

（一）分类组织报告审查

一般情况下，以下类型项目优先采用专家函审方式，包括环境评价报告表（变电站扩建项目）、水保方案报告表（35千伏项目、单独立项20千米以内的110千伏线路），函审专家一般为1人。其他项目采用会议审查的方式，会议审查专家一般选取3人。

环保水保验收报告采取会议审查的方式，审查专家一般选取3人；环保水保验收现场踏勘采取视频查验为主、现场查验补充的方式开展，适当控制现场查验数量和规模，提升查验效率和质量。

（二）强化报告审查组织

经研院为报告的技术审查实施主体，函审报告随到随审，会审报告集中审查。每月20日前，建管单位提交技术审查申请计划；经研院于25日前制定下月内审计划并报公司建设部。建管单位应组织技术服务单位通过经研院智能评审辅助平台提交资料（要求见附件3）。其中，环保验收和水保验收资料提交截止时间为每月8日，环评报告和水保方案资料提交截止时间为每月8日、15日，已报计划但未提交资料的需重新申报计划，月度审查计划执行率低于90%的纳入通报。技术审查结束后5个工作日内完成报告收口并取得审查专家签字意见。

（三）组建技术专家团队

经研院负责专家团队推荐和使用管理，每年1季度从生态环境和水利专家库中各抽选10名左右技术过硬、评审经验丰富的专家，经公司建设部审核后下发聘书，报告审查时抽选使用。经研院应根据专家的评审表现进行评价打分，优胜劣汰，动态调整专家库名单。

（四）严格报告质量管控和责任追究

送审资料不全的不得进入技术审查，存在标准规范规定的不符合项作审查退回处理（见附件4）。存在以下情况的服务单位列入公司环保水保服务黑名单，解除已签订合同并按条款追究相关责任：

(1) 报告被公司技术审查退回 3 次及以上。
(2) 被行政主管部门或国网公司通报,造成严重影响。
(3) 环保水保设施(措施)严重不符合工程实际。
(4) 被建管单位评价不满意 3 次及以上。

被行政主管部门或国网公司通报并造成严重影响的、环保水保设施(措施)严重不符合工程实际的报告,由经研院组织分析,经公司建设部审查后,对服务单位、审查专家、技术审查单位和建管单位等责任方进行通报和考核。

(五)优化验收意见管理

按照报批和验收主体对等原则,由建管单位负责环保验收及水保验收信息公示、验收意见或鉴定书印发、填报环保验收信息和水保验收备案等工作,信息公示、环保验收填报、水保验收备案遵循国家相关规定,验收意见或鉴定书印发模板见附件 5。环评报告及批复、水保方案及批复、环保验收报告、水保验收报告及相应资料应计入档案。

三、加强环境监测管理

省电科院是环境监测及环境纠纷监测的实施主体,负责制定年度监测计划并组织实施,定期向公司建设部报送监测工作总结。环境纠纷监测应依据各单位环保信访和诉讼监测需求开展,原则上年内已开展监测的不再安排;环境监测和环境纠纷监测报告应移交运维单位。省电科院应合理测算环境监测及纠纷监测费用需求,纳入省电科院成本申报中,经审批后组织实施。

四、加强环保信息报送管理

公司建设部是环境保护和水土保持报表出口责任部门,电科院是数据统计的技术支撑单位,具体要求如下:

(一)报送周期及责任主体

(1) 电网环保水保、环境保护技术监督、环境治理统计数据按月报送,责任主体为各单位环保归口管理部门,相关部门配合;环境监测统计数据按月报送,责任主体为电科院;六氟化硫气体回收及综合利用按月报送,责任主体为超高压变电公司,配合部门为各单位设备检修部门。

(2) 电网项目水土保持监测数据按季报送,责任主体为各单位环保归口管理部门;固废处置数据按季报送,责任主体为省物资公司,配合单位为各单位物资公司。

(二)格式及时间要求

每月 20 日或每季度末月 20 日前,相关单位将统计报表反馈至电科院工作联系人;每月 25 日或每季度末月 25 日前,电科院整理核对后报公司建设部。

五、相关说明

公司之前与本通知不相符的文件，以本通知为准。

附件：1. 环境保护全过程技术监督要点
2. 环境保护全过程技术监督检查记录表及检查要点
3. 环保水保报告送审要求
4. 环保水保报告审查不通过项
5. 竣工环境保护验收意见及水土保持设施验收鉴定书样板

附件1

环境保护全过程技术监督要点

序号	监督阶段	主要监督内容	实施主体及要求	各单位环保监督抽查实施主体及要求	公司环保监督抽查实施主体及要求
一	基建施工	资料检查内容：(1) 开工手续合法性，如环评手续、水保方案手续，水保补偿费缴纳手续等；(2) 3个项目部组织体系、工作部署记录、监理方案及施工策划，工作部署记录、施工日志及监理日志，环保水保设施验收单；(3) 项目部公示信息。检查标准：手续合法，方案策划具体明确，管理人员职责明确，方案策划具体，工作记录留痕，信息公示规范，底交培训到位。现场检查内容：(1) 施工控制：顺坡溜渣、扰动面积；(2) 表土剥离，堆放等；(3) 临时措施：限界、苫盖、截排水、降噪、降尘、水处理设施等安装；(4) 植物措施落实；(5) 事故油池外观检查等。检查标准：无顺坡溜渣、扰动面积控制较好；表土有剥离和合理堆存；临时措施齐全；植物措施执行了边坡复绿要求，投产复绿效果达到型后绿化要求；环保水保设施安装进度优良。	实施主体：3个业主项目部。要求：(1) 开工前：进行开工手续检查，编制及审查风险方案，组织施工交底；(2) 施工中：查验工作部署记录、施工日志及监理日志、项目部信息公示、检查施工现场规范性；(3) 投产：在土建商和合同期尤其要加强查验检查，环保水保质量验收记录及现场检查。	实施主体：各单位环保归口管理部门。要求：(1) 每季度抽查3~5座部分山丘区机械化施工塔基，3~5座在运变电站，1~2处废矿物油和废铅酸蓄电池暂存点及处置记录；(2) 每月20日前报送监督总结	实施主体：电科院。要求：(1) 组织制定年度监督工作计划；(2) 开展重点项目日常监督；(3) 每半年组织1次覆盖各单位的抽查监督指导，现场检查包括至少2个在建变电现场，2个线路项目部的山丘区塔基现场，3座在运变电站，废矿物油和废铅酸蓄电池暂存处置点；(4) 收集监督月报，25日前汇总并报送公司环保监督月报
二	运维检修	检查内容：(1) 资料检查：降噪、生活污水处理设施（含化粪池），事故油池外观检查，(3) 技改项目水保措施落实，生活污水处理设施，技改项目环保水保手续文件等。现场检查：(1) 运行状态；(2) 降噪设施外观检查；(3) 事故油池外观检查。检查标准：(1) 巡视记录齐全，试验记录齐全；(2) 巡视频次符合运行规程或每季度1次，通球试验符合运行规程，试验记录齐全；(3) 技改项目环保先后质量验收记录	实施主体：变电站运行管理单位和技改项目部。要求：(1) 运行单位：每季度组织1次自查；(2) 技改项目：在开工前、施工中和投产后各开展1次自查；(3) 保留自查记录		

续表

序号	监督阶段	主要监督内容	实施主体及要求	各单位环保监督抽查实施主体及要求	公司环保监督抽查实施主体及要求
三	六氟化硫回收与循环利用	内容及指标:(1)检修退役设备气体回收率大于97%;(2)气体净化率大于98%;(3)净化气体回用率,18个月内大于90%。要求:以下情况应进行统计数据核对,必要时组织数据提报方约谈分析:(1)月报中设备作业产生六氟化硫气体但月报无数据;(2)月报中设备额定回收气量和实际移交给气体回收中心数据回收数据回用数据存在较大差异的	实施主体:六氟化硫气体数据提报方和超变公司。要求:如左列		
四	退役报废	检查内容及要求:(1)废矿物油、废铅酸蓄电池等危废暂存场所规范性、标识规范性、台账规范、电池进入库台账记录;(2)废矿物油、废铅酸蓄电池、废电缆盖板、废非金属表箱和废水泥电杆统计数据符合实际情况	实施主体:各单位物资公司。要求:如左列,每季度至少开展1次全面自查		
五	e基建2.0应用	监督各单位e基建2.0环保模块各子模块数据录入及时性和准确性	实施主体:各单位环保归口管理部门和电科院。要求:每月开展1次,结果纳入监督月报予以通报		
六	其他事项	执行《国家电网有限公司环境保护技术监督规定》相关要求	实施主体:各相关方。要求:按监督规定执行		

附件2

环境保护技术监督检查记录表

工程（运行站、物资仓库）名称：　　　　　　　　编号：

实施单位	说明：电网建设项目填施工单位、监理单位；运行变电站填运行单位；物资退役检查填仓库管理单位		
检查类别	电网建设项目□；运行变电站检查□；六氟化硫气体回收检查□；废矿物油、废铅酸蓄电池暂存处置检查□；其他□		
检查时间		检查地点	
检查概述、存在问题及整改要求	一、检查概述 （主要说明检查的主要内容、经过） 二、存在问题及整改要求		
检查人		被检代表签字/日期	
整改情况	整改负责人：　　　　　　日期：		
复查意见	复查人：　　　　　　日期：		

环境保护全过程检查要点

监督阶段	检查要点
电网项目	1. 资料检查内容：（1）开工手续合法性，如环评手续、水保方案手续、水保补偿费缴纳手续等；（2）3个项目部组织体系、监理方案及施工策划、施工交底培训、工作部署记录、施工日志及监理日志、环保水保设施质量验收单；（3）项目部公示信息、环水保措施、注意事项。 检查标准：手续合法、管理人员职责明确、方案策划具体、交底培训到位、工作记录留痕、信息公示规范。 2. 现场检查内容：（1）施工控制：顺坡溜渣、扰动面积；（2）表土剥离、堆放等；（3）临时措施：限界、苫盖、截排水、降尘降噪措施；（4）植物措施落实；（5）事故油池、降噪、水处理设施等安装。 检查标准：（1）无顺坡溜渣、扰动面积控制较好；（2）表土有剥离和合理堆存；（3）临时措施齐全；（4）植物措施执行了边坡成型后复绿、架线前基面复绿和投产前补复绿要求，投产复绿效果达到水保验收要求；（5）环保设施安装质量进度优良
运维检修	1. 资料检查内容：资料检查：降噪、生活污水处理设施（含化粪池）、事故油池外观巡视记录和通球试验记录，技改迁改项目环保水保手续文件等。 检查标准：（1）环保设施巡视记录、试验记录齐全；（2）巡视频次符合运行规程或每季度1次，通球试验频次符合运行规程；（3）技改项目环保水保手续齐全。 2. 现场检查内容：（1）降噪设施外观检查；（2）生活污水处理设施（含化粪池）运行状态；（3）事故油池外观检查；（4）技改迁改项目实施中环水保措施设施落实。 检查标准：（1）降噪设施外观完好无破损；（2）事故油池内浮油及时合规处置；（3）有环水保措施设施落实记录和质量验收记录
退役报废	1. 资料检查内容：（1）废矿物油、废铅酸蓄电池入库台账记录、处置记录和转移联单；（2）废绝缘子、废电缆盖板、废非金属表箱和废水泥电杆统计数据。 检查标准：（1）废矿物油、废铅酸蓄电池入库台账记录、处置记录和转移联单完整规范；（2）废绝缘子、废电缆盖板、废非金属表箱和废水泥电杆统计数据符合实际情况。 2. 现场检查内容：废矿物油、废铅酸蓄电池等危废暂存场所规范性，标识和暂存时间合规性。 检查标准：（1）废矿物油暂存时间不超过12个月，其暂存场所地面防渗并有收集和导流措施。（2）废铅酸蓄电池暂存量不大于30吨，暂存时间不超过60天，破损电池应使用防腐蚀容器存放，场所地面应做防渗处理并配有废液收集装置。转移联单应保存至少5年

附件3

环保水保报告送审要求

一、环评报告内审

1. 环境影响评价报告（含附图、附件）。
2. 支持性文件（另外装订成册，含附图、附件）。
3. 项目送审明细表（见附表）。
4. 环保设施措施工程量清单表。
5. 现场踏勘影像等资料。

其中，附图、附件要求见《环境影响评价技术导则输变电》（HJ 24—2020）附录 A 和附录 B。

二、水保方案内审

1. 水土保持方案报告（含附图、附件）。
2. 项目送审明细表（见附表）。
3. 设计单位有关截排水沟、挡土墙等工程实施阶段措施量提资单。
4. 水保设施措施工程量清单表（签字盖章）。
5. 现场踏勘影像等资料。

其中，附图、附件要求见《输变电工程水土保持技术规程：水土保持方案》（Q/GDW 11970.1—2023）。

三、环保验收审查

1. 工程竣工及带电运行日期公示证明。
2. 工程启动验收报告（附环保设施竣工验收检查记录表）。
3. 环保验收调查报告及附图、附件［要求见《建设项目竣工环境保护验收技术规范》（HJ 705—2020）附录 A 和附录 B］。
4. 环评报告及其批复文件。
5. 项目送审明细表（见附表）。
6. 其他需要说明的事项。
7. 现场踏勘影像。

四、水保验收审查

1. 工程启动验收报告（附水保设施竣工验收检查记录表）。
2. 水保监理总结报告及原始资料。
3. 水保监测总结报告及原始资料。
4. 水保验收报告及其附图、附件［附图、附件要求见《输变电工程水土保持技术规程：水土保持设施验收》（Q/GDW 11970.8—2023）］。
5. 水保方案及其批复文件。
6. 项目送审明细表（见附表）。
7. 现场踏勘影像。

附表 电网项目环保水保信息明细

序号	建管单位	工程信息			审查信息			问题及特色		审查专家
		报告名称	建设地点 建设规模	生态敏感区、 生态保护红线情况	审查时间	审查结论		主要问题	特色亮点	
1										
2										
3										
4										
……										

注：1. 建设规模应包含变电容量及线路长度；
 2. 变电站建设地点具体到村，线路到县区；
 3. 生态敏感区、生态保护红线情况应说明敏感区名称，跨越和立塔情况；
 4. 亮点包括对生态敏感区或房屋集中点采取的避让、减少、减缓、修复措施，采取的治污降碳复绿的新技术、新方法。

附件4

环保水保报告审查不通过项

一、环评报告

1. 建设项目概况中的建设地点、主体工程及其生产工艺，或者改扩建和技术改造项目的现有工程基本情况、污染物排放及达标情况等描述不全或者错误的。
2. 遗漏自然保护区、饮用水水源保护区或者以居住、医疗卫生、文化教育为主要功能的区域等环境保护目标的。
3. 未开展环境影响评价范围内的相关环境要素现状调查与评价，或者编造相关内容、结果的。
4. 未开展相关环境要素或者环境风险预测与评价，或者编造相关内容、结果的。
5. 所提环境保护措施无法确保污染物排放达到国家和地方排放标准或者有效预防和控制生态破坏，未针对建设项目可能产生的或者原有环境污染和生态破坏提出有效防治措施的。
6. 建设项目环境保护目标环境质量未达到国家或者地方环境质量标准，所提环境保护措施不能满足环境保护目标环境质量改善目标管理相关要求的。
7. 建设项目类型及其选址、布局、规模等不符合环境保护法律法规和相关法定规划，但给出环境影响可行结论的。
8. 其他基础资料明显不实，内容有重大缺陷、遗漏、虚假，或者环境影响评价结论不正确、不合理的。

二、水保方案

1. 水土流失防治目标、防治责任范围不合理的。
2. 弃土弃渣未开展综合利用调查或者综合利用方案不可行，取土场、弃渣场位置不明确、选址不合理的。
3. 表土资源保护利用措施不明确，水土保持措施配置不合理、体系不完整、等级标准不明确的。
4. 生产建设项目选址选线涉及水土流失重点预防区、重点治理区，但未按照水土保持标准、规范等要求优化建设方案、提高水土保持措施等级的。
5. 水土保持方案基础资料数据明显不实，内容存在重大缺陷、遗漏的。
6. 存在法律法规和技术标准规定不得通过水土保持方案审批的其他情形的。

三、环保验收

1. 未按环境影响报告书（表）及其审批部门审批决定要求建成环境保护设施，或者环境保护设施不能与主体工程同时投产或者使用的。
2. 污染物排放不符合国家和地方相关标准、环境影响报告书（表）及其审批部门审批决定或者重点污染物排放总量控制指标要求的。
3. 环境影响报告书（表）经批准后，该建设项目的性质、规模、地点、采用的生产工艺或者防治污染、防止生态破坏的措施发生重大变动，建设单位未重新报批环境影响报告书

（表）或者环境影响报告书（表）未经批准的。

4. 建设过程中造成重大环境污染未治理完成，或者造成重大生态破坏未恢复的。

5. 纳入排污许可管理的建设项目，无证排污或者不按证排污的。

6. 分期建设、分期投入生产或者使用依法应当分期验收的建设项目，其分期建设、分期投入生产或者使用的环境保护设施防治环境污染和生态破坏的能力不能满足其相应主体工程需要的。

7. 建设单位因该建设项目违反国家和地方环境保护法律法规受到处罚，被责令改正，尚未改正完成的。

8. 验收报告的基础资料数据明显不实，内容存在重大缺项、遗漏，或者验收结论不明确、不合理的。

9. 其他环境保护法律法规规章等规定不得通过环境保护验收的。

四、水保验收

1. 未依法依规履行水土保持方案编报审批程序或者开展水土保持监测、监理的。

2. 弃土弃渣未堆放在经批准的水土保持方案确定的专门存放地的。

3. 水土保持措施体系、等级和标准或者水土流失防治指标未按照水土保持方案批复要求落实的。

4. 存在水土流失风险隐患的。

5. 水土保持设施验收材料明显不实，内容存在重大缺项、遗漏的。

6. 存在法律法规和技术标准规定不得通过水土保持设施验收的其他情形的。

附件 5

竣工环境保护验收意见及水土保持设施验收鉴定书样板

×××公司关于印发×××工程竣工环境保护验收意见的通知

各相关单位：

根据《建设项目环境保护管理条例》（国务院令第 682 号）、《国务院关于取消一批行政许可事项的决定》（国发〔2017〕46 号）和生态环境部相关管理要求，国网湖南省电力有限公司分别于××年××月××日组织召开了××工程环境保护验收会议。

会议认为，××工程环境保护手续齐全，落实了环境影响报告及其批复文件提出的各项环境保护措施，环境监测结果符合验收要求，同意通过竣工环境保护验收。现印发××工程竣工环境保护验收意见。（附：××工程竣工环境保护验收明细表、××工程竣工环境保护验收意见、××工程竣工环境保护验收技术审评意见）

×××公司关于印发×××工程水土保持设施鉴定书的通知

各相关单位：

根据《水利部关于加强事中事后监管规范生产建设项目水土保持设施自主验收的通知》（水保〔2017〕365 号）等文件要求，公司分别于××年××月××日组织开展了××工程水土保持设施验收审查。

经现场踏勘抽查、技术审评、专家及验收成员质询等环节，同意××工程通过水土保持设施验收，现印发验收鉴定书。（附：××工程水土保持设施验收明细表、××工程水土保持设施验收鉴定书、××工程水土保持设施验收技术审评意见）

国网湖南省电力有限公司
关于建设专业数智化转型顶层设计方案

一、建设专业数字化现状

（一）基建管理方面

1. 在国网统推项目方面

2022年，国网公司启动e基建2.0数智化管控系统建设，公司组建业务专班全过程深度参与，牵头负责技术专业、现代智慧工地两个专项，试点突破快，工作支撑好，获总部"组织保障有力、功能试用全面、问题反馈扎实"的高度评价。

2. 在公司自建项目方面

公司基于基建全过程综合数字化管控平台开发了安质监控大屏、变更签证、设计管理等微应用。随着e基建2.0单轨切换，上述自建应用需要进行适应性改造，否则无法继续使用。同时，公司开发了湘送数字、智慧技经云、智能辅助评审、基建数智化4套系统，其中，基建数智化系统实现了工程前期线上管理和专业主指标自动取数，智慧技经云入选国网公司2023年度大数据应用典型成果。

（二）工程建设方面

公司以构建现代建设管理体系为契机，全力推进机械化、数智化、绿色化转型升级，在设计、施工、移交方面不断取得突破。

（1）建设湘电云设计系统。目前已完成资源库建设、变电二次设计和线路设计的功能开发和验证工作，实现设计要素的标准化输入和设计成果的标准化输出，入选国网公司"六精四化·数智化"现场会优秀成果。

（2）牵头现代智慧工地专项。组织完成专项需求报告编制和基建无人机应用调研，正在攻关感知设备集成方案。聚焦"人机料法环测"关键要素，深化电力北斗、人工智能、物联感知等技术在风险管理、质量验收中的应用，提升数据自动采集能力和施工作业效率，推动电网建造方式和现场管理模式变革。

（3）试点数字化移交。组织益阳东500千伏变电站新建工程等5项试点工程的建管、设计、施工、监理、评审人员，开展工程数据录入、文档资料审核工作，并成功贯通至PMS3.0运维一键建档应用。根据国网设备部工作安排，组织全省500千伏输变电工程开展试验数据补录、缺陷故障等数据补录。

（三）数字电网建设方面

公司对照《数字电网预研究报告》全面梳理相关工作要求，在感知层、图形、模型、数据4个层面持续完善技术、技经标准。

（1）感知层方面。变电站运行采集终端，随一次新建工程建设包含合并单元、智能终端和合智一体装置的运行采集终端。变电设备在线监测终端，加速推进倒闸操作"一键顺控"，推广应用主变声纹在线监测、变压器套管一体化监测等终端。辅助设备监控终端，推广部署动力环境、安全消防、智能锁控等辅助设施类监控终端。智能巡检终端，建立以AI高清视频探头、智能巡检机器人为主要巡检终端的智能巡检体系。输电感知终端，新建110千伏及以上电压等级输电线路配置可视化装置、覆冰装置、舞动监测装置、行波故障测距装置和分布式故障测距装置、电缆隧道内外部环境监测装置等智能终端。

（2）图形方面。e基建2.0集成思极地图和GIS平台专题图，实现"图上管项目、图上管作业、图上管资源、图上管协同"。新建输变电工程通过数字勘测获取增量图层，但未叠加至数字空间底座，输变电工程数字航测执行《国网湖南电力建设部关于输电线路工程应用航测数字技术的通知》及《关于发布"输变电工程应用海拉瓦技术取费标准"的通知》，实现20千米以上主网项目全覆盖。

（3）模型方面。输变电工程三维设计执行《国网湖南电力建设部关于进一步规范三维设计相关工作的通知》及《国网办公厅关于印发输变电工程三维设计费用计列意见的通知》，实现110千伏及以上架空输电线路工程和新建变电站工程全覆盖，积极推进在35千伏等级工程、复杂改扩建工程中开展三维设计。

（4）数据方面。总部层面结合《输变电工程数字化移交技术导则》等国标、企标要求，以及项目全过程管理需求，明确工程设计成果移交、建设与设备移交两阶段60余项数据贯通需求，并专项开发e基建2.0数字化移交功能。

二、面临的形势和要求

（一）内外部形势

（1）从外部形势看，基建数智化转型是贯彻落实国家重大部署的集中体现。第一，新型电力系统构建对电网建设提出新要求，建设新型电力系统，在清洁能源将成为未来能源供应主体的趋势下，要求电网建设加快推进数智化转型进程，将智能化、绿色化建设理念融入工程策划、设计、施工交付的建造全过程，全面提升实时感知能力、灵活配置能力和综合承载能力，为新型电力系统建设提供基础设施和数字技术支撑。第二，新型数字建造技术为电网建设注入新动能，以数字化、智能化升级为动力，BIM（建筑信息模型）、装配式建筑、云计算、大数据、物联网、移动互联网与人工智能等数字化技术正在成为电网建设自动化、数字化、智能化的强大动力，驱动电网建设实现贯穿全生命周期的数字化转型，实现数据与业务深度结合的数智化，进一步加快电网建设的转型升级。第三，监管规范日趋严格和设施安全绿色为电网建设带来新标准，建立健全电网设施建造管理制度，加强电网建设规范管理，推进电网设施补短板和更新改造专项行动以及体系化建设，提高电网设施绿色、智能、协同、安全水平。电网建设工作要准确把握监管要求和审批规范，建立健全工程建设管理标准，持续推动电网工程建设管理从粗放式向精益化转变。

（2）从内部形势看，基建数智化转型是服务公司战略目标落地的迫切需要。一是服务公司数字化转型的主动作为，新型电力系统构建，需要电网建设从建设物理电网向建设智能电网升级，为新型电力系统提供基础设施和数字技术支撑。二是服务"六精四化"落地的关键举措，公司开启基建"六精四化"新征程，赋予基建专业管理和工程建设新内涵，基建专业须遵循基建工作基本规律，以精益化管理理念为引领，借助数字化手段赋能赋智，实施贯穿专业管理全环节和工程建设全过程数字化转型，变革电网建造方式，提升管理效能，推动专业管理水平和工程建设能力提升。三是服务产业链高质量发展的核心驱动，须加快打造数字技术、智能建造和产业带动等核心能力，联合上下游企业共建互利共赢的数字生态，推动电网建设产业集群向绿色化、智能化、高端化发展。

（二）存在的问题

对标基建业务转型及数字电网建设要求，结合业务支撑角度分析，基建专业数字化仍存在较大差距，主要体现在：

（1）管理链条较粗，不满足精益管控需求。管理主线较粗，对建设过程和工程现场管控深度不足，项目管控信息分散，部分项目管理关键节点功能缺失，如工程前期手续办理，部分业务流程无过程管控，如变更签证等。

（2）数字电网同步建设能力需进一步提高。电网建设现场数据采集能力不强，设计、建造、移交阶段数据统一管理和共享复用程度不高，数字化技术装备和新型建造工艺与数字电网的融合度不足。

（3）数据价值挖掘能力不足。基建专业沉淀海量数据资源，但数据应用场景和价值未得到充分挖掘，数据资源分散、数据格式不统一、数据服务能效不佳，提供辅助决策和智能研判水平不高，如智能评审、造价分析、新产业工人创新管理等。

三、总体目标及思路

（一）总体目标

"实现两个模式转型，同步建设物理电网与数字电网"，以数字工单为基础，形成"业务线上流转＋现场智能感知＋远程集中监控"的基建管理新模式；对设计手段、施工手段、移交手段进行数字化升级，对机械装备进行智能化改造，打造工程建设新质生产力；在建设物理电网实体的同时，同步建设数字空间的数字电网主体，实现建设阶段物理空间与数字空间虚实交互映射。

（二）总体思路

1. 基建管理模式转型

组建三级基建数智化管控中心，开发以"数字工单"为载体的基建数智化系统，支撑调度指挥，围绕"业务处理线上化、专业管理可视化、支撑服务高效化"三大提升方向，开发专业管理应用，持续完善项目全过程数据采集，促进专业管理穿透力提升。

2. 工程建造模式转型

在设计方面，强化数字航测、三维设计、大模型等技术应用。在施工方面，开展大型机械装备智能改造，强化BIM、无人机等技术应用，持续提升现代智慧工地覆盖率，服务输变电项目全过程高效实施和电网高质量发展。

3. 同步建设物理电网与数字电网

依托电网建设研究创新中心组建柔性团队，从"图""模""数"3个层面，研究电网数字空间底座相关标准。在工程建设模式转型的支撑下，通过提升设计、建造、移交三阶段的数字化能力，基于统一电网数字空间底座，完善电网基础设施，强化电网状态感知。（图1）

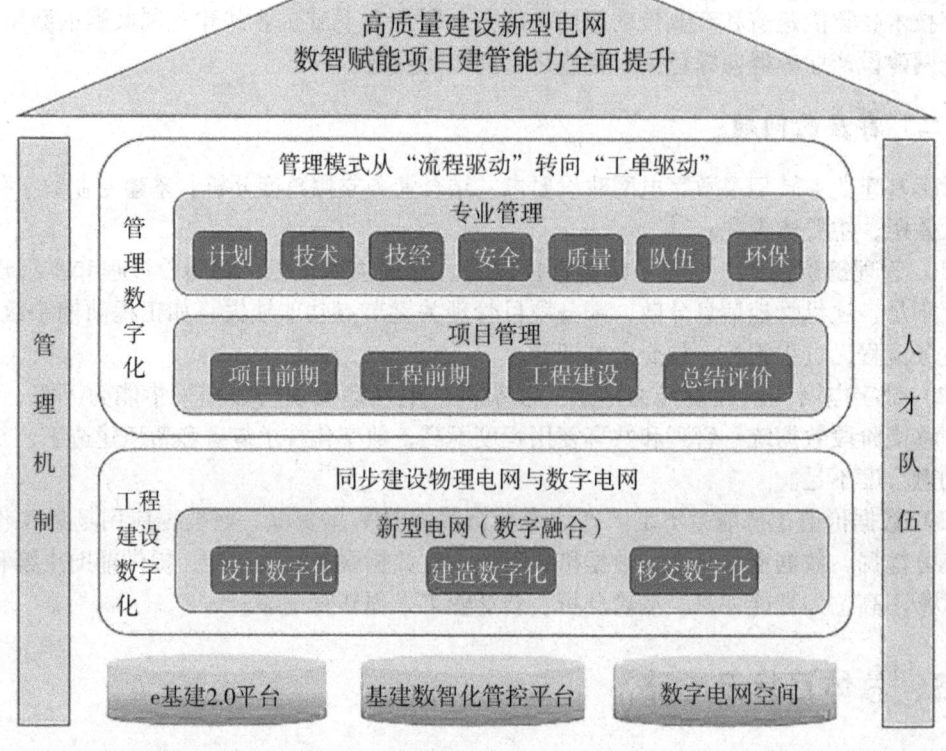

图1 建设专业转型目标、思路

四、建设专业数字化重点举措

（一）基建管理模式转型

1. 建立"数据驱动"管理体系

（1）推行管理模式从"流程驱动"向"数据驱动"转变。聚焦专业管理指标线上化取数、智能化决策，提升管理穿透力，提升基建"六精"管理水平。

（2）推动计划智能编制、进度自动获取、异常智能预警、专业信息共享等能力建设，推动项目建设全过程关键节点的标准化管控，支撑各类计划智能管控。

（3）强化设计质量跟踪、三维成果应用、机械化施工管理、标准化成果及新技术应用自动统计分析等能力建设，实现设计成果在项目全过程的贯穿，提高电网建设技术水平，支撑基建技术精细化管理。

（4）强化造价数据协同共享、"三算"自动测算、结算精准管控、核心指标智能生成，提高造价和投资控制水平，支撑工程全过程造价精准管控。

（5）强化队伍人员数据共享、现场作业智能化管控、现场装备智能管理、作业风险智能预警等能力建设，提升主动式安全管理水平，深化作业现场风险智能感知等能力建设，对项目部日评价进行线上化管理，支撑全过程安全风险管控。

（6）强化质量管理智能策划、在线高效操作指导、质量问题自动分析、质量验收智能化等能力建设，支撑全过程质量管控。

(7) 强化队伍智能综合评价、队伍"大数据"管理、培训数字化支撑、"党建+基建"信息化融合等能力建设，大力开展业主项目经理、施工项目经理和班组长培优行动，支撑基建人才队伍体系高效运转。

(8) 推动环保全流程管控、环保智能化统计、现场全时空监督、环境全要素治理四方面能力提升，实现全过程精准、高效、环保监督管理。

2. 强化项目全过程调度指挥体系

(1) 推动组织机构变革，成立三级基建数智化管控中心，积极融入公司数管体系，围绕项目管理程序化、标准化、可视化，加强全过程调度指挥、预警督办，提升工程"四化"建设能力。

(2) 以项目进度计划为主线，通过数字工单驱动全员协同运作、关键节点数据提取比对、数据流自驱动等智能化交互方式，统筹项目进度、统一调配资源，实现项目高质量建设和高品质交付。

(3) 落实"行为即数据"管理理念，构建施工作业票、质量验评记录与开工、投产之间的关联关系，推动各专业管理数据随作业工序自动生成，促进基建业务协同效率提升，为业主、施工、监理项目部人员减负增效。

(4) 强化项目前期可研、物资供应等数据自动获取能力建设，实现项目全过程建设计划和各类资源的精准匹配，促进工程依法合规和高效建设。

(5) 运用数字签名、电子签章等技术，实现开工报审、质量验收等业务"单轨制"运行，减少基层一线员工重复录入工作量，支撑工程档案电子化、数字化移交等实现突破。

(6) 打造灵活可扩展的全过程项目管理平台，逐步推进流程标准化、自驱化演进，以项目全过程数据为基础，以智能分析工具为手段，提升精准管控和分析决策能力，赋能基建专业精益管理水平提升。

(二) 工程建设模式转型

1. 设计手段数字化

(1) 深化数字航测技术应用。全景呈现输电通道信息，全面支撑选址选线、机械化施工、数字化移交。推动勘察野外作业、岩土试验、工程测量数据采集数字化升级，提升勘测质效和专业管控水平。沉淀工程勘测数据，整合电网环境专题数据（污区、雷区、冰区、舞动区、风区）、勘察专题数据（水文、气象、地灾、地质、钻探、试验、文字、照片、视频等成果数据），通过数据处理，获取数字正射影像图 DOM 和数字高程模型 DEM、分类点云数据等数字成果图，为输变电工程三维设计奠定坚实基础。

(2) 深化设计新技术应用。①开展参数化设计，制定统一数据标准。建立标准化输入、输出云端设计应用，依托项目建设过程，打通设备厂家、设计、评审、施工、监理等不同单位间技术资料、修改变更等多业务一体的线上业务数据流通渠道，促进云设计生态业务范围的不断扩展。②提高输变电工程三维设计能力。以勘测数据为设计基础，借助输变电设备对象的三维可视化模型，采用统一的三维设计应用和多专业间协同设计方式，为数字电网同步建造提供数据模型、逻辑模型基础。③实现数字化设计应用国产化替代。基于国产化平台的协同设计和国产化 BIM 图形引擎，研发国产数字化设计基础平台。变电具备电气建模、土建建模、成果自检及标准化成果调用等功能，集成线路通用设计方案、标准化图纸等。

(3) 深化智能辅助评审应用。构建基于三维模型、模糊检索等技术的评审模式，深化数字化设计成果应用，实现设计数据在工程全过程共享复用，引领电网全生命周期三维可视化和信息一体化。

2. 机械装备智能化

加强智能装备研发应用，提高机械化施工水平，形成从策划到施工的全过程场景应用，构建线路、变电、电缆工程智能化施工管理能力。提高工程建设标准化、机械化、智能化水平，推进机械化代人、智能化减人，逐步实现少人、无人作业，推动工程建造方式变革。

3. 施工手段数字化

（1）深化应用 BIM 技术。创新利用 BIM 技术开展碰撞、组塔、跨高速、放线、场平、管网等工序推演，突破以往平面图纸的局限性，在开工前实现图纸、方案的数字化实景构建，组织跨专业剖切、显隐、碰撞校验，同时链接安全管控要点，标准工艺等规程规范，实现多方案比选、优化方案细节以及可视化沉浸式交底等多重目的。

（2）建设现代智慧工地。以数字电网为引领，推进实体电网建设，强化工程要素自动采集、状态全息感知和数据实时分析，逐步实现建造工序协同优化、资源合理分配、过程按需执行，推动工程现场管理模式变革。基于 BIM 模型，探索机械装备群自动调度、自主装配预制件的电网建设"黑灯现场"。

4. 移交数字化

聚焦电网设计态、建设态、运行态，依托公司中台基础设施，重点推进设计到建设、建设到运行两大关键阶段数字化移交。设计到建设阶段，通过数字化勘测、设计，实现地理信息、三维模型、工程设计成果等数字化移交，助力数字孪生电网建设；建设到运行阶段，厘清专业间管理颗粒度和业务数据标准，完善数字化移交规范，实现专业间数据共享共用，助力"规建运"一体化。

（1）完善设计成果移交。以工程对象为核心，按照统一的移交标准完成工程文件、结构化工程信息以及工程模型数据移交，对勘测、设计、建设等阶段的数字化成果进行检核，严格把关数据质量，为下一步应用提供数据保障。实现设计数字交付，融合勘测数字化、设计数字化、建设数字化的成果，以高精度模型为载体，实现与各类动静态数据融合。

（2）完善过程数据移交。提升数字电网"数"方面，结合设备安装过程类数据、交接试验类数据、设备设计参数类等数据，共同形成设备台账信息，辅助设备管理人员在 PMS 快速创建设备台账，减少数据重复录入，促进基建与设备阶段的数据协同共享。深化安全工器具统一检测，通过电子标签、射频识别、智能锁控、数据通信等设备，采用射频识别系统、北斗定位、无线传输等技术，自动对安全工器具信息进行识别、自动判断出入库状态等，实现安全工器具信息数字化管理。

（三）同步建设数字电网

1. 研究同步建设标准

（1）同步构建电网图模数底座。输变电工程数字勘测成果，激光点云等勘测数据应基于公司统一技术架构，纳入公司图形基础统一管理，满足基于激光点云的输电检修业务需求。数字电网图数模建设应在初步设计、施工图和竣工图等阶段保持同步更新，按标准化数据模型存储数据，做到"数""实"一致，空间地理信息、设备基础信息、数字化文档内容应保持完整。

（2）强化跨专业系统融合。保障电网工程项目数据及时准确维护，做到"数""实"

一致,推动电网工程数据模型标准落地,实现电网数据模型标准对工程项目全过程各个环节业务的全面覆盖,支撑变电检修、继电保护等运行业务对三维模型、二次逻辑设计的需求。如 GIM 模型应具备 FBX 模型转化能力,电气二次接线物理回路逻辑模型应在具备条件的情况下同步设计。

(3)研究数字电网同步建设纳入电网工程费用。数字模型建设费(含模型建设、系统接口开发等),主要面向数字电网图数模同步建设,要明确技术要求,在电网工程的其他费用中列支。

2. 完善感知设备配置

(1)完善电网基础设施。包括通信光缆路由建设方案、光纤通信电路方案,站内导引光缆路由走向、光缆型号及参数、光缆纤芯使用信息,二次设备室通信设备屏柜布置设计,光传输设备和光电一体机设备屏柜内设备安装位置、设备及板卡型号、使用槽位、端口型号参数及使用情况信息,以及通信电源、蓄电池图设备品牌,整流模块容量大小、模块数量,通信交直流之空开使用情况等。

(2)完善施工现场状态感知。感知层是实体电网与数字电网的交会点,将感知层标准纳入建设管理体系,强化数据智能采集、传输和汇总分析,按照项目技术规范以及《终端布局标准》中的技术要求,为感知设备建立各级模型,统一设备描述并校验,完成模型校验的终端即可在业务平台以及采集平台中建立设备档案,并开展终端接入工作。

3. 强化电网新技术应用

(1)进一步推动输变电工程在线监测系统建设,完善智能辅控系统功能,为设备运维、调控决策提供多维状态信息支撑。

(2)研究标准化数字化变电站标准,以智慧化运维业务需求为导向,统一规范智慧站感知层设备配置标准,深化满足智能运维业务需求的 35 千伏至 220 千伏智慧变电站数字化通用设计方案。

五、建设专业数字化架构

(一)业务架构

围绕管理数字化和工程建设数字化两大核心,以现代建设管理体系"三全六更加"为引领,满足同步建设物理电网与数字电网需求,整体架构图划分为决策分析、专业管理、项目管理(含现场管理)、工程建设、协同共享(保障支撑)。其中,决策管理以整合项目全过程数据为基础,构建电网建设跨层级、跨地域、跨专业的一体化分析决策能力,支撑基建构建全景进度分析、全域资源调度、全局风险管控、设备利用情况等智能分析决策能力。①专业管理对应项目群管理,对数据资源进行挖掘和分析,有效提升建设管理工作的数字化和智能化水平,促进计划、技术、技经、安全、质量、队伍、环保七大专业管理工作的管理精益化、数据可视化水平的全面提升(图2)。②项目管理对应单个项目管理,包含项目前期、工程前期、工程建设、总结评价四大阶段,以数字工单驱动全员协同运作,增强数据统一管理和统筹分析,贯通横向管理链条。③工程建设对应设计、建造、移交三大阶段,依托数字电网空间,利用三维、卫星定位、状态感知、人工智能等技术,实现物理电网与数字电网同步建设。保障支撑主要包含建设环境要素保障、知识资源管理、参建队伍管理、重大施工装备管理等业务内容。协同管理对内促进多专业数据共享交互,提升与公司各专业业务协同效率，共同提升专业管理水平；对外打通与政府机构、设计、施工、监理等外部利益相关方沟通渠道，高效实现数据共享交互，促进项目全过程管理水平提升（图3）。

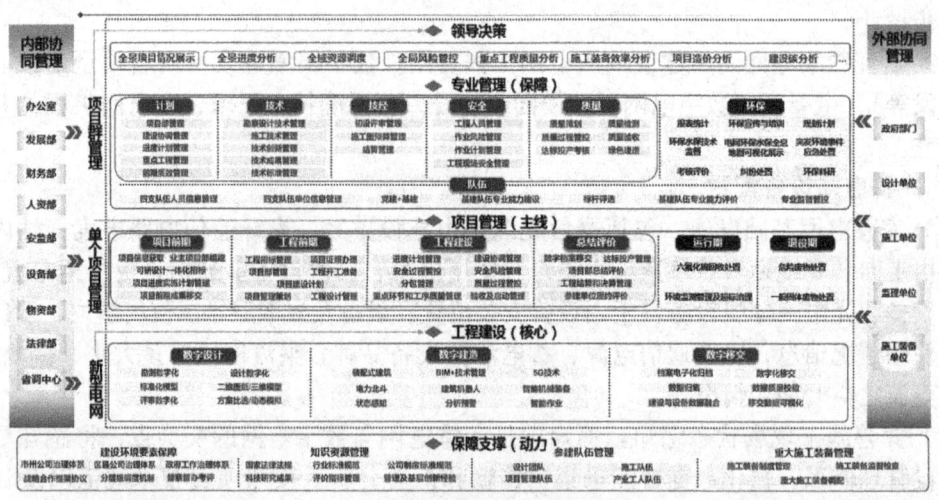

图2 建设专业业务蓝图

图3 建设专业业务架构

（二）数字电网研究内容

依托电网建设研究创新平台，组建电网勘察设计（新型电力系统）、环水保、技经等8个领域专家组。

一是研究新型变电站主控系统、辅控系统、新一代自主可控二次系统技术构架，提高设备可靠性、智能化、通用互换水平。

二是研究输变电工程智能感知层建设技术方案，实现电网资源可观、可测、可控。

三是研究新型数字孪生电网理论方法，提升对实体电网的刻画精度。

四是研究各电压等级新型输变电工程设计通用技术导则及其差异化建设原则，实现电网建设标准化、模块化、数字化和高效化。

（三）应用架构

公司在运在建 e 基建 2.0、基建设计管理、湘送数字、湘电云设计、智能评审辅助、智慧技经、基建数智化 7 套系统，整合演进为 e 基建 2.0、基建数智化、湘电云设计 3 套系统。

1. e 基建 2.0 主要采用一级部署方式

一级部署功能包含 1100 项"1+6+1"主体功能，实现了国网基建、环保管理通用制度与业主、监理、施工 3 个项目部标准化手册的核心管理流程的线上化，以及工程档案自动归集至数字化档案馆。二级部署功能包括数字化移交（在运）、现代智慧工地（在研）2 个专项，暂未推广应用。根据国网基建部设计思路，一级部署的管理类功能不考虑各省公司个性化需求，二级部署的现代智慧工地将采用开放式架构。各省公司可自主研发相关功能，集成所需感知层设备与机械化装备，如基建无人机、电建钻机、塔吊等，支撑工程建设模式转型，以及数字电网建设与移交。

2. 基建数智化系统采用二级部署方式

延长细化 e 基建 2.0 管理链条，如设计评审管理、工程现场管控、技术质量监督等工作流程，落实公司现代建设管理体系有关前期项目部、项目状态"日评价"、"两主一机制"落实、勘察作业票、新产业工人等管理创新，实时监控公司建设专业管理指标，预警督办项目管理里程碑任务和重要工作落实情况，支撑基建管理模式转型。

3. 湘电云设计采用二级部署方式

通过建设在线设计、云端协同、全流程数字化的协同设计管理工具，实现设计成果统一管理、设计经验全省共享，通过制定统一数据标准，建立能够标准化输入、输出的云端设计平台，支撑工程建设模式转型，以及数字电网同步设计（图 4）。

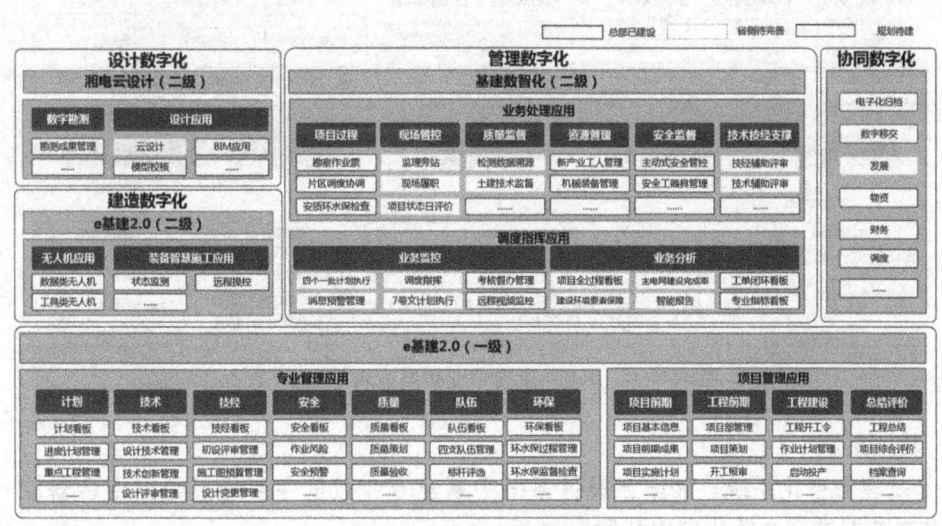

图 4　建设专业应用架构

（四）数据架构

强化数据要素价值发挥，聚焦电网工程建设核心资源要素，分析公司基建项目全过程管理及相关专业共享数据需求，构建形成以 e 基建 2.0 数据为基础、基建数智化系统为补充、其他各类子应用数据为辅助、贯通省侧跨专业数据的整体数据架构模式（图 5），为实现基建项目数字化精益化管理、电网同步建设、基建跨专业协同，打造设计、建造、移交为一体的建设态数字电网提供坚强支撑。其中，专业管理数据包含计划、技术、技经、安全、质量、队伍、环保专业通报与指标数据；项目管理数据包括项目全过程管理数据；工程建设数据包括设计数据、建造数据、移交数据；专业协同数据包括人资、财务、物资、经法合同等数据（图6）。

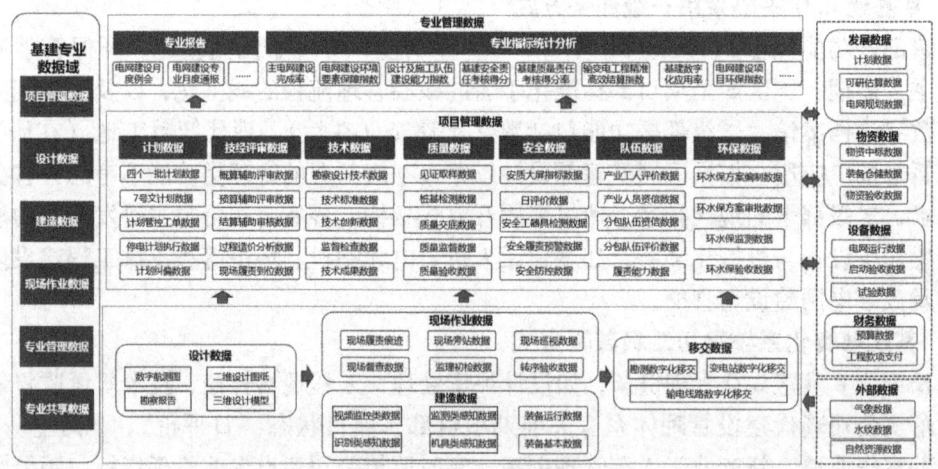

图5 建设专业数据架构

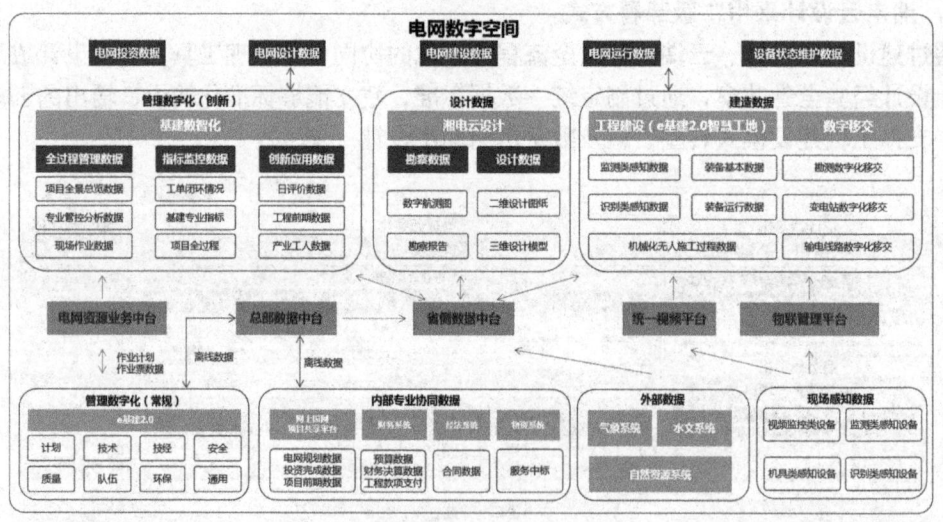

图6 建设专业数据逻辑

1. 数据来源

一是基建数智化系统、湘电云设计系统中基建专业数据主要通过数据中台获取e基建2.0的共享数据进行个性化应用开发。

二是基建数智化系统中发展专业、物资专业、安监专业相关数据主要通过数据中台获取项目前期管理平台、物资智慧管理平台、风控平台的共享数据进行个性化应用开发。

三是现场感知设备、视频设备相关数据主要通过物联管理平台、统一视频平台的公用服务能力进行现场数据的获取，并根据实际业务场景进行个性化开发。

四是外部数据主要通过购入政府相关数据获取。

2. 数据流向

一是单向获取的数据，包含e基建2.0通过数据中台下发到省侧的基建专业数据、现场感知设备获取的相关参数及视频、安监专业的分包准入数据、外部政府数据等。

二是双向交互的数据，包含发展专业前期计划数据、物资专业物资计划及物资跟踪数据、安监专业风控平台违章数据等。

（五）技术架构

遵从公司整体技术路线规划及"智慧物联、中台融通、数据共享、应用重构、敏捷迭代、人机协同"的思路，采用微应用、微服务、中台化架构思想，基于企业中台，将系统主要分为前端展示、微应用、中台支撑、云平台、物联管理平台以及安全防护、运维监控组件等，有效支撑大屏端、电脑端、移动端多种形式的应用，为功能好用实用提供坚强的技术保障。微服务架构设计基于底层的中台支撑和基础设施构建，按照微服务划分原则，分为个性服务、共性服务、通用基础服务，满足业务快速变化的需求。中台支撑层提供技术中台服务、支撑平台服务、数据中台服务、业务中台服务，由企业中台提供。云平台提供计算服务、存储服务、网络服务、数据库服务、中间件等服务。物联管理平台提供物联设备管理、数据接入等能力。运维监控组件为基建数智化业务应用提供自动化监控和自动化运维服务，包括业务监控、日志监控、性能监控。安全防护设计提供应用、数据、主机、网络、终端等安全防护（图7）。

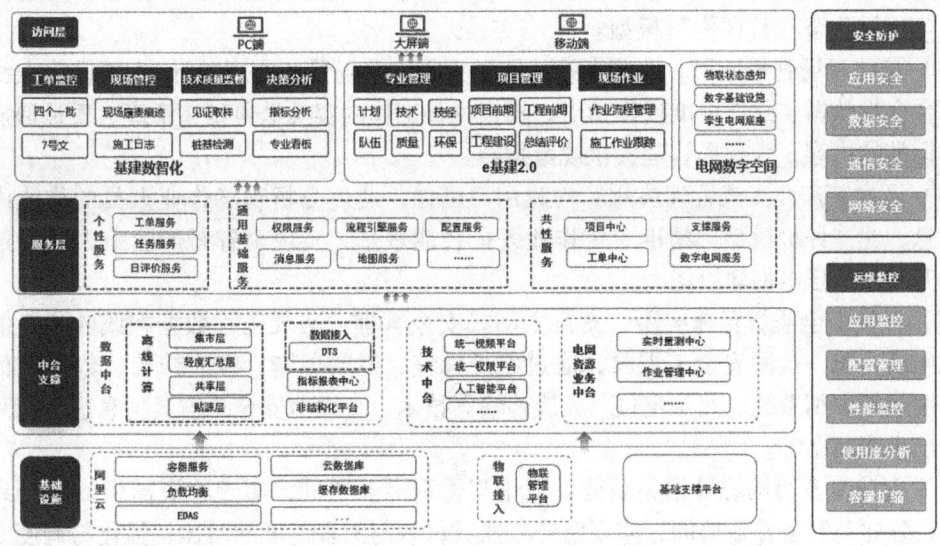

图7 建设专业技术架构

六、建设专业数字化需求

（一）近期目标与计划（2024—2025年）

首先，全面实现基建管理模式转型。建设基建数智化系统，创新开发适应建设专业的工单任务管理功能，推动e基建2.0未考虑的设计评审、远程监控等核心业务线上化，开发专业指标预警和监控功能,提高考核评价的透明度,有序地将基建设计管理等在运管理系统集成至基建数智化,支撑公司建设专业实现"三全"(全员责任到位、全过程管控到位、全要素保障到位)。其次,探索工程建设模式转型。牵头做好e基建2.0智慧工地专项研发,以基建无人机应用为突破口,实现基建无人机作业计划和工作成果的统一管控,深化应用数字航测技术。最后,研究数字电网同步建设机制。组建数字电网柔性团队,明确费用标准、配置标准与管理机制,将输变电工程勘测数据接入电网数字空间底座。

1. 牵头e基建2.0智慧工地专项

依托e基建2.0现代智慧工地专项,充分发挥牵头单位的作用,打造基建无人机应用。深化无人机在输变电工程勘察设计、工程建设、环水保监测、安全监测、进度感知、质量验收、数字化移交等多场景的应用,提升基建全过程管理的质效,实现无人机与基建业务深度融合。

2. 建成基建数智化系统

(1)深化调度指挥功能。支撑基建数智化管控中心日常运营、应急指挥两大场景,其中,日常运营场景实现专业指标监控规则配置、指标异常自动告警,将主电网建设完成率、电网建设环境要素保障等指标异常情况,以及里程碑计划偏差过大,以工单任务的模式发至责任人,建立以"数字工单"驱动全员协同运作的项目管理新模式。

(2)开发项目过程相关功能。抓实查勘作业过程管控,设计单位查勘作业执行工作报备,执行过程中,由监理人员对查勘作业进行抽查,压实查勘作业责任;对各单位电网建设调度协调会会议组织情况、质量情况、调度内容进行痕迹化管理,提升各单位调度协调质效;优化项目状态"日评价"模型。

(3)深化现场管控应用,完善旁站、转序验收作业场景,实现共计56项模板全线上管控,整合全量数据、建立标准操作指引,根据每日工作内容推送典型违章库、质量通病防治等技术标准的内容,为现场管理提供规范指导。

(4)开发新产业工人管理应用。构建用户画像,通过分析现场作业人员的作业内容和反馈信息,建立评价模型,精准定位作业人员技能水平,实现全省新产业工人资源信息共享,提升施工队伍电网建设能力。

(5)开发安全监督管理应用。支持主动式安全管理,实现工程数据在线收集,值班日报系统生成;统一检测安全工器具,通过电子标签、射频识别、智能锁控、数据通信等设备,采用射频识别系统、北斗定位、无线传输等技术,自动对安全工器具信息进行识别、自动判断出入库状态等。

(6)深化专业协同统筹相关功能。强化与物资专业协同,实现物资需求提报与到货情况跟踪;强化与财务专业协同,实现财务入账、付款与工程进度的对比;强化与调度专业协同,实现停电计划报送和转型情况线上管控;强化与设备专业协同,实现杆迁配合情况线上管控。

3. 完善湘电云设计

(1)开发变电一次和土建在线设计功能,针对电气一次主接线、电气布置、防雷接地、电缆敷设、动力照明、站用电部分,以及变电土建总图、构筑物、暖通、给排水、建筑、结构部分,进行云端在线设计。

(2)开发数字化移交检核应用,基于新的移交标准,完善移交检核规则,开发适用于新标准的自动化数据检核工具,提升移交数据的质量。

4. 研究数字电网建设标准

（1）落实数字电网建设费用来源。组建数字电网建设研究柔性团队，积极与国网基建部沟通汇报，推动数字模型建设费（含模型建设、系统接口开发等）等同步建设费用纳入电网工程费用，在电网工程的其他费用中新增单项计列。

（2）研究感知设备配置标准。制定标准化的智慧工地建设方案，全面覆盖110千伏及以上电压等级输变电工程全工序、全场景、全专业。

（3）研究同步建设管理机制。强化建设全过程管理，数字电网图数模建设在初设、施工和竣工等阶段保持同步更新，空间地理信息、设备基础信息、数字化文档内容保持数据完整。

（二）中远期目标与计划（2026—2030年）

首先，巩固基建管理模式转型成果。根据各层级用户意见，持续迭代完善基建数智化系统，深化大数据、人工智能等先进技术应用，辅助支撑专业管理决策与资源调配。其次，全面实现工程建设模式转型。持续推进机械装备、感知设备升级改造，试点"BIM＋装配式"的无人作业"黑灯现场"。最后，同步建设数字电网。全面支撑公司统一电网数字化空间底座建设，持续完善电网基础设施，强化施工现场状态感知，实现设计、建设数据在工程全过程共享复用，提升工程建设数据数字化移交能力。

1. 深化 e 基建2.0智慧工地专项

开发装备智慧施工应用，实现全省施工装备资源共享，推动施工装备智能化、智慧化改造，有序集成各企业研发的电建钻机、电建吊车等大型机械装备。

2. 深化基建数智化系统

（1）开发基建专业智能决策分析应用。深入挖掘项目过程的数据价值，应用大模型等先进数智技术，开展工程进度预警分析、物联感知设备在线情况监测统计与标准条文快速检索等应用开发，提升基建专业管理智能化水平。

（2）优化安全监督管理应用，完善安全风险识别预警指标体系，实现对未开展施工工作可能存在风险的预警识别，获取风险等级判定、风险判断理由以及下阶段重点梳理点等信息，形成以数据为核心驱动的安全智慧管理决策支撑模式。

3. 深化湘电云设计

（1）强化 BIM 技术应用。深化与行业龙头企业合作，推广 BIM 技术在施工环节的应用，优选工程探索"BIM＋装配式"的"黑灯现场"。

（2）强化三维设计等新技术应用。实现设计数据在工程全过程共享复用，形成以三维设计成果为底座，融合基建全过程数据的数字孪生电网。

4. 全面同步建设数字电网

基于公司统一电网数字空间底座，提供建设态空间地理地图、基础环境数据、电网资源数据、电网环境专题数据、测量专题数据、勘察专题数据、水文气象专题数据等，实现全过程数据统一管理与共享以及数据的一站式调用和可视化服务。

国网湖南省电力有限公司关于基建无人机全链作业体系建设实施的指导意见

为助力公司现代建设管理体系建设，持续提升输变电工程智能化建造水平，经研究，决定加快推进无人机技术在电网基建领域创新创效，特制定本指导意见。

一、建设思路

把握电网"新基建"契机，充分应用"大云物移智"等前沿技术，推动无人机在输变电工程勘察设计、施工建设、环水保监测、安全监测、进度感知、质量验收、数字化移交等多场景应用，构建覆盖电网项目规划设计、工程前期、工程实施等建设全过程的无人机应用和交互体系，助力公司电网基建数智化转型升级。

二、应用需求

（一）量测应用

（1）深化无人机在勘察设计中的应用，在35千伏及以上输变电工程中全面推广应用无人机地形测绘、输电线路数字航测、通道雷达扫描，为站址路径选择、断面优化和交叉跨越提供精准的地理信息服务。

（2）深化无人机测量在施工中的应用，重点研究无人机在线路弧垂观测、带电距离和交跨安全距离测量、实物工程量测算、基坑辅助验收等场景中的应用。

（3）深化无人机在"数字电网"建设中的应用，深度对接运行和检修专业需求，结合三维设计和通道航测，实现输变电工程模型和通道全息数字化移交，为数字电网提供孪生空间和模型底座。

（二）装载应用

（1）突破导引绳全自动导入滑车等关键技术，推动无人机在快速封网等输电线路架线施工中的应用。推广系留无人机（飞艇）夜间照明、现场4G/5G多通道聚合网络覆盖等技术，研究无人机绝缘作业平台，拓展无人机在带电作业、有限空间和危险部位等作业场景的应用。

（2）突破"无人机+机器人"联合在输电线路附件安装关键技术，开展间隔棒安装、跳线安装、视觉识别螺栓紧固机械臂、防震锤安装、攀登自锁绳挂接等场景应用研究；因地制宜，试点开展重载无人机（飞艇）在山区输电线路材料运输、索道架设、机械转运、铁塔吊装组立、跨越施工中的应用。

（三）感知应用

深化应用无人机的现场感知功能，重点研究违章识别、进度感知、外观检查等场景中的应用。加强无人机在工程质量验收过程中的应用，研究机载压接 x 射线探伤、接续管弯曲度和握力检测等场景。研究基于三维航迹规划的无人机高空验收应用，重点研究间隙安全距离、悬垂串垂直度、预绞丝绕包质量等；利用激光点云技术，开展输电线路对地面、树竹等跨越物的验收。

（四）影像应用

（1）运用无人机正射、倾斜摄影等技术，优化站区布置和方案比选；深化应用影像成果，辅助开展通道走廊保护、林业手续办理、拆迁工程量核算等工作；全面应用航测成果，优化施工方案编制，支撑施工道路方案制定、运输组织和辅助工程量计算等工作。

（2）深入推进无人机在环水保专业应用，以"卫星遥感+无人机"为手段，实现对重点工程环境扰动情况的定性判断和定点监管，提升环水保监督管理水平。

三、重点任务

（一）深化无人机在勘察设计中的应用

（1）深化应用输电线路影像航拍测量，利用高分辨率正射影像、数字高程模型，调绘路径中心关键地物信息，融合航测成果、国土空间规划数据等各类数据，实现输电线路通道三维再现和可视化，支撑通道清理、机械化施工中等新业务需求。

（2）加快推进输变电工程三维激光点云技术应用，实现更高精度坐标、高程测绘，杜绝传统人工漏测、误测，提升勘察设计质量。

（3）深化航测"在数字电网"建设中的应用，结合公司设备、基建、发展、调控等专业对输变电工程通道大数据的需求，发挥基建航测"宽航带、高精度、多信息"优势，实现工程 GIM 模型融合全息通道大数据的数字化移交。

（二）深化无人机在进度、质量中的应用

（1）通过无人机倾斜摄影或点云建模与 BIM 三维模型对比，模拟施工时序，实现形象进度的展示和预警功能。利用无人机扫描和摄像功能，及时发现不便于验收人员查验的高处、深基坑等部位的工艺质量问题。

（2）通过无人机贴近摄影测量和激光点云数据采集，实现基坑实景模型在监测周期内的快速重构，检测出基坑变形和成孔质量。研究和应用无人机自动飞行、AI 质量问题识别技术，自动判别工程质量缺陷，实现输变电工程质量检查自动飞、智能判，辅助开展质量验收工作，逐步代替人员登塔检查。

（三）深化无人机在安全管理中的应用

研究开展无人机高空验电、无接触挂拆接地线等工作，提高作业安全隔离水平。利用无人机进行现场巡视，对现场安全措施落实、施工人员作业行为进行有效监控，通过系统算法和人脸识别技术，开展现场作业人数核对、关键岗位人员匹配、违章行为智能识别、无计划作业治理等工作。利用无人机开展作业现场环境勘察、突发事件应急救援、防灾避险情况查勘等工作，提高紧急处置的时效性，降低人员直接奔赴现场的危险性。

（四）深化无人机在高空作业中的应用

深化无人机在输电线路架线施工中的应用。研究导引绳自动导入滑车关键技术，实现放线作业杆塔"不上人"；研究"无人机+机械臂"攀登自锁绳挂拆接，解决第一个上塔和最后一人上下塔无保护问题；研究无人机在快速封网等工序中的应用，提升跨越封网施工效率；研究系留"无人机+机器人"在附件安装中的应用，重点解决无人机辅助机器人跨塔作业问题，探索无人机在空中压接平台、机器人在间隔棒安装等场景中的应用；研究无人机激光点云+VR在弧垂观测中的应用，攻克无人机快速导线建模技术；研究"无人机+吊挂机器人"在输电线路上行走的关键技术，逐步替代人工走线验收。

（五）重载无人机在机械化施工中的应用

研究大型无人机（飞艇）在特殊地形、地质条件下，在输电线路施工中吊运物料设备的应用，重点研究挂载200千克以上载具的经济适用性、典型应用场景。研究重型无人机、重载飞艇在直接分段吊装组立、运输铁塔场景中的应用，研究"无人机+电动扭矩机械臂"在螺栓紧固、销钉检查、防震锤安装等中的应用。研究飞天机器人关键技术，将重型无人机与智能机器人结合，探索在输电线路拆旧、附件吊运安装、带电作业等方面的应用。推广应用无人机系留照明在夜间施工中的应用，研究基于重载无人机架设的新型货运索道、单轨运输侧等场景需求，解决山地索道支架的运输难题，提高山地重型索道的实用性、便捷性。

（六）推进无人机在环水保管理中的应用

应用无人机航摄技术辅助开展工程沿线原始地形地貌、环水保敏感区等地理信息勘查，解决人工调查效率低的问题，提升环评水保方案编制质量。应用无人机倾斜摄影技术，构建环水保空间三维数字模型，实现施工扰动、植被覆盖面积、溜坡溜渣面积、土石方量等参数量测，支撑施工过程环水保监督管理。研究基于无人机遥感影像的图像识别技术，实现施工扰动范围、环水保措施布设、植被与迹地恢复情况的智能评价，提高环保水保验收质效。

（七）推进无人机在输变电监理中的应用

应用无人机辅助输配电施工现场的监理工作，改变传统监理方式。发挥无人机机动快、范围广、视角宽的"鹰眼"特点，辅助现场旁站监理人员，借助4G/5G技术实现无人机视频推流直播与远程在线监控，实施"空、天、地"同步监管。通过无人机对人员多、风险等级高、工艺复杂的现场进行实时安全监督。在平行检验、监理初检工作阶段，利用无人机拍摄铁塔的螺丝、销针等细节部位，将视频录制存入数据库作为监理依据，在满足监理工作数码采集需求的同时，提升质量验收的覆盖范围及深度。

四、保障措施

（一）构建无人机专业化管理体系

建立公司基建无人机作业管理平台，实现无人机作业计划管理以及作业过程管控、影响数据管理等功能；支撑开展无人机维修保养、人才队伍培养、作业技术监督等工作，引导基于无人机平台的新技术、新装备研发。

（二）构建无人机数字化管控体系

构建 B/S 架构的公司级基建无人机数字化管控中心，逐步实现电网基建全流程的无人机信息及数据资源共享，为基建专业无人机航迹自动规划、飞行实时在线管理、飞行视频直播、成果实时采集、数据智能研判提供"云计算、云服务"，提升无人机应用水平。

（三）构建无人机智能化创新体系

加强无人机装备研发，联合国内有实力的高校、企业和科研院所建立创新合作机制，开展重大课题联合攻关。统筹无人机创新研究，严格对照公司科技管理要求，开展基建无人机开发应用优选排序，稳步推动技术升级。

中 编

促进管理提升

国网湖南电力建设部关于开展输变电工程建设状态"日评价"工作的通知（试行）

为加快推进现代建设管理体系建设，进一步落实关于项目全过程精益化管理提升工程要求，压实业主、监理、施工三个项目部的管理责任，提升施工现场管控能力，公司组织开展输变电工程建设状态"日评价"工作，有关事项通知如下。

一、工作思路和目标

充分发挥业主项目部"指挥单元"、施工项目部"作战单元"作用，通过基建数智化管控平台对输变电工程施工项目部及施工班组的日常工作进行评价，通过评价结果反映施工现场的管控情况并触发相应的管控措施，切实解决业主项目部"不想管""不能管""不会管"的问题。建立"日评价、周分析、月通报"评价机制，协助建设管理单位、施工单位和分包单位各级管理人员及时掌握施工现场存在的问题并及时采取有效管控措施，打通项目管理"最后一公里"，有效提升输变电工程现场管控水平。

二、评价体系

以专业管理可视化为方向，采取"智能分析工具＋专业分析决策"的模式，充分发挥数字化系统作用，对施工项目部、施工作业班组开展"日评价"，打造可视、在线、便捷、透明的评价体系，实现协同高效、数据共享，实时掌握输变电工程建设状态。日评价总分由系统得分和评价得分组成，系统得分依托e基建2.0平台等数智化管控系统自动提取关键指标生成，施工项目部评价得分以业主项目部评价为主体，施工班组评价得分以施工项目部评价为主体。评价维度及打分情况详见《施工项目部日评价》（附件1）、《施工班组日评价》（附件2）。日评价以输变电工程项目为基础，基础数据和评价记录不跨项目累计。

三、评价流程

（一）施工项目部日评价

1. 评价方式

日评价主要由"系统评分＋监理评价＋业主评价"三部分组成，其中，系统评分依托e基建2.0平台对施工项目部落实"队伍管理、计划管理、人员管理、现场管理"工作指标完成情况进行自动提取并统计评分；监理评价由项目总监根据施工项目部当日"综合管理"工作和监理指令完成情况进行手动勾选后自动统计评分；业主评价由业主项目经理根据"违章红线和关键性工作"开展情况进行手动扣分，汇总后形成该施工项目部当日最终得分。其中得分项总分100分，扣分项总分40分。

2. 评价节点

系统在施工项目部当日所有站班会结束后自动生成"系统得分",监理、业主项目部确认"综合管理"得分和"业主评价"得分后,形成日评价得分。

3. 评分应用

评价得分按两个大层面统计,一是"系统得分",对施工项目部进行统一排名,辅助分析常规工作完成情况;二是"最终得分",对施工项目部重点工作进行差异化分析,辅助开展专项经验提升及总结。

(二)施工班组日评价

1. 评价方式

日评价主要由"系统评分+施工项目部评价"两部分组成,其中,系统评分依托 e 基建 2.0 平台对施工班组"要素管理"和"违章扣分"情况进行自动提取并统计评分;施工项目部评价由施工项目经理根据施工班组"关键性工作"开展情况进行手动扣分,汇总后形成该施工班组当日最终得分。其中,得分项总分 100 分,扣分项总分 40 分,加分项 10 分。

2. 评价节点

在施工班组当日站班会全部结束后系统自动生成"系统评分",施工项目部确认"否决项"和"关键项"得分后,形成日评价得分。

3. 评分应用

评价得分按两个大层面统计,一是"系统得分",对施工班组进行统一排名,辅助分析常规工作完成情况;二是"最终得分",对施工班组重点工作进行差异化分析,辅助开展专项经验提升及总结。

四、评价应用

1. 评价结果

日评价结果分成四个等级,其中,"不合格"区间:得分<60 分。

"预警"区间:60 分≤得分<80 分。

"良好"区间:80 分≤得分<90 分。

"优秀"区间:得分≥90 分。

2. 结果应用

鼓励业主项目部、施工项目部认真开展评价,形成齐抓共管良好氛围。系统每日将评价结果处于"不合格"和"预警"区间的施工项目部和施工班组推送至相关单位和管理人员,各项目应根据日评价结果应用约谈、预警、停工学习等管理手段督促施工项目部、施工班组加强现场管理。各建管单位应对每周日评价工作执行情况和管理措施介入情况进行总结分析,找出管理及现场存在的薄弱环节。公司建设部每月对日评价结果应用情况进行点评,对认真开展日评价且结果应用良好的单位进行表扬,对日评价结果应用不到位及工程现场实际存在问题但未认真开展日评价工作的单位进行通报。评价结果应用详见《施工项目部日评价应用》(附件3)、《施工班组日评价应用》(附件4)。

3. 评价激励

日评价结果将纳入基建数智化管控平台项目管理人员和班组骨干个人履职记录中，记录良好的个人及班组在公司金牌施工项目经理、五星施工班长、年度基建先进个人、先进班组等相关评优评先中予以优先推荐。

五、工作要求

（1）各级单位应加强日评价工作管理和考核，建立完善日评价考核激励约束机制，将日评价执行情况作为重要内容纳入公司内部绩效管理。

（2）各单位应做好日评价的深度应用，将施工项目部、施工班组人员评价情况作为后续招标、合同管理的重要支撑。

（3）各单位应对日评价组织工作开展卓有成效的项目管理人员给予表扬和奖励，对日评价工作组织不力的项目管理人员应给予批评教育和相应处罚。

（4）日评价工作全面纳入基建数智化管控平台开发，各单位同步做好"周分析、月通报"工作，鼓励各单位在实际应用过程中对日评价相关指标进行分析研究，将相关建议反馈至公司建设部。公司建设部及时组织进行更新完善，力求评价客观、全面、准确。

附件： 1. 施工项目部日评价
      2. 施工班组日评价
      3. 施工项目部日评价应用
      4. 施工班组日评价应用

附件 1

施工项目部日评价

×××× 年 ×× 月 ×× 日

序号	评价内容	分值	说明	内容		分值	得分说明	系统数据	得分	备注
1	队伍管理	15	统计正在本项目作业层级扣分情况	A1: 施工项目部违章平均扣分		5	平均分达12分则扣完，按比例扣除			
				A2: 施工班组负责人违章平均扣分		5	平均分达6分则扣完，按比例扣除			
				A3: 施工班组总得分率		5	引用施工班组得分率			
2	计划管理	10	统计日计划和临时计划	B1: 日计划执行率		6	提取日计划执行率百分比			
				B2: 临时计划发布数量		4	临时计划发布条数，一条扣0.5分			
3	人员管理	5	统计人员到岗打卡情况	C1: 人员到岗位率		5	提取人员到岗率			
4	现场管理	40	统计布控球管理、现场查勘、现场违章情况	D1: 布控球绑定率		5	提取布控球绑定率			
				D2: 布控球在线时长合格率		4	提取布控球在线时长合格情况			
				D3: 省公司级及以上查处严重违章（问题）现场		15	被查处，此项不得分			
				D4: 市公司级查处严重违章（问题）现场		8	被查处，此项不得分			
				D5: 县公司级（建管）查处严重违章（问题）现场		5	被查处，此项不得分			
				D6: 项目部级（业主、监理）查处严重违章（问题）现场		3	被查处，此项不得分			

系统得分

续表

序号	评价内容	说明	分值	内容	分值	得分说明	系统数据	得分	备注
5	综合管理	其他专业管理	30	E1：质量管理	15	分析施工原材料、成品保护、隐蔽工程、三级自检管控是否满足质量要求，按优秀、良好、合格、较差分别为15分、10分、5分、2分			
				E2：进度管理	5	分析施工资源投入是否满足进度要求，按优秀、良好、合格、较差分别为5分、3分、1分、0分			
				E3：方案（档案）管理	5	分析施工档案管理是否满足工作要求，按优秀、良好、合格、较差分别为5分、3分、1分、0分			
				E4：造价管理	5	分析施工造价管理是否满足工作要求，按优秀、良好、合格、较差分别为5分、3分、1分、0分			
			评价得分						
6	监理评价		−10	关键项	−10	关键性正确指令落实不到位	被查处，此项扣完		

续表

序号	评价内容	分值	说明	内容	分值	得分说明	系统数据	得分	备注
7	业主评价	-40	否决项	违反六条零容忍及安全红线的违章	-40	一票否决			
		-30	关键项	关键人员履职不到位，未按要求长期驻守现场	-10	被查处，此项扣完			
				施工班组日评价工作开展不到位；分包队伍日管控不到位	-10	被查处，此项扣完			
				上级工作落实不到位	-10	被查处，此项扣完			
最终得分									

说明：

对施工项目部日评价最后得分组成：一是系统得分，二是监理、业主考核。

1. 评价得分：五个主要维度赋分：队伍管理（15分）、计划管理（10分）、人员管理（5分）、现场管理（40分）、综合管理（30分）五个维度，总分100分，前四个由系统自动提取赋分，综合管理主要由监理项目部根据工程勾选情况勾选工作质效，自动获取对应分值。
2. 监理评价：包含关键项，减分项-10分，由监理项目部勾选，直接扣除对应分值。
3. 业主评价：包含否决项和关键项，每日24:00前系统自动生成相关减分项-70分，由业主项目经理勾选对应分到区间，提醒开展评价应用。
4. 评价流程：施工、监理、业主在对应列表中补充相关说明情况及打分原因。
5. 类别备注："系统得分"对施工项目部重点工作进行差异化分析，辅助开展专项经验提升及总结。
6. 得分类别："系统得分"对施工项目部进行排名，辅助分析项目管理工作质效；"评价得分"对施工项目部进行排名，辅助分析项目管理工作质效；"最终得分"对施工项目部进行排名，辅助开展专项经验提升及总结。

附件2

施工班组日评价

××××年××月××日

序号	评价内容	分值	说明		内容	分值	得分说明	系统数据	得分	备注
1	要素管理	100	人员	A1: 现场监护人员是否到岗到位	15	提取人员到岗率			
				A2: 施工班组负责人违章扣分	10	达12分则扣完,按比例扣除			
				A3: 施工班组成员违章扣分	10	平均分达6分则扣完,按比例扣除			
			方案	B1: 方案措施一览表选定率	10	提取数据			
				B2: 风险底数一本账选定率	10	提取数据			
			环境	C1: 布控球绑定率	10	提取布控球绑定率			
				C2: 布控球在线时长合格率	10	提取布控球在线时长合格情况			
			计划	D1: 日计划执行率情况	15	提取日计划执行率百分比			
				D2: 是否新增临时计划	10	临时计划发布条数,一条扣0.5分			
2	违章扣分	30	统计各层级对施工班组每日违章情况以及行为责任落实情况	E1: 省公司级及以上稽查: 严重违章	30	被查处Ⅰ类,此项扣完;被查处Ⅱ类,15分/条;被查处Ⅲ类,10分/条			
				E2: 省公司级及以上稽查: 一般违章	5	被查处,此项扣完			
				F1: 公司级稽查: 严重违章	10	被查处Ⅰ类,此项扣完;被查处Ⅱ类,5分/条;被查处Ⅲ类,3分/条			
				F2: 公司级稽查: 一般违章	3	被查处,此项扣完			
				G1: 项目部级稽查: 严重违章	5	被查处Ⅰ类,此项扣完;被查处Ⅱ类,3分/条;被查处Ⅲ类,2分/条			
				G2: 项目部级稽查: 一般违章	2	被查处,此项扣完			

续表

序号	评价内容	分值	说明	内容	分值	得分说明	系统数据	得分	备注
3	施工项目部评价	−40	否决项	系统得分 发生违法犯罪、恶意讨薪、恶意阻工、恶意报复等违纪、重大舆情事件	−40	一票否决			
		−20	关键项	拒不执行施工项目部管理要求	−15	被查处，此项扣完			
				施工班组未按要求开展相关安全活动	−5	被查处，此项扣完			
		10	加分项	表得分可司标准化施工现场	10	加分项			
				最终得分					

说明：

对施工班组日评价最后得分组成：一是系统得分，二是施工项目部考核。

1. 评价得分：两个主要维度：要素管理（100分）、违章扣分（30分）两个维度，总分100分，评分主要由系统自动提取赋分和施工项目部根据班组当日施工情况勾选不合格项扣除相应分值。
2. 施工项目部评价：否决项、关键项、加分项、减分项−20分，加分项+10分，由施工项目经理填写，直接扣除（增加）对应分值；业主、监理项目部评价分别由业主项目经理和总监理根据现场情况随时填写。
3. 评价流程：每日24:00前系统自动生成得分划分到对应区间，提醒开展评价应用。如未评价系统默认为不扣分。
4. 类别类别："系统得分"对施工班组进行统一排名，业主在对应列表中补充相关得分说明情况及扣分原因。
5. 得分备注："最终得分"对施工班组重点工作进行差异化分析，辅助分析常规工作完成情况；"最终得分"对施工班组重点工作进行差异化分析，辅助开展专项经验提升及总结。

附件3

施工项目部日评价应用

序号	日评价得分	判定结果	参建项目部	参建单位
1	得分<60	不合格	组织方：业主项目经理 措施：次日全面停工一天，业主组织约谈会议，施工单位派人参加，约谈情况备案，申请按施工合同条款给予考核	督促施工单位采取更换责任施工项目部人员、清退责任分包队伍商及责任班组人员等措施；根据建管单位要求，纳入建管单位月度会议通报，由施工单位分管负责人做反思发言
2	60≤得分<80	预警	组织方：施工项目经理 措施：次日同题班组停工一天，施工方组织分析会，会议记录及整改措施报业主项目部备案	根据建管单位要求，纳入建管单位月度会议通报，由施工项目经理反思发言
3	80≤得分<90	良好	—	根据建管单位管理要求，施工项目部得分长期在合格及以上区间的，纳入周会、月度会、季度会通报表扬
4	得分≥90	优秀	—	

附件4

施工班组日评价应用

施工班组日评价应用（专业分包）

日评价	评价结果	累计	施工项目部处理办法	施工班组部举措	施工单位处理办法	施工单位举措	周分析	月考核
得分<60	不合格	1	约谈分包项目经理	班组主要责任人以及骨干人员禁止准入6个月，班组其他人员经培训考核合格后重新准入	—	对分包项目部骨干人员进行履职预警	周平均分： 1. 出现一个不合格班组扣20分； 2. 预警一次扣5分，以此类推	1. 考核根据月平均分排名，出现不合格的班组取消月度良好及以上班组评选资格；考核为预警层级及以下的，取消年度评选资格。 2. 月累计24次及以上日评价≥90分的班组，施工项目部协同分包项目部总结班组管理经验并向施工单位验收推荐优秀施工班组
		2	对分包项目部进行停工整顿教育	调整分包项目部骨干人员	专业分包约谈分包主要负责人	施工单位相关部门组织施工项目部对分包项目部进行重点帮扶		
		3	—	停止分包项目部所有班组作业	—	更换分包资格		
60≤得分<80	预警	1	约谈分包项目经理	分包项目部骨干人员驻场帮扶协助整改	—	—		
		2	施工项目部管理人员现场帮扶协助提升班组管理能力	帮扶直至评分≥80分	—	—		
		3	停工学习	施工项目部组织停工学习并进行班组管理能力的提升帮扶	—	—		
		4	—	判定不合格班组，班组主要责任人以及骨干人员禁止准入6个月	—	—		

续表

日评价	评价结果	累计	施工项目部处理办法	施工项目部举措	施工单位处理办法	施工单位举措	周分析	月考核
60≤得分<80	预警		—	—	分包商所属班组累计2次停工学习的班组，对分包项目部骨干人员进行履职预警	施工单位重点关注		3. 施工周期（12个月）内累计10个月获评优秀班组的班组，施工单位进行通报表扬并组织在建施工项目部进行现场观摩学习
					分包商所属班组累计3次停工学习的班组约谈（专业分包：分包商负责人、劳务分包：分公司负责人）	调整分包项目部骨干人员		
					分包商所属班组累计4次停工学习班组更换分包队伍、分包商	更换分包商		
60≤得分<90	良好	1	重点关注班组同类型问题发生频率并分析原因	组织整改，确保达到优秀班组管理水平	督促施工项目部对班组进行能力提升整改	组织巡查整改闭环效果		
得分≥90	优秀	1	—	总结先进经验进行各项目推广，推荐为公司优秀项目部	—	通报表扬、组织其他项目部现场观摩学习		
一票否决	发生违法犯罪、恶意讨薪、恶意上访、恶意阻工、恶意报复等违章、重大舆情事件							

说明：
1. 从开工之日起每12个月为一个考核周期。
2. 预警阶段如发生不服从管理、消极应付等拒不执行整改情况的施工项目部可直接判定为不合格班组。
3. 故查处及省公司及以上严重违章，取消月度评选资格。

施工班组日评价应用（劳务分包）

日评价	评价结果	累计	施工项目部处理办法	施工项目部举措	施工单位处理办法	施工单位举措	周分析	月考核
得分<60	不合格	1	对不合格班组进行停工整顿教育	调整劳务分包商不合格班组相关责任人员	约谈施工项目部主要负责人	相关部门组织施工项目部对劳务分包商进行重点帮扶	周平均分：1. 出现一个不合格班组扣20分；2. 预警一次扣5分，以此类推	1. 考核根据月平均分排名，出现不合格的班组取消月度评选资格；考核为预警层级及以下的，取消年度评选资格。2. 月累计24次及以上日评价≥90分的班组，施工项目部协同分包项目部总结班组管理经验并向施工单位推荐优秀施工班组
		2	停止该项目劳务分包商所有班组作业	—	调整劳务分包商负责人	—		
		3	停止劳务分包商所有班组作业	—	更换劳务分包商	—		
60≤得分<80	预警	1	约谈分包商现场负责人	施工项目部驻现场帮扶，协助整改	对施工项目部骨干人员进行履职预警，或对施工队队骨干人员进行履职预警	—		
		2	施工项目部管理人员驻现场帮扶，协助提升班组管理能力	帮扶直至评分≥80分	累计2次停工学习调整劳务分包商该班组相关责任人员	施工单位重点关注		
				—	累计3次停工学习约谈该施工项目部负责人	—		
					累计4次停工学习的施工班组更换劳务分包商	—		

续表

日评价	评价结果	累计	施工项目部处理办法	施工项目部举措	施工单位处理办法	施工单位举措	周分析	月考核
60≤得分<80	预警	3	停工学习	施工项目部组织停工学习并进行班组管理能力的提升帮扶	—	—		3. 施工周期（12个月）内累计10个月获评优秀班组的班组，施工单位进行通报表扬并组织在建施工项目部和在建非包项目部进行现场观摩学习
		4		判定不合格班组，班组主要责任人以及骨干人员禁止准入6个月	—	—		
80≤得分<90	良好	1	重点关注班组同类型问题发生频率并分析原因	组织整改，确保达到优秀班组管理水平	督促施工项目部对班组进行能力提升整改	组织巡查整改闭环效果		
得分≥90	优秀	1	—	总结先进经验进行各项目推广，推荐为公司优秀项目部	—	通报表扬、组织其他项目部现场观摩学习		
一票否决			发生违法犯罪、恶意讨薪、恶意上访、恶意阻工、恶意报复等违章违纪、重大舆情事件					

说明：
1. 从开工之日起每12个月为一个考核周期。
2. 预警阶段如发生不服从管理、消极应付等拒不执行整改情况的施工项目部可直接判定为不合格班组。

国网湖南电力建设部关于印发电网建设专业安全生产治本攻坚三年行动实施方案的通知

为深入贯彻落实国网基建部、特高压部要求，进一步健全输变电工程建设安全管理体系，全面推动现代建设管理体系建设，着力提升本质安全水平，推动输变电工程建设安全治理体系现代化，公司建设部组织制定本方案，请各单位落实执行。

一、专业工作要求

深刻践行公司"三天""四最"安全理念，着眼输变电工程建设高质量发展，聚焦"问题导向、系统观念"，开展输变电工程建设安全生产治本攻坚"七大行动"，从根本上消除隐患、解决问题。深化主动式安全管理体系，做实前期风险压降，强化建设环境要素保障，推动公司输变电工程建设安全精益管控水平持续提升。

二、专业工作目标

通过三年治本攻坚，输变电工程建设主动式安全管理理念深入人心，安全治理体系和机制高效运转，防控重大安全风险、消除重大事故隐患的能力显著增强，公司输变电工程建设本质安全水平大幅提升。2024年，初步形成主动式安全管理体系和配套机制，建立项目状态"日评价"机制，巩固以作业单元管控长效机制为核心的责任体系、以挂点负责为抓手的安全保障体系、以风险值班管控为依托的安全监督体系；持续深化"机械化换人、智能化减人"。2025年，深化主动安全管理体系运转，输变电工程装备升级、工艺工法提升取得进展，变电、线路机械化施工率超过85%。2026年，输变电工程建设主动式安全管理体系形成，机械化、数字化、智能化应用取得显著进展，输变电工程建设本质安全水平显著提升。

三、专业工作任务

（一）开展双重预防机制质效提升行动

1. 加强全过程安全风险管控

加强"主动降风险、主动控过程、主动抓应急"安全管控模式，切实落实风险"先降后控"基本原则，推动"两主一机制"落地，落实标准化开工条件，保障开工后无障碍施工。强化源头风险压降，压实前期项目部责任，严抓项目前期、工程前期关键环节风险压降措施，着力降低施工技术难度、环境协调难度和安全管控难度，大幅压减危大工程和高风险作业数量，为施工单位应用机械化、智能化等创新工法创造有利条件。完善安全风险分级管控机制，实现固有、动态全要素风险的评估和管控。优化作业票管理机制，抓实作业计划组织、编排、执行与考核，实现工程三级及以上风险实时精准销号。

2024年，健全全过程安全风险管控机制，定期开展全过程风险管控率考核。2025—2026年，修订输变电工程建设风险压降措施，完善输变电工程建设安全风险分级管理，形成适应风险精准销号的作业票管理机制。

2. 健全主动式隐患排查治理机制

基于工程建设实践经验和人工智能、大数据分析等数字技术支撑，建立事故隐患预警机制。健全交叉互查机制，探索"检查+评比"，2024年全年按季度持续开展交叉督查、流动红旗评比、标杆工地评选等活动，结合春检、秋检活动，盯紧现场高风险项目、高风险作业，由省内全覆盖督查拓展到省送变电外揽项目，提升安全督查实效。加强风险值班管控和现场安全检查，加强与公司安监、产业等部门的横向协同，强化现场安全监督检查，强化"管住变化"，对工程进行事前提醒，提前消除事故隐患。持续强化近电、变电改扩建、线路跨（钻）越及进站等作业的隐患排查，针对季节、施工任务安排等特点，定期开展季节性自然灾害、交通、消防等专项隐患排查。常态开展深基坑、高边坡、近电作业、林区消防、无计划作业、擅自关闭吊车安全装置、"幽灵"班组、小型分散作业八类安全隐患治理，以及"8+2"工况梳理，坚决把隐患消灭在事故发生之前。

2024年，基本形成主动式隐患排查治理机制，建立安全事故隐患预警要点清单。2025年，持续完善安全事故隐患提醒机制和内容。2026年，全面推行智能化安全隐患提醒跟踪工作机制，实现新发现重大事故隐患动态清零。

（二）开展电网本质安全水平提升行动

深化工程建设全过程质量管控。持续健全质量策划、质量检测、过程管控、质量验收、达标投产"五关"管理机制，梳理管理关节中的关键点，从本质上提升工程建设质量。提高主设备安装标准化机具应用水平，确保作业过程规范。严格执行设备供应商评价指导意见，根据评价标准强化评价结果应用，助力设备采购"好中选优"。

2024年，实施GIS安装质量提升专项行动，执行输变电工程设备供应商评价工作手册。2025—2026年，持续完善全过程质量管控机制，实施质量工艺提升专项行动，主设备安装质量管控能力有效加强。

（三）开展保障人身安全攻坚行动

1. 构建输变电工程建设安全理论

加强"智库"队伍建设，聚焦建设管理和基层基础，从完善管理举措、改变作业方法、改善作业环境、研发装置设备等角度入手，常态化开展输变电工程建设安全相关政策研究、管理创新和技术创新工作，逐项课题攻关，解决工程现场长期存在的顽疾痼疾。持续完善安全管理规章制度，将管理重心前移，推动每位作业人员主动做自身安全的"第一责任人"。

2024年，初步构建输变电工程建设主动安全管理理论体系，成立本质安全管理智库团队。2025—2026年，深化主动安全管理体系运转，依托本质安全管理智库团队持续开展电网建设研究创新。

2. 开展作业人员管控专项行动

实施作业班组分类分级管控，明确各类各级班组可实施作业范围，推动作业班组自我保障能力自驱提升。加强作业层班组培育，省送变电公司组建和培育全专业机械化班组；产业单位根据承接任务量，分步组建自有机械化施工班组，全面提升自主施工和应急抢修攻坚能力。各单位制定班组骨干精英人才培养计划，开展年度技能等级评价，健全社会化用工择优录用机制，在产业单位直签员工招聘和市场化单位社会招聘时，同等条件优先录用。优化作业人员入场、在场、退场管理工作机制，利用信息系统实现对每一位作业人员的动态跟踪与异常排查管控。持续强化作业人员落实安全强制措施，严守安全底线。常态化开展作业层班组骨干培训，严格执行作业人员经考试合格后上岗。

2024年，形成作业人员管控专项行动方案，建立作业班组分类分级管控机制。2025年，健全以作业班组为建制的作业人员全过程管控工作机制。2026年，常态化实施以e基建2.0为依托的作业人员实时精准管控。

（四）开展科技支撑保障提升行动

1. 推动电网建设技术革新升级

持续全面推进输变电工程机械化施工，进一步完善机械化施工管理体系、技术装备体系与工作机制，大力推广机械化施工技术装备，推动作业方式逐步向"少人作业"转变。建立机械装备研发合作机制，坚持储备一批、研发一批、成熟一批、推广一批，重点突破硬岩开挖、山区组塔、"三跨"等施工难题，开展无人机组塔研究。进一步加强电建起重机组塔、集控机动绞磨组塔、集控智能牵张放线等机械化工法总结提炼，增加现场运输、地形场地等施工条件要求，指导现场选用和规范施工，推动电网建设技术水平提升。

2024年，完善机械化施工技术与管理体系，面向复杂环境下输电线路高风险作业，开展机械化施工关键技术及装备研究。2025—2026年，推动装备升级、工法创新、机械化替代，变电、线路机械化施工率超过85%。

2. 开展数字化智能化赋能提升

基于现代信息技术构建数字化安全员，持续提升输变电工程建设现场状态感知、主动预警、应急处置能力。系统开展安全数据挖掘应用，构建以数据为驱动的现代安全管理方法。建成人员队伍、现场风险等全要素感知的基建数智化管控平台，固化"现场+远程"双重管控机制，实现方案交底、人员队伍、现场风险等要素实时感知和主动预警。

2024年，做好数字化安全员构建框架业务支撑，制定安全管理数字化智能化研究方案。2025—2026年，完成数字化安全员建设，高风险作业机器人攻关取得显著进展，形成一套基于数据驱动的安全管理方法。

（五）开展安全管理体系建设行动

1. 健全电网建设安全管理体系

持续巩固以作业单元管控为核心的安全责任体系、以挂点负责为核心的安全保障体系、以风险值班管控为核心的安全监督体系，夯实安全管理组织基础。构建围绕现场抓安全、抓落实的安全管理机制，推动形成以现场主动保安全为主的安全管理体系。全面落实国网公司要求，会同相关部门推动工程建设施工业务外包规范管理和省管产业承揽的输变电工程安全管理水平持续提升。

2024年，健全输变电工程建设安全管理"三个体系"，会同相关部门形成输变电工程建设施工业务外包规范管理长效机制。2025—2026年，建立健全省管产业单位承揽输变电工程建设安全管理机制，实现输变电工程建设安全管理"三个体系"常态化高效运转。

2. 加强安全管理帮扶提升

持续深化参建单位、工程分级管控，紧盯重点单位、重点工程，实施差异化、针对性的精准督导，确保公司安全管理体系在现场有效运转。规范基建安全监控平台实体化、规范化运作，全面开展市州公司基建视频监控中心管理质效提升活动，落实值班人员配置，开展多样化的针对性培训，强化工作流程标准化执行，建立周风险梳理交叉互审互查工作机制和省市专家主动式安全联合检查机制，及时发现并提醒现场实际存在的问题和安全管理薄弱点。

2024 年，公司组建专家组与各建设单位开展联合检查，共同梳理（全部项目）、检查（具体工程全线走一次）、走访（作业班组驻地，参加日晚会），对输变电工程安全风险全面摸排梳理，每季度开展一次联合检查。2025 年，健全以各建管单位自查自纠、公司检验帮扶为主要形式的安全检查机制。2026 年，安全管理机制在现场有效运转，各单位安全管理整体水平显著提升。

（六）开展安全生产队伍建设提升行动

强化基建队伍能力建设。加强产业工人队伍培育，依托首批国网公司级基建施工技能实训基地搭建产业工人培育平台和管理平台，强化骨干人员的技能培训，分类分级开展项目管理人员履职能力和作业层班组骨干技能水平测评，严格管控人员准入关。打通技能等级晋升成长通道，营造"崇尚技能"的良好氛围，依托"e 基建 2.0"开发信息管控平台，完善产业工人准入选择、过程管理、激励考核、退出等全过程管控体系，逐步形成"技能精湛、人员固化"的产业工人队伍，着力选育一批具备机械化、智能化等建造能力的优秀人才和技能技术专家。充分应用培训、安全管理会商、安全检查等方式，提升各级安全管理人员和安全专家能力，确保关键岗位人员懂现场、懂安全。稳妥推进省送变电公司深化改革，在管理策略和管控机制上加大研究和推动力度，引导省送变电公司提升企业活力和市场竞争力。

2024 年，组织开展项目部劳动竞赛，强化标准化建设，提升项目管理成效。组织开展施工方案编审竞赛，推广先进作业技术，提升方案的先进性。2025 年，建立安全专家、安全管理关键人员能力必备标准，形成安全队伍"传帮带"长效机制。2026 年，持续落实基建队伍激励保障措施，自有施工班组能力显著提升。

（七）开展防灾应急能力提升行动

加强防灾避险能力建设。严格落实政府有关防灾避险要求，及时跟踪气象变化，防止环境条件变化，应对不力诱发安全事故。完善输变电工程建设安全气象预警方法和工作机制，定期开展预测预警。进一步强化输变电工程现场安全应急管理，制定作业层班组防灾避险及应急措施，严抓"五备三报一救护"应急措施落实，结合输变电工程特点开展应急演练，持续完善应急方案和处置流程，确保作业层班组人人会应急。

2024 年，修订完善输变电工程建设安全应急预案。2025—2026 年，健全输变电工程建设安全气象预警方法和工作机制，持续应用数字化、智能化技术提升防灾应急能力。

四、进度安排

（一）起步年（2024年）

起步年侧重于理问题、定方案、建机制。印发公司基建治本攻坚三年行动实施方案，组织各单位结合实际，全面梳理输变电工程建设的"本"和"坚"，制定本单位实施方案，自上而下全面找清问题、细化举措、建立机制，分年度明确任务、目标，有针对性地、全面开展治本攻坚行动。

（二）深化年（2025年）

深化年侧重于抓攻坚、治问题、见实效。各单位聚焦重大安全风险隐患和影响安全的痛点难点问题，围绕队伍建设、管理体系、科技保障等基础关键，开展集中攻坚，推动重大专项落地见效，实现重点工况隐患动态清零，切实解决一批安全建设深层次问题。

（三）巩固年（2026年）

巩固年侧重于夯根本、固机制、利长远。着力在输变电工程建设领域建立完善的安全风险防控和隐患排查治理体系，全面强化风险防控、监测、预警、处置等能力，提升安全管理效能和本质安全水平。

五、保障措施

（一）强化组织领导

各单位分管领导要坚持问题导向、系统观念，专题部署、带头研究，定期协调推进，抓实各项任务实施。各单位要认真理解基建治本攻坚三年行动实施方案各项工作要求，在每年6月底前完成本单位实施细则、列出任务清单，明确责任部门、责任人和时间安排，做好动员部署、实施推进、检查指导、总结提高各阶段工作，确保各项任务落地见效。要积极组织宣讲培训，统一思想认识，明确攻坚重点，推动行动落地。

（二）健全管控机制

各单位要建立健全检查考核、督导督办、责任倒查等各项工作机制，确保治本攻坚的进度、质量和实效。将治本攻坚三年行动重点任务与输变电工程建设安全主题活动紧密结合，每季度对在建工程开展一次全覆盖检查，及时发现存在的问题，认真研究本单位安全工作中存在的问题和不足，准确把握工程现场存在的重大安全风险，提升自查自纠能力，围绕重点举措抓落实。

（三）强化投入保障

聚焦输变电工程建设的重点难点问题和风险隐患，加强统筹规划，研究落实举措，持续推进"人防、技防、工程防、管理防"等治本之策，不断提升本质安全水平。深挖问题产生的深层次原因，从制度机制上制定治本之策。

国网湖南电力建设部关于开展输变电工程"严规矩、强执行"专项整治行动的通知

为深入推动现代建设管理体系落地,全面落实公司基建本质安全提升指导意见,提升输变电工程现场项目部、作业班组安全规矩意识,做实"七分准备、三分执行",公司建设部决定在2024年开展"严规矩、强执行"专项整治行动,全面压实参建单位、现场项目部管理和班组执行责任,规范现场作业,提升管理质效,要求如下。

一、强化宣贯培训,使全员"懂规矩"(两做实)

(一) 做实安全教育培育

公司梳理形成输变电工程建设安全管理应知应会文件清单,参建单位负责统筹培训内容和考试题库,参建项目部制定计划并具体组织,根据现有规章制度和要求,利用例会、周安全活动等,把与实际施工作业相关的、必须要掌握的知识点作为必学内容,分层分级组织开展培训,对项目部人员、班组人员开展制度宣贯培训。

(二) 做实培训结果应用

参建项目部落实逢培必考要求,通过设置与实际作业内容紧密相关的安全考试题库组织全员考试,将考试结果应用到人员准入(上岗)、绩效考核和班组任务分配,确保培训实效和考试严肃性。

二、强化过程管控,使全员"守规矩"(三严抓)

(一) 严抓风险压降措施执行

项目前期、工程前期、建设过程等各阶段参建单位严守《输变电工程建设风险压降措施八十条》的工作规矩,建管单位要充分发挥建管单位的牵头职能,组建前期项目部,着力降低施工技术难度、环境协调难度和安全管控难度,组织参建单位和项目部严格执行,通过优化设计、严格评审、推广机械化、智能化施工实现源头风险压降;施工单位大力应用机械化、智能化手段,采用创新工法实现过程风险压降;监理单位做好实施过程的监督管控,确保各项措施执行到位。

(二) 严抓安全生产秩序和关键环节管控

业主项目部强化安全生产秩序管控,落实停电跨越、合规手续办理、项目属地管理等安全要素保障,落实标准化开工条件,保障开工后无障碍施工,组织二级风险、临近带电体作业(变电改扩建、线路跨越及进站、近电作业)风险查勘,组织落实现场作业人员"三核实、四严查"强制措施要求;施工项目部优化作业安排,规范作业计划发布、关键点管控

措施落实和现场监督检查。

（三） 严抓 "一方案一措施一张票" 执行

施工班组严格按照方案施工，不打折扣落实各项关键点管控措施，确保作业行为、装备防护符合生产要求，规范开具施工作业票，认真召开站班会，确保严格执行"三算、四验、五禁止"、近电作业"六必须"、作业现场"十不干"等强制措施，严厉打击"零容忍"违章行为。

三、强化考核问责，使全员"强执行"（"四必须"）

（一） 必须 "到岗履职"

参建单位各级领导、各级专业部门管理人员（包括各级挂点负责人）应按规定到岗到位并严格履职，落实资源调配、风险管控、监督把关等各项职责。

（二） 必须 "先定后干"

施工项目部要动态掌控现场，准确掌握班组工作任务与作业范围，提升作业计划准确性，严控临时计划和超范围作业，坚决杜绝无计划作业。施工项目部要充分进行查勘，优化方案选择，严禁擅自更改方案或不按照方案施工，坚决杜绝施工方案与现场"两张皮"。

（三） 必须 "有变必报"

业主项目部应强化作业计划变动管理，确实因客观因素导致的计划变更，业主项目部必须进行核实。现场作业条件明显变化时，施工项目部必须对作业风险进行重新判定，履行变更手续，严禁蛮干、错干。施工方案关键内容发生变化必须修订重审，严禁以单基策划代替变更，修订部分应重新组织交底。作业人员变更必须逐级履行批准手续，三个项目部应对变更作业人员的工作单位、资质、工作履历逐级审查把关。

（四） 必须 "有违必纠"

施工单位要加强现场管理人员（工作负责人、安全监护人、把关人）履职监督，主动执行清退制度；建管单位要严格按合同安全考核，强化违章"负面清单"结果应用。各参建单位要严格执行各层级"说清楚"制度，使违章事件的管理人员、作业人员切实受到教育，吸取教训。

四、相关工作要求

（一） 高度重视

各参建单位主要负责人亲自部署，认真组织落实，确保整治工作到位、问题整改到位、措施效果到位。

（二） 严肃问责

对管理不到位的项目和现场，各责任单位要深纠管理原因，精准定责，严肃问责，总结教训，强化整改。

（三） 强化考核

公司建设部将结合安全督查，将各单位专项整治行动开展及问题分析、处理、整改情况纳入安全考核评价。

国网湖南电力建设部关于强化"前期、业主、监理、施工"四个项目部安全履职管控的通知

为深入推进现代建设管理体系建设,理顺职能管理和项目管理关系,压实"前期、业主、监理、施工"四个项目部安全责任,强化输变电工程全要素保障安全生产秩序、全过程落实双重预防机制落地,形成"一岗双责、知责明责、尽职履责、失职追责"的良好安全文化氛围,探索项目管理关键岗位人员精准画像,提升输变电工程建设本质安全水平,公司建设部明确强化四个项目部安全履职管控要求,请各单位严格落实。

一、明确四个项目部关键安全职责

结合国家法律法规、国网公司和公司相关要求,公司建设部梳理四个项目部主要安全职责,明确关键岗位的安全责任,四个项目部应知责明责,切实履职。

(一)通用职责

落实国家安全生产、劳动保护的法律法规以及上级制度标准及规范性文件,组织开展安全生产培训,对法律法规、标准规范、规章制度、操作规程贯彻执行情况及安全管理体系运转情况开展自查评估,制定改进措施;建立健全项目安全生产责任制,落实安全监督、保证职责,对业务范围内的安全工作负责,制定完善安全生产各项规程制度;落实安全生产奖惩机制,加强对安全生产责任制落实情况的监督考核。开展业务范围内的安全监督和现场检查,发现影响本质安全的重大问题时行使"一票否决"权。参与安全事故事件的调查处理工作,开展事故事件安全教育培训。

(二)前期项目部职责

前期项目部履行输变电工程建设安全保障及建设环境要素保障职责,坚持安全管理关口前移和预判预控,负责保障工程的建设和技术条件,跟踪落实风险压降措施,协调政府部门、外部单位、内部各专业解决影响安全的重大问题,保障环境要素及无障碍施工。

(1)负责前期项目部的安全管理工作组织,负责制定优化建设时序、办理合规手续、落实标准化开工条件;监督考核设计评审团队风险压降措施,考核评价要素保障团队建设环境保障成效;负责组织协调解决重大安全问题,如协调调整存在高边坡、超大土方量的站址或变更复杂地质区域、密集输电通道、重要交通跨越的线路路径,组织对跨专业作业或重大风险开展现场查勘和施工方案审查,组织复杂项目的停电协调、阶段投产时序等。

(2)负责落实源头压降施工风险要求,做优设计方案,压降风险等级,降低施工难度。①可研阶段从降低安全风险等级、施工技术难度、环境协调难度等维度,落实风险压降的主体责任,在选址选线时避开不良地质和复杂地势。②设计阶段做实现场查勘,做优设计方案,组织落实《输变电工程建设风险压降措施八十条》中的设计压降措施,在初步设计时压减重大风险作业和危大工程数量,明确重大风险管控措施,做细跨越和钻越带电线路的转

供、停电或电缆过渡方案,足额列支安全措施费用;组织工程设计单位编制《工程主要风险作业底数一本账》和《工程建设主要技术方案一览表》,明确风险预控措施,合理计列措施费用。③评审阶段严格审查压降措施落实情况,对重大风险设计审查把关,出具专项评审意见。④施工阶段落实设计现场工代服务,开展重大风险设计交底,及时据实开展设计变更和签证。

(3) 负责保障建设环境要素,落实无障碍施工条件,保障施工项目部有序平稳组织施工,及时处理协调施工过程中的政策性矛盾、阻工,降低因属地环境影响造成的安全风险。

(三) 业主项目部职责

业主项目部履行输变电工程安全综合管理和组织协调职责。

(1) 负责项目安全策划及组织协调:组织工程安全策划和交底;统筹协调解决影响工程安全的重大事项;组织安全文明施工设施验收,监督安全文明施工措施费用专款专用;协调多个施工单位在同一区域的作业活动。

(2) 负责组织开展项目安全风险管理、作业计划管控:组织开展现场勘察核实、审查《工程主要风险作业底数一本账》及施工方案等相关文件,督促、落实风险作业到岗到位要求;组织设计单位做好重大风险设计交底,落实重大风险放行及销号管理要求,组织发布作业计划,开展计划执行情况考核,严格管控作业计划变更,组织施工项目部强化与属地公司、跨越和停电过渡相关方的协调沟通,保障作业计划执行。

(3) 负责组织开展工程安全检查、隐患排查和评价考核:对监理、施工项目部进行动态监管,对施工项目部安全管理情况开展"日评价";监督工程施工项目经理、项目总监、施工安全员、总监理工程师、安全监理人员等安全管理关键岗位人员履职情况,对不称职的关键岗位人员要求予以撤换。

(4) 组建工程应急工作组,组织编制《现场应急处置方案》,参与应急演练工作。

(四) 监理项目部职责

监理项目部履行输变电工程的安全监理职责。

(1) 负责编制、落实项目监理安全管理策划文件。

(2) 负责审查、验收项目安全关键要素和安全措施:审查施工人员和机具的进场资格;落实作业人员"三核实、四严查"强制措施,掌握作业人员动向;审查作业风险底数、压降措施、施工方案;对重要设施和阶段转序进行安全检查签证。

(3) 负责项目风险管理、作业计划监督、作业班组监管:全流程参与设计重大风险交底、风险查勘等工作,审核作业计划,监督核实作业计划执行,审查作业计划变更,及时制止无计划作业;组织驻队监理对作业班组开展动态监管,监督标准化作业开展。

(4) 负责落实风险作业到岗到位和安全旁站要求,监督现场安全关键点管控措施落实。

(5) 参与应急演练工作。施行项目管理部模式的,同时落实业主项目部、监理项目部安全管理职责。

(五) 施工项目部职责

施工项目部履行输变电工程安全管理的主体职责包括以下几方面。

1. 负责落实施工安全资源配置

对管理人员、作业人员进行施工安全教育培训；落实作业班组准入要求，落实作业人员"三核实、四严查"强制措施；合理配置现场关键岗位人员，确保作业现场有"明白人"，对班组人员配备及任职资格、班组日常管理进行检查，开展班组"日评价"，及时清退不合格的班组和人员；对直派安全总监的履职情况进行监督，并向派出单位反馈；负责落实现场安全设施和工器具配置；组织对机械设备、安全设施和工器具进行安全准入检查和过程检查。

2. 负责落实"双重预防机制"

参与施工图交底前的现场勘察核实，组织开展现场初勘、风险复测，完善风险底数一本账和主要技术方案一览表，编制施工安全策划文件；编制施工方案和单基（段、台套）策划，开展安全风险和技术交底；强化"8+2"工况管控，负责组织落实"三算、四验、五禁止"强制措施等关键点管控措施，严格执行风险作业到岗到位要求；组织例行和专项隐患排查治理。

3. 负责施工作业计划管理

组织制定合理的施工作业周、日计划，落实计划执行保障措施，考核作业班组计划执行情况。

4. 负责落实安全生产组织

组织召开安全生产月度、周例会及"日晚会"，协调解决安全管理影响因素，向监理、业主及本单位反馈安全管理问题；严格执行安全检查、评价和考核机制。

5. 负责应急管理

组建现场应急救援队伍，组织开展各项应急演练，执行应急处置和报告制度，落实"五备三报一救护"等作业层班组人身伤害突发事件应急处置要求。

四个项目部及关键岗位重要安全责任清单见附件（本清单不替代各单位发布的岗位安全责任清单），公司建设部根据国网公司、公司相关要求动态更新；各单位应结合本单位全员安全责任清单，组织各项目部关键岗位人员落实全部安全责任。

二、提升四个项目部履责质效

为确保四个项目部关键岗位人员切实做到知责明责，认真履责，提升输变电工程建设保证体系安全管理"人防"能力，公司建设部明确四个项目部安全履职管控"强化培训、强化监督、强化结果应用"三项要求。

（一）强化培训

（1）公司建设部组织对四个项目部相关管理单位的安全管理人员开展《关键岗位重要安全责任清单》专题培训，结合具体案例，梳理讲解四个项目部及相关关键岗位的安全职责，同时组织编制安全责任清单题库。

（2）各单位对本单位所有关键岗位人员完成一轮培训及人人过关考试，不合格者可在3天后安排一次补考，仍不合格者取消项目部关键岗位人员资格。

（3）公司建设部组织开展关键岗位人员安全职责抽考，不合格者，由各单位替换人员离岗培训一周后进行补考，补考仍不合格者，取消项目部关键岗位人员资格3个月；需要再次担任项目部关键岗位人员的，必须通过公司建设部组织重新考试并成绩合格。

（4）担任四个项目部关键岗位的人员，必须由所在单位开展岗位安全责任培训并考试合格获得上岗资格；资格有效期为两年，有效期满须重新培训考试获取资格，各单位应建立关键岗位人员台账并实行动态管控。变更关键岗位须取得新岗位的上岗资格；变更单位后上岗关键岗位的人员，须重新培训考试合格获得相应岗位上岗资格。

（二）强化监督

1. 强化日常监督

各单位组织各类安全检查时（包括远程检查和现场检查），必须将四个项目部安全履职情况作为重点必查项，督促四个项目部全面落实岗位安全职责。

2. 强化派出单位对项目部关键岗位人员的监督

公司建设部组织制定项目部关键岗位人员安全履责监督评价参考标准，其中前期项目部及关键岗位人员从"安全管理工作组织、风险压降、建设环境要素保障"三个方面进行监督评价，业主、监理、施工项目部关键岗位人员从"计划管理、人员管理、风险管理、现场管理、日常安全管理"五个方面进行监督评价，并设置一票否决项。各单位明确责任部门，每季度对所有项目部及关键岗位人员进行一次"全覆盖"监督评价。

3. 强化四个项目部相互监督

业主、监理项目部对施工项目部的安全履责监督评价主要通过"日评价"开展。公司建设部依托基建数智化平台完成相关功能开发后，施工项目部通过月度定期评价+典型事项实时评价的方式线上开展对业主、监理项目部的安全履责监督评价。

关键岗位人员安全履责评价考核参考标准另发，各单位可根据本单位全员安全责任清单和实际情况进行补充。

（三）强化结果应用

1. 各单位对严重违章管理原因分析的结果应用

各类检查中查处的严重违章，责任单位必须组织分析管理原因，根据安全责任清单核查参建项目部关键岗位人员的安全履责情况，对责任人进行精准定责，对未履行重要安全责任的项目部关键岗位人员按管理性严重违章提级（Ⅲ类提级Ⅱ类、Ⅱ类提级Ⅰ类）进行违章界定及处罚。

2. 各单位对项目部关键岗位人员监督评价结果应用

监督评价结果分为"优秀""合格"和"不合格"三类，其中评价结果为"优秀"的不超过50%，优先给予绩效奖励；未被评价过"优秀"或年度内被评价过"不合格"的关键岗位人员，取消年度内个人所有安全评优评先资格，次年不得作为关键岗位人员从事更高电压等级工程的项目管理工作。对发生严重违章、事故事件工程的，对于相关责任人的处罚同步执行公司和相关单位的规定。

3. 公司对关键岗位人员及参建单位违章情况的结果应用

公司及以上单位每季度对工程查处的严重违章，负有责任的关键岗位人员折算值高于3的（Ⅰ类严重违章折算值为3，Ⅱ类严重违章折算值为2，Ⅲ类严重违章折算值为1），季度评价不得高于"合格"，下一季度仍高于3的，季度直接评价"不合格"；本季度高于5的，直接评价为"不合格"，不合格人员应由排查单位组织离岗培训不少于7天，经考试合格后方可返岗。

4. 公司对安全履职情况的结果应用

公司建立四个项目部关键岗位人员"精准画像"管控机制，在安全方面，对关键岗位人员从参建工程数、从事项目部关键岗位年限、安全履职评价情况、典型奖惩情况等方面建立评价模型，按季度和年度分别评定打分，结果应用于各类评优评先（含"卓越业主项目经理"和"金牌施工项目经理"的评选），同时作为各单位在组建项目部时的辅助决策依据，保证合理配备关键岗位人员。

三、工作要求

（一）高度重视

明确四个项目部关键岗位人员的岗位职责，并开展履责评价，是推进现代建设管理体系建设、提升保证体系自身本质安全水平的重要举措，各单位要狠抓落实，确保不折不扣执行到位，确保四个项目部关键岗位人员人人过关。

（二）强化履职

各参建单位应根据专业要求和岗位特点，结合本单位实际，分别制定责任清晰、工作具体的"安全履职卡"，明确各项目部关键岗位人员"必尽安全职责、应做安全工作"，并加强指导培训，提升履职成效，将安全履职卡的执行情况作为关键岗位人员安全履职考核评价的重要依据。鼓励各单位在不增加基层工作负担的前提下，利用数智化手段加强履职监督。

（三）加强检查与考核

各单位要根据安全责任考核要求，加强各项目部的履责考核，对照安全责任清单及相关履职要求，对安全履责不到位的项目部及相关管理人员精准定责、严肃问责。公司开展四个项目部关键岗位人员安全履职三季度专项检查，对于安全履责工作开展不到位或建管/监理/施工项目季度被公司及以上单位查处严重违章平均折算值高于3的单位，公司对责任单位在季度同业对标指标中进行考核。相关安全责任清单及名词解释见附件1-5。

附件：1. 前期项目部及关键岗位重要安全责任清单
     2. 业主项目部及关键岗位重要安全责任清单
     3. 监理项目部及关键岗位重要安全责任清单
     4. 施工项目部及关键岗位重要安全责任清单
     5. 名词解释

附件 1

前期项目部及关键岗位重要安全责任清单

前期项目部重要安全责任清单

安全职责	履责要求	履责记录
安全管理工作组织	(1) 制定优化建设时序，办理合规手续，落实标准化开工条件。 (2) 监督考核设计评审团队协调压降措施，考核评价团队建设环境保障成效。 (3) 负责组织协调解决重大安全问题，如协调调整存在高边坡、超大土方量的站址或变更复杂地质区域、密集输电通道、重要交通跨越的线路路径，组织对跨专业作业或重大风险复杂项目的停电协调，组织复杂项目现场查勘和施工方案审查、阶段投产时序等	(1) 招标文件合理工期、各项合规手续。 (2) 考核评价记录。 (3) 相关协调会议纪要或重点工作安排、现场查勘会议纪要或方案查组织记录或评审意见及相关会议纪要、重大风险督办纪要等
落实源头压降施工风险要求，做优设计方案，压降风险等级，降低施工难度	(1) 可研阶段从降低安全风险压降的主体责任，在选址选线时避开不良地质和复杂地势。 (2) 设计阶段做实现场查勘，做优设计压降措施，在初步设计时减少重大风险作业和危大工程数量，明确列支安电或电缆带电或过渡方案，足额列支安全措施费用；组织工程设计单位编制《工程主要风险作业一本账》和《工程建设主要风险作业一览表》，明确风险措施落实情况，合理计列措施费用。 (3) 评审阶段严格审查压降措施，对重大风险设计审查列审把关，出具专项评审意见	(1) 可研报告、评审意见及相关会议纪要。 (2) 查勘记录、选址选线会议记录；《工程建设风险作业及专项协调记录；《工程建设风险作业底数一本账》《工程主要技术方案一览表》。 (3) 专项评审意见
保障建设环境，落实无障碍施工条件，保障施工项目部有序平稳施工	统筹电网建设外部环境协调工作，推进选址选线及依法开工手续，通道、临时用用地等办理关键工作，及时解决重大政策性矛盾，为工程项目安全文明施工提供基础条件	协调记录及相关会议纪要记录

前期项目部项目经理重要安全责任清单

安全职责	履责要求	履责记录
落实安全管理工作组织	(1) 负责组织制定优化建设时序，办理合规手续，落实标准化开工条件。 (2) 负责监督考核设计评审团队风险压降措施，考核评价属地协调团队建设环境保障成效。 (3) 负责组织协调解决重大安全问题，如协调调整存在高边坡、超大土方量的站址或变更复杂地质区域、密集输电通道、重要交通跨越的线路路径，组织对跨专业作业或重大风险开展现场查勘和施工方案审查，组织复杂项目的停电协调，阶段投产时序等	(1) 招标文件合理工期、各项合规手续。 (2) 考核评价记录。 (3) 相关协调会议纪要或重点工作安排、现场查勘记录、方案审查组织记录或评审记录，方案审查组织记录或评审记录，重大风险督办纪要等
落实风险压降组织，审查责任。负责资源头压降施工风险要求，做优设计方案，压降风险等级，降低施工难度	(1) 可研阶段督促设计单位从降低安全风险从降低安全风险执行现场查勘执行数量，在选址选线时避开不良地质和复杂地势。 (2) 设计阶段督促设计单位严格执行现场查勘数量，明确重大风险管控措施，做细跨越和钻越带电线路的转供、停电或电缆过渡方案，特别足额列支安全措施费用，督促设计单位编制《工程主要风险作业数一本账》和《工程建设主要技术方案一览表》，明确风险设计审查把关，审批准专项评审意见 (3) 评审阶段组织严格审查风险压降措施落实情况，对重大风险设计审查把关，合理计列措施费用。	(1) 可研报告、评审意见及相关会议纪要。 (2) 查勘记录、选址选线报告、方案审查记录及专项协调记录；《工程建设主要风险作业数一本账》。 (3) 专项评审意见
负责保障建设环境，落实无障碍施工条件，保障项目有序组织施工	统筹电网建设外部环境协调，跟踪推进选址选线及依法开工手续[征(占)地、拆迁、通道、临时用地等]办理关键工作，及时组织协调解决重大政策性矛盾，为工程项目安全文明施工提供基础条件	组织协调记录及相关会议纪要记录

前期项目部项目副经理（业主项目经理）重要安全责任清单

安全职责	履责要求	履责记录
落实安全管理工作组织	(1) 协助项目经理制定优化建设时序，落实标准化开工条件。 (2) 监督考核设计评审组织团队协调属地建设环境保障成效，考核评价记录。 (3) 协助项目经理组织协调重大安全问题，如协调调整存在高边坡、超大土方量的站或变更复杂地质区域，密集输电通道、重要交通跨越的线路路径，组织对跨段专业作业或重大风险开展现场查勘和施工方案审查、重大风险督办纪要等产时序等	(1) 招标文件合理工期、各项合规手续。 (2) 考核评价记录。 (3) 相关协调会议纪要或重点工作安排、现场查勘会议记录、方案审查组织记录或评审记录、重大风险督办纪要等
落实风险压降组织、审查责任，负责落实风险要求，做优设计方案，压降风险等级，降低施工难度	(1) 可研阶段督促设计单位从降低安全风险等级、施工技术难度、环境协调难度等维度，在选址选线时避开不良地质和复杂地势。 (2) 设计阶段督促设计单位严格执行现场查勘制度，做优设计方案，在初步设计时压减重大风险项目和危大工程数量，明确重大风险管控措施，特别是做细跨越和邻带电线路或电缆的转供、停电风险作业过渡方案，督促设计单位编制《工程主要风险作业技术方案一览表》和《工程建设主要技术方案一览表》，明确风险预控措施，合理计列措施费用。 (3) 评审阶段协助项目经理组织严格审查风险压降措施落实情况，审查重大风险设计，编制专项评审意见	(1) 可研报告、评审意见及相关会议纪要。 (2) 查勘记录、选址选线报告、方案审查记录及专项协调会议记录，《工程主要风险作业底数一览表》。 (3) 专项评审意见
负责保障建设环境，落实无障碍施工条件，保障合理有序组织施工	协助项目经理推进选址选线及依法依规办理关键工作，跟踪重大政策性矛盾解决进展［征（占）地、拆迁、通道、临时用地等］	组织协调记录及相关会议纪要记录

前期项目部设计项目经理重要安全责任清单

安全职责	履责要求	履责记录
落实风险压降的主体责任，负责落实源头压降施工风险要求，压降风险等级，降低施工难度	(1) 可研阶段从降低安全风险等级、施工技术难度、环境协调难度等维度，在选址选线时避开不良地质和复杂地势。 (2) 设计阶段做实现场查勘，做优设计方案，严格落实《输变电工程建设风险压降措施八十条》中的设计阶段压降措施，特别是做细跨越和钻越带电线路的转供、停电或电缆过渡方案，明确重大风险管控措施；编制《工程主要风险作业底数一本账》和《工程建设主要风险作业措施一览表》，明确风险预控措施，合理计列措施费用；组织落实反馈重大风险设计专项评审意见 (3) 评审阶段组织自查风险压降措施落实情况，组织落实反馈重大风险设计专项评审意见	(1) 可研报告、评审意见及相关会议纪要。 (2) 查勘记录、选址选线报告、方案审查记录及专项协调会议记录；《工程主要风险作业底数一本账》。 (3) 专项评审意见反馈表

前期项目部施工技术专业经理重要安全责任清单

安全职责	履责要求	履责记录
落实风险压降的专业责任，参与源头压降施工风险工作，协助做优设计方案，压降风险等级，降低施工难度	(1) 可研阶段从降低安全风险等级、施工技术难度、环境协调难度等维度，在选址选线时避开不良地质和复杂地势与现场查勘，提出专业意见。 (2) 设计阶段参与做优设计方案，协助设计做好施工管控措施，协助压减重大风险作业和危大工程数量，提出重大风险控制措施，对跨越和钻越带电线路的转供、停电或电缆过渡方案参与审查降实情况，对重大风险设计协助项目经理审查把关，提出专业意见 (3) 评审阶段参与审查压降措施落实情况，对重大风险设计协助项目经理审查把关，提出专业意见	(1) 可研报告、评审意见及相关会议纪要。 (2) 查勘记录、选址选线报告、方案审查记录及专项协调会议记录。 (3) 专项评审意见

前期项目部物资保障部长重要安全责任清单

安全职责	履责要求	履责记录
负责物资采购的安全管理工作	(1) 负责审核物资合同文本安全生产相关条款的完备性。 (2) 负责承包单位安全资信要求纳入招标文件和评标标准。 (3) 做好供应商安全资质的审查。 (4) 协调供货单位按计划供货，保障现场安全生产秩序	(1) 相关合同文本。 (2) 相关管理制度。 (3) 相关文件、标准。 (4) 协调记录、供货计划等

前期项目部属地协调部长重要安全责任清单

安全职责	履责要求	履责记录
负责保障建设环境，落实无障碍施工条件，保障施工项目部有序平稳组织施工	负责落实电网建设外部环境协调工作，协助设计单位开展选址选线工作，负责征（占）地、拆迁、通道等依法开工手续办理，协助办理临时用地手续，具体解决重大政策性矛盾，为工程项目安全文明施工提供基础条件	协调记录及相关会议纪要记录

附件2

业主项目部及关键岗位重要安全责任清单

业主项目部重要安全责任清单

安全职责	履责要求	履责记录
作业计划管理	(1) 作业计划制定：施工图交底阶段，针对重大风险组织开展现场查勘，制定初步作业计划。建设施工单位参建单位进行协调，确认同作业计划开展的实施条件，包括作业人员、机械准备、物资供应、环境条件等相关作业实施必备条件均已满足。 (2) 作业计划发布：负责二、三级高风险作业计划的审核，并组织发布；负责落实停电和跨越手续办理，参建单位参建单位与属地项目部督促施工项目部优化作业安排。 (3) 作业计划执行：负责参建单位管理横向协同，组织施工项目部与属地单位、跨越电力过渡相关方的协调沟通，避免因地方阻工、跨越手续办理等因素反复调整作业计划。 (4) 作业计划变更：审核把关作业计划的变更，严格执行审批流程，发布临时作业计划。 (5) 作业计划考核：负责作业计划执行考核，明确项目日计划执行率和周计划执行率控制值，组织定期分析、通报周计划及日计划执行情况，及时纠偏按合同进行结算考核	(1) 施工图交底记录；重大风险查勘记录，进度计划；周计划发布前的审查，组织协调会议记录。 (2) 作业计划发布记录；审核记录；各项协调记录。 (3) 各项协调记录；日计划执行率和周计划执行率记录。 (4) 变更审核记录；临时作业发布通报。 (5) 考核记录。
人员管理	(1) 组织审查施工、监理项目部关键岗位人员资质和安全技能、项目总监、施工安全员、总监理工程师、安全监理人员等关键岗位人员履职情况，对不称职的关键岗位人员要求予以撤换。 (2) 审查施工单位项目关键岗位人员的配置情况。 (3) 组织落实作业人员管理"三核实、四严查"强制措施要求。 (4) 组织开展班组施工项目部人员资格考试。 (5) 负责开展施工项目部"日评价"工作	(1) 审查记录、人员更换函件。 (2) 审查记录。 (3) 检查记录、检查情况通报。 (4) 考试成绩核查。 (5) 施工项目部"日评价"系统记录

续表

安全职责	履责要求	履责记录
风险管理	(1) 审查《工程主要风险作业底数一本账》，准确识别定级安全风险。 (2) 审查超过一定规模的危险性较大的分部分项工程专项施工方案，组织开展专家复审。 (3) 审核二级及以上风险施工作业票，配合建设管理单位发布风险预警信息。 (4) 开展重大风险，跨专业作业现场到岗履职，核查现场关键安全技术措施，督促监理、施工项目部进行到岗履职。	(1) 审查记录、查勘记录。 (2) 审查记录、专家意见书、修改复审记录。 (3) 审查记录、风险预警通知。 (4) 到岗履职记录、会议记录纪要等。
现场管理	(1) 组织开展安全（例行、专项、交叉、巡视）检查，开展现场反违章工作，评价考核检查结果，督促施工现场落实关键点安全管控措施。 (2) 审核特种设备安装、拆除专项方案，组织开展进场前验收。 (3) 督促施工单位足额配置安全文明施工及防护用品，组织安全文明施工设施验收，监督安全文明施工措施费用专款专用	(1) 检查记录、问题通知单、考核评价通报。 (2) 审核记录。 (3) 验收记录、结算资料。
日常安全管理	(1) 协调多个施工单位在同一区域的作业活动。 (2) 对总监理工程师的履职情况进行监督，并向监理单位反馈。 (3) 组建工程应急工作组，组织编制《现场应急处置方案》，参与应急演练工作	(1) 会议记录、纪要、通知。 (2) 履职评价、反馈记录。 (3) 组建成立文件、《现场应急处置方案》、应急演练记录。

业主项目经理重要安全责任清单

安全职责	履责要求	履责记录
作业计划管理	(1) 作业计划制定：施工图交底阶段，针对重大风险组织开展现场查勘，制定初步作业计划。建设施工阶段，组织参建单位协调，确认同作业计划开展的实施条件，包括作业人员、机械准备、物资供应、环境条件等作业条件均已满足。 (2) 作业计划发布：负责二、三级高风险作业停电和跨越手续办理。属地协调，参建人员变化等情况，督促施工项目部优化作业安排。 (3) 作业计划执行：负责参建单位管理横向协同，组织施工项目部与属地单位、跨越电过渡相关方的协调沟通，避免因地方阻工、跨越手续办理反复调整作业计划。 (4) 作业计划变更：审核把关作业计划的变更，严格执行审批流程，发布临时作业计划。 (5) 作业计划考核：通报周计划执行率及日计划执行情况，及时纠偏并按日计划执行结果进行考核分析，组织定期分析，组织定期分析。	(1) 施工图交底记录；重大风险查勘记录、进度计划；周计划发布前的审查、组织协调会议记录。 (2) 作业计划发布记录、审核记录。 (3) 各项协调记录；日计划执行和周计划裕度控制值；日计划执行通报。 (4) 变更审核记录、临时作业发布记录。 (5) 考核记录。
人员管理	(1) 组织审查施工、监理工程施工项目经理、项目总监、施工工安全员、总监理工程师、安全监理项目部关键岗位人员资质和安全技能，监督工程施工管理关键岗位人员履职情况，对不称职的关键岗位人员要求予以撤换。 (2) 审查施工单位项目部关键岗位人员、班组自有人员的配置情况。 (3) 组织落实作业人员安全管理"三核实、四严查"强制措施要求。 (4) 组织开展班组骨干人员资格考试。 (5) 负责开展施工项目部"日评价"工作。	(1) 审查记录。 (2) 审查记录、人员更换函件。 (3) 检查记录、检查情况通报。 (4) 考试成绩核查。 (5) 施工项目部"日评价"系统记录。
风险管理	(1) 审查《工程主要风险作业数一本账》，组织开展重大风险、跨专业作业现场风险初勘，准确识别定级安全风险。 (2) 审查超过一定规模的危险性较大的分部分项工程专项施工方案，组织开展专家支审。 (3) 审核二级及以上风险施工作业票，配合建设管理单位发布风险预警信息。 (4) 开展重大风险、跨专业作业现场关键安全技术措施，督促监理、施工项目部进行到岗履职。	(1) 审查记录、查勘记录。 (2) 审查记录、专家意见书、修改复审记录。 (3) 审查记录、风险预警通知。 (4) 到岗履职记录、会议纪要等。

续表

安全职责	履责要求	履责记录
现场管理	(1) 组织开展安全（例行、专项、交叉、巡视）检查，开展现场反违章工作，评价考核检查结果。 (2) 审核特种设备安装、拆除专项方案，督促施工现场落实关键点安全管控措施。 (3) 督促施工单位足额配置安全文明施工及防护用品，组织开展进场前把关，使用前验收，监督安全文明施工措施费用专款专用	(1) 检查记录，同题通知单，考核评价通报。 (2) 审核记录，验收记录。 (3) 验收记录，结算资料
日常安全管理	(1) 组织协调多个施工单位在同一区域的作业活动。 (2) 对总监理工程师的履职情况进行监督，并向监理单位反馈。 (3) 组建工程应急工作组，组织编制《现场应急处置方案》，参与应急演练工作	(1) 会议记录，纪要，通知。 (2) 履职评价，反馈记录。 (3) 组建成立文件，《现场应急处置方案》、应急演练记录

业主项目部安全工程师重要安全责任清单

安全职责	履责要求	履责记录
作业计划管理	(1) 作业计划制定：施工图交底阶段，针对重大风险协助业主项目经理开展现场查勘，制定初步作业计划。建设施工阶段，协调参建单位确认周作业计划开展的具备条件，包括作业人员、机械准备、物资供应、环境条件等相关作业实施必备条件均已满足。 (2) 作业计划发布：协助业主项目经理开展审核、三级高风险作业计划审查、三级高风险作业计划部分优化作业安排。 (3) 作业计划执行：督促作业计划执行，属地协调，参建人员变化等情况，督促施工项目部优化作业安排。 (4) 作业计划变更：督促把关临时作业变更，执行审批流程。 (5) 作业计划考核：考核作业计划执行，明确项目日计划执行率和周计划裕度监控值，通报周计划定期分析、通报周计划执行情况，及时纠偏日计划及日计划执行情况，组织定期分析、通报周计划执行情况，及时纠偏日计划及日计划执行情况，按合同要求提出结算考核意见	(1) 施工图交底记录；重大风险查勘记录，周计划发布前的审查，组织协调会议记录。 (2) 作业计划审核记录；各项协调记录，日计划执行率和周计划裕度监控值。 (3) 各项协调记录，日计划执行率和周计划裕度监控值。 (4) 变更审核记录，作业计划。 (5) 考核审核记录，结算考核意见

续表

安全职责	履责要求	履责记录
人员管理	(1) 监督工程施工项目经理、项目总监、施工安全员、总监理工程师、安全监理人员等安全管理关键岗位人员履职情况，对不称职的关键岗位人员要求予以撤换。 (2) 审查施工单位项目部关键岗位人员、班组自有人员的配置情况。 (3) 落实作业人员管理"三核实，四严查"强制措施要求，开展相关检查。 (4) 组织开展班组骨干人员资格考试。 (5) 开展施工项目部"日评价"工作。	(1) 审查记录、人员更换函件。 (2) 审查记录。 (3) 检查记录、检查情况通报。 (4) 考试成绩记录。 (5) 施工项目部"日评价"系统记录。
风险管理	(1) 协助业主项目经理审查《工程主要风险作业底数一本账》，准确识别定级安全风险。 (2) 审查超过一定规模的危险性较大的分部分项工程专项施工方案，督促施工单位按专家审查意见进行修编，复查修编情况。 (3) 审核二级及以上风险作业工作票，收集风险预警信息。 (4) 开展现场到岗履职，核查现场关键安全技术措施；督促监理、施工项目部进行到岗履职。	(1) 审查记录、查勘记录。 (2) 审查记录、专家意见书、修改复审记录。 (3) 审查记录、风险预警通知。 (4) 到岗履职记录、会议纪要等记录。
现场管理	(1) 开展各类安全检查（例行、专项、交叉、巡视等），开展现场反违章工作。 (2) 审核特种设备安装、拆除专项方案，开展进场前把关、使用前验收。 (3) 开展安全文明施工设施验收，监督安全文明施工措施费用专款专用。	(1) 检查记录、问题通知单、考核评价通报。 (2) 审核记录、验收记录。 (3) 验收记录、结算资料。
日常安全管理	(1) 协助业主项目经理协调多个施工单位在同一区域内的作业活动。 (2) 监督总监理工程师应急职责的履职情况，向业主项目经理反馈意见。 (3) 参与组建工程应急工作组，编制《现场应急处置方案》，参与应急演练工作。	(1) 会议纪要、通知。 (2) 履职评价、反馈记录。 (3) 组建成立文件、《现场应急处置方案》、应急演练记录。

附件3 监理项目部及关键岗位重要安全责任清单

监理项目部重要安全责任清单

安全职责	履责要求	履责记录
计划管理	审核施工作业计划,审核作业计划变更,及时制止无计划作业,监督核实作业计划执行	月、周、日作业计划及审核记录;到岗到位记录;停工令
人员管理	(1) 核验监理项目部关键岗位人员资质和安全技能人员,并报业主审查。 (2) 监督、检查所承监项目施工单位对核心分包队伍的管控,审查施工人员的进场资格、收集、汇总上报施工人员信息。落实作业班组准人员"三核实,四严查"。 (3) 对作业班组开展动态监管,监督标准化作业开展,对项目安全管理开展"日评价"工作	(1) 人员资质报审表。 (2) 施工人员、分包队伍管理资料。 (3) "日评价"记录
风险管理	(1) 全流程参与设计重大风险交底、风险查勘等工作,审核作业风险底数一本账,核风险压降措施。 (2) 严格执行安全风险分级管控和隐患排查治理各项工作制度,监督检查施工单位安全风险分级管控和安全隐患闭环整改情况。 (3) 监督落实现场安全风险管控措施;对工程关键部位、危险作业、重大风险等进行旁站监理、监督现场安全关键点管控措施落实	(1) 交底查勘记录、审核记录、风险底数一本账。 (2) 安全风险管控、隐患排查治理相关记录。 (3) 旁站监理记录
现场管理	(1) 组织驻队监理对作业班组开展动态监管,常态化开展违章自纠,作业开展。 (2) 组织开展安全检查,检查各项规程规定、安全文明施工、安全技术措施和施工安全措施的执行情况,并组织整改落实;组织对脚手架、地锚、三联桩、地脚螺栓等设施进行验收。 (3) 按合同约定监督安全生产费用申请及使用,保证安全文明施工费专款专用	(1) 监理月报、会议记录。 (2) 反违章、安全督查有关记录、监理通知单、安全文明施工设施验收记录、安全文明施工督查清单、安全文明施工挂牌。 (3) 安全生产费用审核记录

续表

安全职责	履责要求	履责记录
日常安全管理	(1) 审查施工报审的项目管理实施规划（施工组织设计）、施工安全管控措施、施工方案等文件。 (2) 审核安全文明施工设施进场验收单，组织施工机械、工器具、安全防护用品进场审查；对重设施和阶段转序进行安全检查签证。 (3) 组织或参加安全例会，协调解决工程中存在的安全问题，提出工作改进建议和措施。 (4) 参与工程现场应急处置方案的编制、交底，突发事件应急处置、救援及演练。	(1) 项目管理实施规划、施工方案报审表、施工方案报审文件审查记录。 (2) 安全文明施工、工器具报审表、签证记录。 (3) 会议记录或纪要。 (4) 突发事件的应急处置、救援及演练记录。

监理项目部总监理工程师重要安全责任清单

安全职责	履责要求	履责记录
计划管理	审核施工作业计划，审核作业计划变更，风险作业计划等工作，及时制止无计划作业，监督核实作业计划执行	月、周、日作业计划及审核记录；到岗到位记录；停工令
人员管理	(1) 核验监理项目部关键岗位人员资质和安全技能人员，并报业主审查。 (2) 监督、检查所承监项目施工单位关键岗位人员信息，汇总上报施工人员的进场资格，收集、汇总上报施工人员的进场资料。对分包队伍核心分包队伍人员要求，开展作业人员"三核实、四严查"。 (3) 对作业班组开展动态监管，监督标准化作业开展，对项目安全管理开展"日评价"工作	(1) 人员资质报审表。 (2) 施工人员、分包队伍管理资料。 (3) "日评价"记录
风险管理	(1) 全流程参与设计重大风险交底、风险查勘、风险定级等工作，审核作业风险交底、审核风险压降措施。 (2) 严格执行安全风险分级管控和安全隐患排查治理各项工作制度，监督检查施工单位安全风险分级管控和安全隐患闭环整改情况。 (3) 监督落实现场安全管控措施，监督现场安全关键点管控落实，旁站监理，监督现场安全关键点管控落实	(1) 交底查勘记录、审核记录、风险底数一本账。 (2) 安全风险管控、隐患排查治理相关记录。 (3) 旁站监理记录

续表

安全职责	履责要求	履责记录
现场管理	(1) 组织驻队班监理对作业班组开展动态监管，常态化开展违章自查自纠，监督标准化作业开展。 (2) 组织开展安全检查，检查各项规程规定、安全文明施工、安全技术措施和施工安全措施的执行情况，并组织整改落实；组织对脚手架、地锚、三联桩、地脚螺栓等安全设施进行验收。 (3) 按合同约定监督安全生产费用申请及使用，保证安全文明施工费专款专用。	(1) 监理月报、会议记录。 (2) 反违章、安全督查有关记录；安全检查整改通知单、监理联系单；监理施工设施验收记录、验收牌。 (3) 安全生产费用审核记录
日常安全管理	(1) 审查施工报审的项目安全管理实施规划（施工组织设计）、施工安全管控措施、施工方案等文件。 (2) 审核安全文明施工和施工进场验收单；组织施工机械、工器具、安全防护用品进场审查；对重要设施和阶段转移进行安全检查签证。 (3) 组织或参加安全例会，协调解决工程中存在的安全问题，提出工作改进建议和措施。 (4) 参与工程现场应急处置方案的编制、交底，突发事件应急处置、救援及演练	(1) 项目管理实施规划、施工方案报审表、文件审查记录。 (2) 安全文明施工、工器具报审表、签证记录。 (3) 会议记录或纪要。 (4) 突发事件的应急处置、救援及演练记录

监理项目部总监理工程师代表重要安全责任清单

安全职责	履责要求	履责记录
计划管理	审核施工作业计划，监督核实作业计划执行，审核作业计划变更，及时制止无计划作业	月、周、日作业计划及审核记录；到岗到位记录
人员管理	(1) 监督、检查所承监项目施工单位对核心分包队伍的管控，审查施工人员的进场资格，收集、汇总上报施工人员信息。 (2) 对项目安全管理开展"日评价"工作。 (3) 落实作业班组准入要求，开展施工人员"三核实、四严查"工作。 (4) 对安全监理工程师的履职情况进行监督	(1) 施工人员、分包队伍管理资料。 (2) "日评价"记录。 (3) 班组准入、人员核查记录 (4) 监督评价记录

续表

安全职责	履责要求	履责记录
风险管理	(1) 严格执行安全风险分级管控和隐患排查治理各项工作制度，监督检查施工单位安全风险分级管控和安全隐患闭环整改情况。 (2) 参加施工重大风险组织现场查勘。 (3) 监督落实现场安全风险管控措施。	(1) 安全风险管控、隐患排查治理相关记录。 (2) 查勘参与记录、风险压降一本账、风险压降措施清单、作业票。 (3) 旁站监理记录
现场管理	(1) 组织驻队监理对作业班组开展动态监管，常态化开展违章自查自纠，监督标准化作业开展。 (2) 组织开展安全检查，检查各项规程规定、安全文明施工、安全技术措施和施工措施的执行情况，并组织整改落实，对工程关键部位、危险作业、重大风险等进行施进行验收 组织对脚手架、地锚、三联桩、地脚螺栓等设施进行验收	(1) 监理月报、会议记录。 (2) 反违章、安全检查有关记录。 (3) 安全检查整改记录；监理通知单、监理联系单、安全文明施工设施验收记录、验收挂牌
日常安全管理	(1) 参加审查施工报审的项目管理实施规划（施工组织设计）、施工安全管控措施。 (2) 参加安全例会，协调解决工程中存在的安全问题，提出工作改进建议和措施。 (3) 参与现场应急处置方案的编制、交底，突发事件应急处置、救援及演练	(1) 项目管理实施规划、施工方案报审文件审查记录。 (2) 会议记录。 (3) 突发事件的应急处置、救援及演练记录

监理项目部项目安全总监理工程师重要安全责任清单

安全职责	履责要求	履责记录
计划管理	审核施工作业计划，监督核实作业计划执行，审核作业计划变更，及时制止无计划作业	月、周、日作业计划及审核记录；到岗到位记录
人员管理	(1) 监督、检查所承监项目施工单位对核心分包队伍的管控，审查施工人员的进场资格，收集、汇总上报项目安全管理信息。 (2) 对项目安全管理开展"日评价"工作。 (3) 落实作业班组准人要求，对作业人员"三核实、四严查"。 (4) 对安全监理工程师的履职情况进行监督	(1) 施工人员、分包队伍管理资料。 (2) 监理通知单、监理联系单。 (3) "日评价"记录。 (4) 监督评价记录

续表

安全职责	履责要求	履责记录
风险管理	(1) 严格执行安全风险分级管控和隐患排查治理相关工作制度，监督检查施工单位安全风险分级管控和现场安全隐患闭环整改情况。 (2) 监督落实现场安全风险管控措施，对工程关键部位、危险作业、重大风险等配合开展安全旁站监理	(1) 安全风险管控、隐患排查治理相关记录。 (2) 旁站监理记录
现场管理	(1) 组织驻队监理对作业班组开展动态监管，常态化开展查自查自纠、监督标准化作业开展。 (2) 开展安全检查，检查各项规章规定、安全技术措施和施工安全措施的执行情况，并组织鉴改落实；组织对脚手架、地锚、三联杆、地脚螺栓等设施进行验收	(1) 监理月报、会议记录。 (2) 反违章、安全督查有关记录；安全检查整改记录、监理通知单联系单、安全文明施工设施验收、验收牌
日常安全管理	(1) 参加审查施工报审的项目管理实施规划（施工组织设计）、施工安全管控措施、施工方案等文件。 (2) 参加安全例会，协调解决工程中存在的安全问题，提出工作改进建议和措施。 (3) 参与工程现场应急处置方案的编制、交底，突发事件应急处置、救援及演练	(1) 项目管理实施规划、施工方案报审表，文件审查记录。 (2) 会议记录。 (3) 突发事件的应急处置、救援反演练记录

监理项目部专业监理工程师重要安全责任清单

安全职责	履责要求	履责记录
计划管理	审核施工作业计划，监督落实作业计划执行，审核作业计划变更，及时制止无计划作业	月、周、日作业计划及审核记录；到岗到位记录
人员管理	(1) 对项目安全管理开展"日评价"工作。 (2) 落实作业班组准人要求，开展作业人员"三核实，四严查"	(1) "日评价"记录。 (2) 核查记录
风险管理	(1) 严格执行安全风险分级管控和隐患排查治理各项工作制度，监督检查施工单位安全风险分级管控和现场安全隐患闭环整改情况。 (2) 监督落实现场安全风险管控措施，对工程关键部位、危险作业、重大风险等配合开展安全旁站监理	(1) 安全风险管控、隐患排查治理相关记录。 (2) 旁站监理记录

续表

安全职责	履责要求	履责记录
现场管理	(1) 对作业班组开展动态监管，常态化开展违章自查自纠，监督标准化作业开展。 (2) 组织开展安全检查，检查各项规程规定、安全文明施工、安全技术措施和施工安全措施的执行情况，并督促整改落实	(1) 反违章、安全督查有关记录。 (2) 安全检查整改记录；监理通知单、监理联系单等。
日常安全管理	(1) 参加安全例会，协调解决工程中存在的安全问题，提出工作改进建议和措施。 (2) 参与工程现场应急处置方案的编制、交底，突发事件应急处置、救援及演练	(1) 会议记录。 (2) 突发事件的应急处置、救援及演练记录

监理项目部安全监理工程师重要安全责任清单

安全职责	履责要求	履责记录
计划管理	审核施工作业计划，监督核实作业计划执行，审核作业计划变更，及时制止无计划作业	月、周、日作业计划及审核记录；到岗到位记录
人员管理	(1) 监督、检查所承监项目施工单位对核心分包队伍的管控。 (2) 收集、汇总上报施工人员信息。 (3) 对项目安全管理开展"日评价"工作。	(1) 施工人员、分包队伍管理资料。 (2) 监理通知单、监理联系单等。 (3) "日评价"记录
风险管理	(1) 严格执行安全风险分级管控和安全隐患排查治理闭环制度，监督检查施工单位安全风险管控和安全隐患排查治理相关情况。 (2) 监督落实现场安全管控措施，对工程关键部位、危险作业、重大风险等配合开展安全旁站监理	(1) 安全风险管控、隐患排查治理相关记录。 (2) 旁站监理记录
现场管理	(1) 组织驻队监理对作业班组开展安全检查，常态化开展违章自查自纠，监督标准化作业开展。 (2) 组织开展安全检查，检查各项规程规定、安全文明施工、安全技术措施和施工安全措施的执行情况，并督促整改落实	(1) 反违章、安全督查有关记录。 (2) 安全检查整改记录；监理通知单、监理联系单等

续表

安全职责	履责要求	履责记录
日常安全管理	(1) 参加安全例会，协调解决工程中存在的安全问题，提出工作改进建议和措施。 (2) 参与工程现场应急处置方案的编制、交底，突发事件应急处置、救援及演练	(1) 会议记录。 (2) 突发事件的应急处置、救援及演练记录

监理项目部监理员（驻队监理）重要安全责任清单

安全职责	履责要求	履责记录
人员管理	(1) 落实作业班组准入要求，开展作业人员"三核实、四严查"。 (2) 对项目安全管理开展"日评价"工作	(1) 施工人员、分包队伍管理资料。 (2) "日评价"记录
风险管理	(1) 严格执行安全风险分级管控和隐患排查治理各项工作制度，监督检查施工单位安全风险分级管控和安全隐患闭环整改情况。 (2) 对工程关键部位、危险作业、重大风险等配合开展安全旁站监理	(1) 安全风险管控、隐患排查治理相关记录。 (2) 旁站监理记录
现场管理	(1) 开展安全文明施工检查。 (2) 对作业班组开展动态监管，监督标准化作业开展	(1) 安全检查整改记录、签证记录等。 (2) 监理通知单、监理联系单等；反违章、安全督查有关记录
日常安全管理	(1) 及时向监理项目部反馈作业现场、施工班组存在的影响本质安全的严重问题，提出处理意见。 (2) 参与工程现场应急处置方案交底，突发事件应急处置、救援及演练	(1) 反馈记录、处理意见。 (2) 突发事件的应急处置、救援及演练记录

附件4

施工项目部及关键岗位重要安全责任清单

施工项目部重要安全责任清单

安全职责	履责要求	履责记录
作业计划管理	负责上报作业计划至公司,将作业计划上传至e基建平台上,所有作业票必须关联作业计划,落实计划执行保障措施,考核作业班组补考计划执行	作业信息计划
人员管理	(1) 落实作业班组准入要求,组织所有合格的作业人员参加安全准入考试,并能再系统中查询考试情况,对不合格的作业人员进行补考安排。 (2) 组织对项目部人员进行"安全生产教育和安全技能培训,经考试合格方可上岗,落实作业人员"三核实、四严查"强制措施	(1) 安全准入情况。 (2) 安全考试培训记录
风险管理	(1) 通过信息化管理渠道,建立输变电工程"风险识别、评估清册"和"风险一本账",及时上报已开展的作业风险及控制情况信息。 (2) 依据现场作业条件,向监理项目部提出降低施工安全风险等级的措施,报业主项目部审批。 (3) 施工项目部根据工程进度,针对已建立的"风险识别、评估清册",对即将开始的三级及以上作业风险提前开展复核。重点关注地形、地貌、土质、交通、周边环境、临边、临近带电或跨越等情况,初步确定现场施工布置形式,可采用的施工方法,将输变电工程施工作业填入"输变电工程施工作业B票",作为作业票执行过程中复测结果和采取的安全措施的补充清单。 (4) 现场实际作业时,发现设备条件和风险控制关键因素发生变化时,现场应立即停止作业,将变化情况报施工项目部重新组织复测评估作业的安全风险等级,并报监理项目部审核	(1) 风险识别、评估清册。 (2) 输变电工程施工作业票。 (3) 三级及以上施工风险管控公示牌

续表

安全职责	履责要求	履责记录
现场管理	(1) 建立以项目部主要负责人为第一责任人的安全责任制，明确各岗位的安全管理职责，将安全生产目标自上而下逐级分解，层层签订安全责任书。 (2) 按要求召开安全周例会、月度例会、日晚会，由项目安全第一责任人组织，针对项目施工过程中和安全检查中发现的安全隐患和问题进行专题分析和总结，掌握现场安全施工动态，制定针对性措施，保证现场安全受控。 (3) 落实安全文明施工执行要求，保障安全劳动投入，分阶段编制安全文明施工标准化设施报审计划，明确安全设施、安全防护用品和文明施工设施的种类、数量、使用区域和计划费用，报监理项目部审核、业主项目部批准	(1) 周例会、月度例会会议纪要。 (2) 目标责任书。 (3) 安全文明施工设施标准化配置表。
日常安全管理	(1) 定期组织开展各类专项安全活动，组织开展班组周安全活动、安全月活动和专题安全日活动。 (2) 组织对各类现场违章问题进行处理处置。 (3) 组织开展作业班组"日评价"，对"预警"班组进行停工整顿，约谈帮扶、清退"不合格"班组和分包商。 (4) 参与编制《现场应急处置方案》，组建现场应急救援队伍，组织开展各项应急演练，开展现场应急处置，落实"五备三报一救护"等人身伤害事故发事发作应急处置要求	(1) 各类安全检查记录。 (2) 违章通报、"说清楚"材料。 (3) 班组"日评价"记录、停工整顿及约谈记录、清退函件或报告等。 (4)《现场应急处置方案》、应急演练记录、应急处置记录。

施工项目部项目经理重要安全责任清单

安全职责	履责要求	履责记录
作业计划管理	负责审核作业计划，将作业计划上传至e基建平台，所有作业票必须关联作业计划，落实计划执行保障措施，考核作业班组计划执行	作业信息计划
人员管理	(1) 落实作业班组作业人员要求，组织所有作业人员参加安全准入考试，在系统中查询考试情况，对不合格的作业人员进行补考安排。 (2) 组织对项目部人员进行安全生产教育和安全技能培训，经考试合格方可上岗，落实作业人员"三核实、四严查"强制措施	(1) 安全准入情况。 (2) 安全考试培训记录

续表

安全职责	履责要求	履责记录
风险管理	(1) 组织风险初勘，在风险作业过程中落实各岗位职责，开展安全责任考核检查。 (2) 组织开展施工安全风险管理，组织督促召开月度安全例会及周安全活动，落实输变电工程二级及以上风险和重要三级风险（近电作业、特殊地形组塔）现场踏勘，准确进行风险识别、评估及控制，必须重视并加强对把关人的考核及培训	(1) 月度例会相关记录。 (2) 二级及重要三级风险踏勘记录。
现场管理	(1) 建立以项目部主要负责人为第一责任人的安全责任制，明确各岗位的安全管理职责，将安全生产目标自上而下逐级分解，层层签订安全责任书。 (2) 按要求召开安全周例会、月度例会、日晚会，由项目安全第一责任人组织，针对项目施工过程中发现的安全隐患问题进行安全管理专题分析和总结，制定针对性措施，保证现场安全受控。 (3) 落实安全文明施工执行要求，保障安全资源投入，分阶段组织编制安全文明施工标准化设施报审计划，明确安全防护用品和文明施工用品的种类、数量、使用区域和计划费用	(1) 周例会、月度例会会议纪要。 (2) 目标责任书。 (3) 安全文明施工设施标准化配置表
日常安全管理	(1) 定期组织开展各类专项安全活动，组织开展班组周安全活动，安全月活动和专题安全日活动。 (2) 组织开展作业班组"日评价"，对"预警"班组进行停工整顿、约谈帮扶、清退"不合格"班组和分包商。 (3) 参与编制《现场应急处置方案》，组建现场应急救援队伍，组织开展各项应急演练，开展现场应急处置，落实"五备三报一救护"等人身伤亡等突发事件应急处置要求	(1) 各类安全检查记录。 (2) 班组"日评价"记录，停工整顿及约谈记录、清退函件或报告。 (3) 《现场应急处置方案》，宣贯培训记录、现场应急演练记录、应急处置记录

施工项目部项目副（执行）经理重要安全责任清单

安全职责	履责要求	履责记录
作业计划管理	协助项目经理审核作业计划，督促将作业计划上传至e基建平台，所有作业票必须关联作业计划，落实计划执行保障措施，考核作业班组计划执行	作业信息计划

续表

安全职责	履责要求	履责记录
人员管理	(1) 落实作业班组准入要求，协助项目经理组织所有作业人员参加安全准入考试，并能在系统中查询考试情况，对不合格的作业人员进行补考安排。 (2) 协助项目经理开展针对项目部人员的安全生产教育和技能培训，经考试合格方可上岗，落实作业人员"三核实、四严查"强制措施	(1) 安全准入情况。 (2) 安全考试培训记录
风险管理	(1) 协助项目经理开展安全岗位职责，在风险作业过程中落实安全责任考核检查。 (2) 协助项目经理开展施工安全风险管理，组织督促召开月度安全例会及周安全活动，落实输变电工程二级及以上风险和重要三级风险（近电作业、特殊地形组塔）现场踏勘，准确进行风险识别、评估及管控，必须重视和加强对把关人的考核及培训	(1) 月度例会相关记录。 (2) 二级及重要三级风险踏勘记录
现场管理	(1) 协助项目经理开展安全周例会、月例会、日晚会，针对项目施工过程中和安全检查中发现的安全隐患和问题进行安全管理专题分析和总结，掌握现场安全施工动态，制定针对性措施，保证现场安全受控。 (2) 落实安全文明施工执行要求，保障安全资源投入，协助项目施工分阶段组织编制安全文明施工标准化设施报审计划，明确安全防护用品和文明施工设施的种类、数量，使用区域和计划费用	(1) 周例会、月度例会会议纪要。 (2) 安全文明施工设施标准化配置表
日常安全管理	(1) 协助项目经理组织开展各类专项安全活动，组织开展班组周安全活动、安全月活动。 (2) 协助项目经理组织开展作业班组"日评价"，对"预警"班组进行停工整顿、约谈帮扶、清退，清退"不合格"班组和分包商。 (3) 参与编制《现场应急处置方案》，协助项目经理组建现场应急救援队伍，组织开展各项应急演练，开展"五查三报一救护"等人身伤害突发事件应急处置要求	(1) 各类安全检查记录。 (2) 班组"日评价"记录，停工整顿及约谈记录，清退函件或报告。 (3) 《现场应急处置方案》、应急处置记录、应急演练记录、宣贯培训记录

施工项目部项目总工重要安全责任清单

安全职责	履责要求	履责记录
作业计划管理	协助项目经理审核作业计划，指导将计划上传至e基建平台，所有作业票必须关联作业计划，落实计划执行保障措施，考核作业班组计划执行	作业信息计划
人员管理	(1) 落实作业班组准入考试情况，协助项目经理开展对所有作业人员参加安全准入考试，对不合格的作业人员进行补考安排 (2) 落实系统中查询考试情况，协助项目经理开展对项目部人员进行安全生产教育和安全技能培训，经考试合格方可上岗，落实作业人员"三核实，四严查"强制措施	(1) 安全准入情况 (2) 安全考试培训记录
风险管理	(1) 协助项目经理开展风险初勘，风险作业过程中，落实岗位职责，编写有针对性的专项施工方案，落实交底并监督执行 (2) 协助项目经理开展项目施工现场所开工前安全施工条件的检查，过程中的安全检查和验收，对查出的安全隐患整改出整改情况	(1) 踏勘记录和专项施工方案 (2) 安全检查通知及反馈单
现场管理	(1) 组织开展针对项目全员的安全、质量、技术及环保、水保等相关法律、法规及其他要求培训工作 (2) 负责编制安全管整措施，并负责指导和检查安全技术规范和要求的执行情况，确保项目部生产安全稳定局面	(1) 安全管控措施 (2) 培训相关记录
日常安全管理	(1) 负责专项施工方案的编制和作业票的填写，审查及交底工作，并监督检查措施执行情况 (2) 负责审核一般施工方案，编写专项施工方案、专项安全技术措施，组织解决工程施工安全问题 (3) 参与编制《现场应急处置方案》，参与应急演练工作，配合开展现场应急处置	(1) 专项施工方案 (2) 安全技术措施交底；作业票；每日执行情况记录表 (3) 《现场应急处置方案》、应急演练记录、应急处置记录

施工项目部项目技术员重要安全责任清单

安全职责	履责要求	履责记录
作业计划管理	联合安全员编制作业计划，并将作业计划上传至e基建平台上，所有作业票必须关联作业计划，落实计划执行保障措施	作业信息计划

续表

安全职责	履责要求	履责记录
人员管理	(1) 落实作业班组准人要求，协助项目经理，项目总工组织所有作业人员参加安全准入考试，并能在系统中查询考试合格情况，对不合格的作业人员进行补考安排。 (2) 协助项目经理，落实项目总工对上岗人员"三核实、四严查"强制措施	(1) 安全准入情况。 (2) 安全考试培训记录
风险管理	(1) 协助项目经理、项目总工开展风险初勘，在风险作业过程中落实到岗位职责。 (2) 协助项目经理、项目总工开展项目施工前安全施工条件的检查过程中的安全检查和验收，对查出的安全隐患提出整改措施	(1) 踏勘记录。 (2) 安全检查通知及反馈单
现场管理	(1) 协助项目总工开展针对项目全员的安全、质量、技术及环保、水保等相关法律、法规及其他要求培训工作。 (2) 协助项目总工指导和检查安全技术规范和要求的执行情况，确保项目部生产安全稳定局面	(1) 安全管控措施。 (2) 培训相关记录
日常安全管理	(1) 负责一般施工方案的编制和作业票的填写，审查及交底工作，并监督检查措施的执行情况。 (2) 参与应急演练工作，配合开展现场应急处置	(1) 一般施工方案、作业票、安全技术措施及交底记录；每日执行情况、应急处置记录。 (2) 应急演练记录

施工项目部项目安全总监重要安全责任清单

安全职责	履责要求	履责记录
作业计划管理	协助项目总工审核作业计划，检查作业计划上传 e 基建平台情况，所有作业票必须关联作业计划，落实计划执行保障措施，考核作业班组执行	作业信息计划
人员管理	(1) 审查施工分包队伍人员进出场工作，检查分包作业现场安全措施落实情况，制止不安全行为。 (2) 落实作业班组准人要求，协助项目经理，项目总工组织所有作业人员参加安全准入考试，并能在系统中查询考试合格情况，对不合格的作业人员进行补考安排。 (3) 协助项目经理，落实项目总工对上岗人员"三核实、四严查"强制措施	(1) 安全准入情况。 (2) 安全考试培训记录

续表

安全职责	履责要求	履责记录
风险管理	(1) 协助项目经理、项目总工开展风险预控、风险作业过程中、落实岗位职责。 (2) 协助项目经理、项目总工开展项目施工所需安全施工条件的检查、过程中的安全检查和验收，对检查出的安全隐患提出整改情况，并检查执行情况	(1) 踏勘记录。 (2) 安全检查通知及反馈单
现场管理	有计划地对施工现场进行安全巡查，重点监督三级及以上风险施工，监督安全管控措施落实，检查作业人员现场作业行为	相关巡查资料，履职记录
日常安全管理	(1) 协助项目经理组织开展"四不放过"违章分析，监督班级及时整改反馈； (2) 指导安全员编制安全防护用品和安全工器具的需求计划，建立项目部安全管理台账； (3) 参与工作票审查，参与审核施工方案中的安全技术措施，参加安全技术交底。 (4) 监督本项目安全管理总体情况，向本单位反馈现场重大问题及项目管理人员安全履职情况，提出改进调整意见。 (5) 参与应急演练工作，配合开展各项应急事件应急处置，落实"五备三报一救护"等人身伤害突发事件应急处置要求	(1) 整改通知单及反馈单。 (2) 收文记录和学习记录。 (3) 安全教育培训记录、检查记录。 (4) 安全总监工作记录，向单位反馈的记录。 (5) 宣贯培训记录、应急演练记录，应急处置记录

施工项目部项目安全员重要安全责任清单

安全职责	履责要求	履责记录
作业计划管理	协助项目总工审核推进作业计划，检查作业计划上传e基建平台情况，所有作业票必须关联作业计划，落实计划执行保障措施，考核作业班组计划执行	作业信息计划
人员管理	(1) 审查施工分包队伍人员进出场工作，检查分包作业现场安全措施落实情况，制止不安全行为。 (2) 落实作业班准人要求，协助项目经理、项目总工组织所有作业人员参加安全准入考试，并能在系统中查询考试情况，对不合格的作业人员进行补考安排。 (3) 协助项目经理、项目总工对项目部人员进行"安全生产教育和安全技能培训，经考试合格方可上岗，落实作业人员"三核实、四严查"强制措施。	(1) 安全准人情况。 (2) 安全考试诺培训记录

续表

安全职责	履责要求	履责记录
风险管理	(1) 协助项目经理、项目总工开展风险初勘，在风险作业过程中落实岗位职责。 (2) 协助项目经理、项目总工开展项目部施工场所开工前安全施工条件的检查、过程中的安全检查和验收，对查出的安全隐患提出整改措施，并检查执行情况	(1) 踏勘记录。 (2) 安全检查通知及反馈单
现场管理	(1) 有计划地对施工现场进行安全巡查，重点监督三级及以上风险施工，监督安全管控措施落实。 (2) 指导作业人员正确使用安全防护用品	(1) 相关巡查资料。 (2) 安全防护用品检测记录
日常安全管理	(1) 组织开展"四不放过"违章分析，监督班组及时整改反馈，并第一时间传达到班组。 (2) 编制安全防护用品和安全工器具的需求计划，建立项目部安全管理台账。 (3) 参与施工作业票审查，参与审核施工方案的安全技术措施，参加安全技术交底，检查施工过程中安全技术措施落实情况。 (4) 参与应急演练工作，配合开展各项应急演练，协助开展现场应急处置，落实"五备三报一救护"等个人身伤害突发事件应急处置要求	(1) 整改通知单反馈单。 (2) 收文记录和学习记录。 (3) 安全教育培训记录、检查记录。 (4) 宣贯培训记录、应急演练记录、应急处置记录

附件 5

名 词 解 释

1. "三核实、四严查"强制措施：《国网基建部关于印发输变电工程施工现场作业人员安全管控强制措施的通知》（基建安质〔2023〕46号）强调加强作业人员全过程管控（"三核实"：作业人员进场必须当面核实、作业人员动向必须每日核实、人员转场必须对退场手续进行核实）、加强作业人员关键环节排查（"四严查"：不连续开具作业票的班组必须严格排查，防止作业人员随意流动到其他作业现场；跨单位流动的作业人员必须严格排查，防止作业人员由于不合格原因从上一单位被清退后，重新进入新单位；已完工程量与作业人员不匹配的项目必须严格排查，防止作业人员管控出现遗漏；具有不良行为记录的作业人员必须严格排查，防止高危人员再次引发问题）。

2. "日评价"：《国网湖南电力建设部关于开展输变电工程建设状态"日评价"工作的通知（试行）》（建设〔2024〕4号）通过基建数智化管控平台由业主和监理项目部对输变电工程施工项目部、施工项目部对下辖施工班组的日常工作进行评价，通过评价结果反映施工现场的管控情况并触发相应的管控措施，协助建设管理单位、施工单位和分包单位各级管理人员及时掌握施工现场存在的问题并及时采取有效管控措施，打通项目管理"最后一公里"，有效提升输变电工程现场管控水平。

3. "卓越业主项目经理"和"金牌施工项目经理"：《国网湖南省电力有限公司关于印发现代建设管理体系建设实施方案的通知》（湘电公司建设〔2023〕323号）明确，大力开展业主项目经理、施工项目经理和班组长培优三年行动，通过三年时间培养与选树30名"金牌施工项目经理"、30名"卓越业主项目经理"、60名"五星施工班长"，实现"336"人才培育战略目标。

4. "8+2"工况：拆除、超长抱杆、深基坑、索道、水上作业、反向拉线、不停电跨越、近电作业等同类工况和特殊地理条件、特殊气候条件。

5. 施工安全强制措施"三算四验五禁止"：《国网基建部关于印发输变电工程建设施工安全强制措施（2021年修订版）的通知》（基建安质〔2021〕40号）明确：加强施工技术方案管理（简称"三算"：拉线必须经过计算校核、地锚必须经过计算校核、临近带电体作业安全距离必须经过计算校核），加强作业关键环节验收把关（简称"四验"：拉线投入使用前必须通过验收、地锚投入使用前必须通过验收、索道投入使用前必须通过验收、组塔架线作业前地脚螺栓必须通过验收），加强施工过程管控（简称"五禁止"：有限空间作业，禁止不满足通风及安全防护要求开展作业；组塔架线高空作业，禁止不使用攀登自锁器及速差自控器；乘坐船舶或水上作业，禁止不穿戴救生装备；紧断线平移导线挂线，禁止不交替平移子导线；杆塔组立起立抱杆，禁止使用正装法）。

6. 近电作业"六必须"：《国网基建部关于进一步加强电网建设近电作业安全管理的通知》（基建安全〔2022〕40号）明确近电作业安全措施：作业距离必须计算准确，接地措施必须有效可靠，防护装具必须使用到位，安全监护必须到岗履职，创新工法必须优先使用，不利天气必须停止作业。

7. 作业层班组人身伤害突发事件应急处置"五备三报一救护"："五备"指准备车辆、医院报备、备齐物资、演练预备、备知政府；"三报"指通报全员、报知司机、报告上级；"一救护"指紧急救护。

国网湖南电力建设部关于印发输变电工程安全挂点负责管理指导意见的通知

为加强高风险工程梳理和现场检查，及时协调解决工程项目中存在的困难和问题，确保现场施工安全保障条件，防止工程反复停工、失去管控，依据《国家电网有限公司关于开展2024年输变电工程建设"抓责任、精管理、固基础"安全主题活动的通知》（国家电网基建〔2024〕83号）要求，结合公司工程建设实际，制定本指导意见，请各单位认真贯彻落实，严格遵照执行。

一、工作要求

（1）所有输变电工程实施公司、参建单位（建设管理、监理、施工单位）两级负责人挂点机制，挂点负责人对所挂点工程的安全管理关键要求落实情况负责。

（2）公司按照片区划分建设部、特高压及抽水蓄能建设管理中心（以下简称"特高压及抽蓄建管中心"）负责人挂点负责范围，建设部、特高压及抽蓄建管中心负责人深入挂点工程现场，协调工程建设资源投入，组织开展安全检查督导，指导挂点工程落实安全管理要求、保障挂点工程安全有序建设。

（3）公司由建设部、特高压及抽蓄建管中心负责人担任输变电工程挂点负责人；参建单位由分管负责人、内设部门负责人（四级正副职）担任输变电工程挂点负责人，其中，分管负责人挂点本单位任务重、工期紧、风险大、管理薄弱的工程，部门负责人按片区或工程类型分别挂点；专责不担任挂点负责人。

（4）市州公司内设部门指建设部、项目管理中心；省建设公司（咨询公司）指安全监察部、技术质量部、建管项目分公司、特高压项目分公司、监理分公司；省送变电公司指安全监察部、施工管理部、工程技术质量部；超高压变电公司指运维检修部；超高压输电公司指安全监察部。

（5）本指导意见适用于公司所属参建单位在公司投资建设的35千伏及以上输变电工程的挂点负责管理；公司所属单位承揽非公司投资建设的35千伏及以上输变电工程挂点负责管理执行建设单位要求；非公司所属单位承揽公司输变电工程现场管理执行其内部管理制度，工程现场的挂点负责管理按照本细则执行。

二、管理职责

（一）公司建设部、特高压及抽蓄建管中心职责

负责管辖范围内的输变电工程挂点负责管理，组织制定输变电工程挂点负责管理指导意见，公司挂点负责人负责抓实挂点工程风险管控、安全检查、隐患排查、应急管理、"日评价"等重点工作，保障工程合理工期，推动风险精益管控，加强特殊时段、重点工程督导，

负责指导和监督所属单位落实挂点负责工作要求。

（二）参建单位职责

工程参建单位负责建立输变电工程挂点管理机制，组织制定输变电工程挂点负责管理实施细则，挂点负责人负责监管相对应的业主、监理、施工人员落实管理要求，每月参加挂点项目日晚会不少于一次，核查挂点工程关键指标，对挂点工程风险管控、安全检查、隐患排查、应急管理、"日评价"等工作开展检查和评价，将安全工作融入日常专业管理工作中，并承担相应的连带责任。

三、重点工作

（一）保障工程合理工期

公司建设部、特高压及抽蓄建管中心牵头制定项目前期、工程前期融合具体事项，推动"两个前期"无缝衔接；协同推进合规手续办理，有效实现"抢前期，不抢工期"；建立分片区协调机制，跟踪进度计划执行情况，协调民事、停电、物资等相关问题，加快进度问题整改。

（二）推动风险精益管控

项目前期阶段，抓实设计龙头作用，深度参与选址选线工作，强化可研方案重大风险重点审查；工期前期阶段，关注重点工程初设内审，推动设计方案优化，压减重大风险作业数量；工程建设阶段，保障计划精准制定、刚性执行，制定驻点督查、安全指导等针对性管控措施，协调建设资源、管理资源投入，保障高风险作业有序实施。

（三）加强特殊时段、重点工程督导

关注节假日、年底停工、年初开工等特殊时段，公司建设部制定带班值班及现场督导计划，确保二级作业风险现场督查全覆盖，三级作业风险远程督查全覆盖；针对挂点负责范围内的"急难险重"工程，组建基建、安监专业联合督查团队，督查人员常驻现场，协同推进风险预警、现场监督、提示提醒等工作。

（四）形成安全管理合力

依托专业安委会、月度例会等会议，及时传达国网总部会议、文件精神，督办重点工作，推进管理要求落地；建立上下沟通渠道，及时了解挂点片区安全管理难题，共同研究解决办法。进一步明确挂点负责人及地市公司职责分工，协同推进风险防控、新技术应用、教育培训等工作落地。

四、履职要求

各参建单位挂点负责人负责组织《国网基建部关于印发输变电工程施工现场作业人员安全管控强制措施的通知》（基建安质〔2023〕46号）、《国网湖南电力建设部关于开展输

变电工程建设状态"日评价"工作的通知（试行）》（建设〔2024〕4号）、《输变电工程建设风险压降措施八十条》（湘电公司建设〔2023〕244号）等文件要求在挂点工程的落实，组织项目管理关键人员管住计划、管住人员、管住风险，做好防灾避险和应急处置工作，切实防止作业单元失控。各参建单位挂点履职清单详见附件。

五、考核评价

（1）公司所属各单位负责开展输变电工程挂点负责评价工作，建立完善本单位挂点负责人考核激励约束机制，按季度对挂点负责人履职情况进行检查、考核、通报，将挂点工程关键指标完成情况及挂点负责人履职情况作为重要内容纳入公司内部绩效管理，对挂点管理工作组织不力的挂点负责人应给予相应处罚。

（2）公司建设部、特高压及抽蓄建管中心组织基建安全质量监控中心每日对挂点负责人进行抽查，重点抽查挂点负责人是否掌握挂点工程的施工进度、投入的班组情况、当前开展的三级及以上风险作业等安全关键信息，抽查情况在《输变电工程安质专业管理日报》中进行通报，对挂点责任不落实的单位在同业对标指标中进行考核。

附件：公司所属参建单位挂点负责人履职清单

附件

公司所属参建单位挂点负责人履职清单

一、建设管理单位挂点履职清单

（一）管住人员

1. 配足合格的业主项目部（项目管理部）人员，督促监理、施工单位配足合格的人员，牵头组织好安全准入考试和关键岗位人员取证考试。

2. 组织落实作业单元管控要求，监督检查《国网湖南电力建设部关于进一步加强输变电工程作业单元现场安全管控的通知》（建设〔2022〕13号）落实情况，每月选取挂点工程参加日晚会不少于一次并强调安全工作要求，留存参会记录。

3. 强化"三核实、四严查"强制措施落实，抓实人员准入、动态跟踪、考核评价，完善并组织实施参建人员评价、考核及退出制度，牵头每月组织开展一次作业人员全面排查，及时发现并清退"幽灵"班组和人员，组织做好反违章工作。

4. 组织业主项目部（项目部管理部）关键人员到岗履职，督促监理、施工单位相关人员到岗履职。

5. 组织建立良好的工程安全文化，提高参建人员的参与感和认同感。

（二）管住计划

1. 保障合理工期，强化工程建设外部协调，督促严格执行、及时纠偏项目进度实施计划，严防盲目抢进度、赶工期。

2. 建立完善远程值班制度，配足合格的值班人员，每日检查计划执行情况并进行纠偏。

3. 落实"无计划不作业"要求，督促业主项目部强化作业计划放行管理和执行考核，明确项目日计划执行率和周计划裕度控制值，定期分析、通报周计划及日计划执行情况，确保作业计划逐项执行到位。

4. 强化作业计划变动管理，严格管控并核实计划变更，把多次调整施工作业计划作为重要事故诱因严格管控，严禁擅自调整、随意发布作业计划。

5. 掌握挂点工程三级及以上风险作业计划，组织本单位监控中心将外部作业环境复杂、作业现场反复停复工、作业班组反复进出场的工程列为高风险工程，每周进行一次梳理；组织开展远程督查和"四不两直"现场检查，必要时对三级及以上风险作业现场开展挂牌督查。

（三）管住风险

1. 重点关注"8+2"工况、"三跨"等重大风险作业，每月组织不少于一次的挂点工程风险梳理和隐患排查。

2. 定期组织开展安全检查活动，落实全线或全站梳理要求，督促问题整改。

3. 组织开展安全形势分析，做到对工程风险作业"心中有数"。

4. 组织落实输变电工程建设全过程风险管控，掌握所挂点工程的全过程风险管控率情况，查找风险压降和管控的薄弱环节并组织修正、整改。

5. 组织推广应用机械化、智能化的先进工法，压降施工风险。

6. 组织创新工法研究及试点，探索风险压降措施。

7. 组织深化信息化管控，通过数字化手段提升安全工作成效。

（四）强化应急处置

1. 组织发布灾害预警，布置安排并督促做好防灾避险工作。
2. 组织成立工程应急工作组，组织开展应急演练及突发事件处置工作。
3. 配合工程安全事件（事故）调查和处理工作。

二、监理单位挂点履职清单

（一）管住人员

1. 配足合格的监理人员，组织审核施工人员进场的资格条件。组织落实安全总监理工程师和驻地监理制度，组织项目安全总监理工程师、驻队监理负责抓实作业班组、作业点的日常跟踪管控，掌握人员进出场和工作状态，防止人员无序流动，防止不合格人员进入作业现场。
2. 建立完善并组织实施监理人员动态评价、考核及退出制度。强化"三核实四严查"强制措施落实，抓实人员准入、动态跟踪、考核评价，根据业主项目部要求，完善并组织实施参建人员评价、考核及退出制度。
3. 组织监理项目关键人员到岗履职，监督施工人员到岗履职。
4. 组织开展监理人员的培训教育工作。
5. 配合建立良好的工程安全文化，提高参建人员的参与感和认同感。

（二）管住计划

1. 严格审核、及时纠偏项目进度实施计划，严防盲目抢进度赶工期。
2. 督促监理项目部做好作业计划监督，驻队监理每日核实作业计划执行，对作业计划变更逐项审查，严控计划调整，及时制止无计划作业。
3. 加强作业计划变更的管控，督促总监理工程师严格履行作业计划审查责任，对施工项目经理组织编制作业计划进行审核。
4. 掌握挂点工程三级及以上风险作业计划，组织开展远程督查和"四不两直"现场检查，必要时对三级及以上风险作业现场开展挂牌督查。

（三）管住风险

1. 重点关注"8+2"工况、"三跨"等重大风险作业，每月参与不少于一次的挂点工程风险梳理和隐患排查。
2. 监督规范使用工程安全生产费用，组织审核施工机械、安全工器具、安全防护用品准入。
3. 定期组织开展安全检查活动，组织监理人员参与全线或全站梳理，督促问题整改。
4. 组织开展安全形势分析，做到对工程风险作业"心中有数"。
5. 监督检查全过程风险管控措施的落实情况。
6. 组织做好新技术、新工法试点和应用的监督工作。
7. 组织深化信息化管控，通过数字化手段提升安全工作成效。

（四）强化应急处置

1. 组织传达灾害预警，监督做好防灾避险工作。
2. 参加工程应急工作组，组织监理人员开展应急演练及处置工作。
3. 配合工程安全事件（事故）调查和处理工作。

三、施工单位挂点履职清单

（一）管住人员

1. 强化作业层班组建设，配足合格的施工管理及作业班组人员，保障投入，动态分析输变电工程施工承载力，严禁超承载力开展施工，坚决防止以包代管。
2. 建立完善并组织实施施工人员动态评价、考核及退出制度，强化"三核实四严查"强制措施落实，组织施工项目管理关键人员到岗履职，对新入场作业人员开展"面对面"核实甄别，及时清退不满足工程建设要求的人员。
3. 组织开展施工人员的培训教育工作，确保作业层班组骨干100%经培训考试合格。
4. 强化外包队伍培育管控，组织落实公司交规式计分和两牌两单管理要求。
5. 配合建立良好的工程安全文化，提高参建人员的参与感和认同感。

（二）管住计划

1. 合理安排施工进度计划，合理投入资源，严禁盲目抢进度、赶工期。
2. 督促施工项目部将作业计划纳入班组"日评价"，及时剔除不合格班组及作业人员，每个作业现场安排"明白人"在指挥，确保作业计划执行不走样。
3. 督促施工项目部根据施工进度，科学合理调配资源，提前完成作业班组的进场培训，提前安排所需物资材料、施工装备到货，提前开展施工方案技术交底，确保资源投入计划与施工作业计划相匹配。
4. 严格执行"无计划不作业"要求，加强对作业计划编制、执行的管理。
5. 掌握挂点工程三级及以上风险作业计划，组织开展远程督查和"四不两直"现场检查，必要时对三级及以上风险作业现场开展挂牌督查。

（三）管住风险

1. 重点关注"8+2"工况、"三跨"等重大风险作业，每月组织不少于一次的挂点工程风险梳理和隐患排查。
2. 配足项目施工安全资源，按规定计列、提取和使用安全文明施工费，分阶段拨付施工项目部使用，确保安全工器具、个人安全防护装备和安全文明施工设施足额投入。
3. 定期组织开展安全检查活动，组织开展全站或全线梳理，督促问题整改。
4. 组织开展安全形势分析，做到对工程风险作业"心中有数"。
5. 组织推广应用机械化、智能化的先进工法，压降施工作业风险，督促现场使用适用、好用的施工机械和工器具。
6. 组织创新工法研究及试点，探索风险压降措施。
7. 组织深化信息化管控，通过数字化手段提升安全工作成效。

（四）强化应急处置

1. 组织传达灾害预警，组织做好防灾避险工作。
2. 参加工程应急工作组，成立现场应急队伍，组织施工人员开展应急演练及处置工作。
3. 配合工程安全事件（事故）调查和处理工作。

国网湖南省电力有限公司关于印发输变电工程前期工作质量管理二十条硬性规定的通知

为贯彻落实国网公司关于输变电工程项目前期和工程前期管理工作要求，加快推动公司现代建设管理体系完善提升，持续提高"两个前期"工作质效，实现电网规划成果落地，降低工程安全管控难度、施工技术难度和属地协调难度，合理控制工程造价，保障工程高效推进，公司组织制定了输变电工程"两个前期"工作质量管理二十条硬性规定，请各单位遵照执行。

一、落实立项条件规定

发展部门负责电网项目立项条件的工作组织、全面协调。建管单位负责立项条件的具体组织落实。评审单位负责接入系统评审、可研评审（内审），支撑省、市州公司发展部门的可研技术管理，参与重大技术方案研究。属地单位参与选址选线和可研审查，支撑获取可研支持性协议，落实属地内核准支持性文件和配套市政路由，负责相关工作协调。勘察设计单位负责可研设计，配合专题评估、获取核准支持性文件和核准等工作。第三方服务单位负责在可研阶段提供专题评估初步意见，项目纳入投资计划后开展专题评估报告编制。

第一条　固化属地政府选址选线工作部署会议机制。500千伏输变电工程由建设公司和属地市州公司共同提请市州政府组织召开选址选线部署会议，220千伏输变电工程和城区110千伏输变电工程由属地单位提请区县政府组织召开选址选线部署会议，其他项目参照执行。以会议纪要等形式，明确相关政府职能部门、乡镇的责任分工和联络人，明确市政配套等支持事项，建立定期调度协调的工作机制。

主体责任：属地单位；管理责任：建管单位。

第二条　选址满足基本条件。选址应开展技术经济综合比选。在满足尽量靠近负荷中心和网络中心等系统位置条件的前提下，220千伏变电站土质边坡不宜超10米，岩质边坡不宜超15米，挡土墙临空高度不宜超8米。110千伏及以下变电站土质边坡不宜超5米，岩质边坡不宜超10米，挡土墙临空高度不宜超5米。在满足防洪要求的情况下，农村地区变电站尽量挖填就地平衡，220千伏变电站不宜超5万立方米，110千伏变电站不宜超2万立方米，35千伏变电站不宜超1万立方米。

主体责任：设计单位；管理责任：建管单位、评审单位。

第三条　站址严禁涉及环境敏感区。变电站站址严禁涉及环境敏感区（国家公园、自然公园、自然保护区、风景名胜区、饮用水源保护区等功能区，以及永久基本农田、一般生态保护红线等）。线路路径和塔基严禁涉及环境敏感区的核心区域，应尽量避让环境敏感区的一般区域，如路径确实无法避开，应尽量避免在区内立塔。穿越环境敏感区的一般区域，应取得环境敏感区行政主管部门的协议或书面意见，按规定办理行政审批手续。

主体责任：设计单位；管理责任：建管单位。

第四条　站址路径须获取协议或书面意见。可研阶段，变电站站址、线路路径必须办理县（区）级及以上人民政府，自然资源、生态环境等政府职能部门的协议或书面意见。根据工程具体情况，取得县（区）级及以上林业、文物、军事、交通（含航道）、应急、水利、旅游、通信、油气管道、航空、市政等部门或单位的协议或书面意见。初设阶段，应对以上文件进行复核并取得乡（镇）级人民政府的协议或书面意见。

主体责任：设计单位、属地单位；管理责任：建管单位、评审单位。

第五条　占用他人空间须获取权属单位书面意见。线路路径（含电缆廊道、平台，杆塔基础、横担、架空线）占用国有、民营、私人等单位或企业使用权地块或空间时，可研阶段应复核权属并获取权属单位或企业的书面意见。初设超过两年时，应再次与地块权属单位沟通，复核权属单位或企业的书面意见。

主体责任：设计单位、属地单位；管理责任：建管单位、评审单位。

第六条　站址路径必须进行环境敏感点查询。可研阶段变电站站址、线路路径需提供用地性质、一般生态红线、压覆矿、环境敏感区等空间信息查询成果。第三方咨询服务单位应在可研阶段介入工作并提供初步评估意见。

主体责任：设计单位；管理责任：建管单位。

第七条　沿道路建设的线路必须清楚地下管线情况。沿已有城镇道路建设的线路应收集路径沿线的地下管线图或开展物探。沿规划道路建设的线路，应取得道路建设时序承诺函、规划设计图等。

主体责任：设计单位；管理责任：建管单位、评审单位。

二、落实建设条件规定

建设部门负责电网项目建设条件的工作组织、全面协调。评审单位负责初步设计、施工图评审（内审），复核各阶段设计成果延续性，支撑省、市州公司专业部门的设计技术管理，参与重大技术方案研究。属地公司负责协调区县政府、职能部门、属地乡镇街道等参与路径优化、杆塔定位等工作。勘察设计单位负责初步设计、施工图设计。第三方服务单位配合设计单位开展初步设计，负责完成各类评估、方案编制、问题研究等工作。

第八条　禁止随意变更敏感点的路径与杆塔中心坐标。已审定的涉及压覆矿、一般生态红线、防洪、通航等敏感点线路路径和杆塔中心点坐标等方案，后续不能随意调整。杆塔、基础等突出地面的结构物应尽量远离公路，塔基定位必须在高速公路（含匝道）及连接道、国道、省道等公路建筑控制区以外，实施前应取得公路管理部门协议或书面意见。线路施工图设计审查后，设计单位应向沿线的县级自然资源和规划部门报备塔基坐标。

主体责任：设计单位；管理责任：建管单位、评审单位。

第九条　禁止大开挖修建临时道路方式机械化施工。涉及永久基本农田、一般生态红线、环境敏感区、成片丘陵梯田、集中坟地的塔基，原则上不采用挖填土方修建临时道路方式机械化施工。协同线路机械化施工与环水保方案，110千伏工程临时用地按照1亩/基、土方量按照70立方米/基控制；220千伏工程临时用地按照1.5亩/基、土方量按照100立方米/基控制；500千伏工程临时用地按照2.0亩/基、土方量按照180立方米/基控制。

主体责任：设计单位、服务单位；管理责任：建管单位、评审单位。

第十条　禁止站址、路径危害防洪及通航。变电站站址、线路路径需符合防洪标准、岸线规划、航运要求、通航高度等技术要求，禁止出现危害堤防安全、影响河势稳定、妨碍行洪等现象。跨河线路不得跨越码头（包括规划码头）上方，不得影响沿线港口作业。通航、防洪等评估单位应在可研阶段介入工作。

　　主体责任：设计单位、服务单位；管理责任：建管单位、评审单位。

　　第十一条　电缆通道必须与主体工程同步。应政府要求入地的电缆线路，已有通道应取得通道设计资料，利旧埋管通道应开展试通，规划待建通道应取得地方政府或其他投资主体正式建设时序承诺函及投资分界确认函。电缆通道未立项，对应的输变电工程不列入次年度投资计划；电缆通道未启动实施，对应的输变电工程不开工。

　　主体责任：设计单位、属地公司；管理责任：建管单位。

　　第十二条　可研初设必须编制停电过渡专章。内容包括交跨线路及改、扩建站内设备的具体信息，停电范围、时间、次数及造成的负荷影响，各阶段采取的建设规模、主要过渡方案及总体投资情况等内容。涉及配电装置全停或停电过渡方案特别复杂时，应编制停电过渡专题报告。

　　主体责任：设计单位；管理责任：建管单位、评审单位。

　　第十三条　边坡、挡墙及进站道路必须纳入征地范围。不涉及永久基本农田的变电站边坡、挡墙、进站道路等附属设施用地应纳入变电站征地范围。进站道路占用私人修建道路的，应复核并获取修建人的书面意见并计列一次性补偿费用。采用明挖通道方式电缆出线的变电站，占用非建设用地的，应统筹考虑站外电缆通道清理和用地补偿费用。

　　主体责任：设计单位、属地公司；管理责任：建管单位、评审单位。

　　第十四条　地形地貌与地质条件必须查勘到位。设计单位应制定详细的查勘月度计划并报送前期项目部，前期项目部组织监理开展抽查并形成抽查记录。施工专业技术人员应参与查勘、初步设计内审与评审、施工图评审并提出书面意见。

　　主体责任：设计单位；管理责任：建管单位。

　　第十五条　变电站给排水接入必须明确。变电站给水采用自来水的，需取得供水单位的协议、方案及费用清单。排水采用非市政排水系统方式时，应取得排出口所属单位的书面意见。500千伏变电站本体及高边坡等附属设施排水应取得当地村组协议。

　　主体责任：设计单位、属地公司；管理责任：建管单位、评审单位。

　　第十六条　路径优化与杆塔定位必须到位。城镇规划区以外220千伏及以下电力线路跨越民房平均每公里不超过1栋。跨越民房应尽可能高跨，最低应按3层（屋顶上人）的高度考虑线路安全距离。为增加电力线路与地上植被安全距离，低穿高电压线路时应考虑线下改种低矮植被。塔基位置原则上应避开水塘、坟墓、名贵苗木、宅基地、成片丘陵梯田等。塔基涉及水塘时应尽可能设置在水塘边缘。塔基位置距离临近宅基地、房屋、公路的陡坎、悬崖等地形应大于30米距离。

　　主体责任：设计单位；管理责任：建管单位、评审单位。

　　第十七条　重要跨越方案必须策划到位。电力线路的跨越点尽量远离跨越档内的弧垂点，尽量避免同一条主网线路多次跨越。跨越10千伏、35千伏的电力线路时，应确保过渡电缆长度不超过200米。同一跨越档不得同时跨越高铁和电气化铁路。铁路车站范围内（以进站信号机为界）、接触网电分相及分段范围内原则上不允许电力线路跨越。若路径受限，应合理选择跨越位置，优先考虑隧道跨越点，避开高架桥、水塘、陡坡等施工不利因素，跨越物的两侧应考虑具备搭设钢管跨越架的施工场地及交通便利位置。

　　主体责任：设计单位；管理责任：建管单位、评审单位。

三、落实开工条件规定

建设部门负责工程开工条件的工作组织、全面协调，落实依法开工必要条件。属地公司负责征地拆迁、用地报批、塔基占地青赔交桩、施工环境维护等工作。施工单位负责现场调查、临时用地（林）、林木砍伐及跨越铁路、高速、河流手续办理。

第十八条　固化属地政府开工启动会议机制。输变电工程开工前，提请当地区县政府组织召开开工启动会议，相关乡镇（街道）、村组（社区）参加，介绍工程情况、线路途径地区，明确交地时间、责任人，固化区县、乡镇、村组对接联络人员，建立常态沟通协调机制，向业主项目部、施工项目部移交对接联络人。

主体责任：建管单位、属地公司。

第十九条　禁止未批先建。需征地的变电站开工前应取得农用地转用、土地征收批单，城市规划区内的变电站开工前应取得建设工程规划许可证。线路工程开工前必须取得林业部门永久、临时使用林地审核同意书。输变电工程开工前必须取得环评、水保批复。

主体责任：属地公司；管理责任：建管单位。

第二十条　机械化施工必须开展单基策划。单基策划应包含牵张场地、作业平台等临时用地，临时道路考虑道路放坡、车辆转弯等作业需要。临时占地面积在施工进场前一次性向当地政府、村组报备后，超出报备范围的临时用地由施工单位负责赔偿。丘陵、山地地形临时道路补强可采用铺碎石方式，水田、河网应采用铺路基箱等方式。机械设备进场前应开展乡村道路路径规划，落实乡村道路权属问题，对承载力不足的乡村水泥道路应考虑采取一定的补强与保护措施。

主体责任：施工单位；管理责任：建管单位。

四、责任考核

在可研审查、初步设计审查、施工图审查、工程实施、变更与签证审查，以及各类检查中发现违反以上规定的问题，由前期项目部组织分析问题产生的原因及责任单位，及时督促责任单位整改，并严格考核。

（1）设计单位责任按合同进行履约考核，纳入履约评价，严重的按照设计质量评价管理计分并纳入负面清单管理，采取终止合同、停止授标等措施。省管产业设计单位责任还纳入同业对标与企业负责人关键业绩考核。

（2）第三方服务单位责任按合同进行履约考核，严重的终止合同、停止授标。

（3）施工单位责任按合同进行履约考核，纳入履约评价。湖南送变电公司、省管产业施工单位责任纳入企业负责人业绩考核。

（4）建管单位和属地公司责任纳入同业对标和企业负责人业绩考核。

五、工作要求

（1）第三方服务单位应在可研阶段介入，深度参与可研，配合设计单位完成地籍性质、生态红线和生态敏感点等查询工作，以利于后阶段环境影响评价、地灾危险性评估、压矿评估、用地预审与选址意见书等工作开展。

（2）施工技术专业人员参与现场查勘，与设计单位共同对查勘成果把关，并签字确认，作为开展设计工作的基础资料。施工技术专业人员参与初步设计及施工图设计审查，必须提出书面意见，作为评审的必要条件。

（3）各建管单位加强宣贯培训，认真贯彻前期工作质量管理二十条硬性规定，前期项目部要督促相关单位或部门在选址选线、查勘、设计等重要环节落实，提升前期工作质量，确保无障碍施工。

国网湖南省电力有限公司深化输变电工程
前期项目部高效运转的指导意见（试行）

为加强35千伏及以上输变电工程的项目前期和工程前期管理，根据《国家电网有限公司电网项目前期工作管理办法》（国家电网企管〔2022〕578号）和《国家电网有限公司输变电工程前期管理办法》（国家电网企管〔2023〕649号），2023年公司印发了《组建输变电工程前期项目部的指导意见（试行）》，各建管单位积极推进前期项目部建设，实施一年来，前期工作效率明显提升。在调研长沙、株洲、衡阳、邵阳、永州、岳阳及建设公司前期项目部运转情况的基础上，进行深入研究，形成本指导意见。

一、现状分析

电网工程的项目前期工作，是指项目核准及以前开展的相关工作，主要包括可研、获取用地预审与选址意见书等核准支持性文件、获取核准批复等；工程前期工作，是指项目核准后至开工前的相关工作，主要包括初设、施设和开工准备等。前期项目部作为项目前期、工程前期工作的统筹与指挥平台，工程建设的"保障单元"，深度融合两个前期工作，协同相关专业、相关参建单位共同推进前期工作。进一步明确了区县公司、市州公司职能部门，以及设计单位、监理、施工技术专业咨询的职责，加强了政企对接、内部协同工作机制，还存在以下三个方面的不足。

（一）前期工作统筹意识不强

尽管建管单位已经成立了前期项目部，明确了前期项目经理及团队成员，但是团队成员间的沟通协作仍显不足，部分工作仍然沿用原有模式进行，信息交流存在滞后现象，问题协调也未能做到及时高效，统筹管理的效能无法得到充分发挥。此外，紧前环节的工作成果未能实现资源共享，而后续环节的工作跟进亦显迟缓。

（二）对接机制运转效率不高

市州供电公司积极转变观念，认真履行好"两主一机制"，促请政府成立领导小组与工作专班，建立调度协调与督察督办机制，但是区县供电公司、供电所层面的责任没有压实，没有建立常态沟通对接机制，没有分类分级协调，协调效率不高。

（三）工作质量要求落实不到位

前期工作牵涉的单位、部门比较多，主要任务是促请政府落实站址与线路廊道，形成审批成果与最优的技术方案。但是选址选线过程中，怎样选择最优的站址与廊道，怎样降低施工难度与协调难度，质量要求没有落实到位，实施过程中发生较多的变更调整，制约了后期建设的实施。

二、目标思路

（一）目标

以前期项目部为平台，充分共享资源，实现前期工作各环节高效衔接。努力实现站址、廊道落地，做实现场查勘、做优设计方案、做准工程造价、做全审批手续，建立高效的政企对接机制，协调解决工程建设的问题，实现电网建设"零"障碍推进。

（二）思路

贯彻现代建设管理体系的思路，落实项目全过程精益化管理提升"保障单元"的工作要求，将前期项目部打造成"一个平台统筹、一个标准管理、一个原则协调"团队，通过固化项目经理负责制、固化对接机制、固化工作职责界面、固化工作质量、固化联合查勘与成果把关机制、固化成果移交机制"六个固化"，开展前期工作质量评估与激励考核，推动前期项目部高效运作。

三、深化高效运转举措

（一）固化项目经理负责制

1. 压实前期项目经理责任

前期项目经理是前期工作的第一责任人，对前期工作全面负责，要加强专业知识学习，统筹协调能力培养，提高自身综合素质能力。各建管单位要根据电网建设任务规模，适当补充、调剂前期项目经理人选，原则上每名前期项目经理承担的同期开工的新建输变电工程不超过3项，长度超过15千米的单独线路工程按输变电工程0.5倍系数，其他线路与变电改扩建工程可以适当兼顾。

2. 补充前期项目部力量

前期项目部增加造价岗位，重点对可研估算、初设概算、施工图预算进行审核把关，造价人员应聚焦近几年来现场反馈多、设计变更与签证频次高各类问题，指导设计单位、评审单位做准、做足概预算，不漏列、错列、少列费用。在项目前期阶段，对于建设公司建管项目，由属地市州公司人员担任前期项目副经理；对于市州公司建管项目，由属地区县公司人员担任前期项目副经理。对于建管项目较多的市州公司，可根据实际情况委托区县公司分管负责人或者发建部门负责人担任35千伏～110千伏输变电工程、输电线路工程的前期项目经理或副经理，合理分担协调工作任务，进一步提升前期项目部的统筹协调能力。

3. 充分赋权前期项目经理

各建管单位要高度重视前期工作，深入贯彻"抢前期不抢工期""向前期工作要质量"的理念，分管领导履行好前期"大项目经理"角色，主持调度协调前期工作，推动前期项目部高效运转，参建单位要严格服从前期项目经理的调度安排，及时完成前期项目部安排布置的工作任务。充分赋予前期项目经理权利与责任，对不服从安排、不履行职责的前期项目部成员进行点评通报，严重的，协同人资部门纳入绩效考核，对第三方单位严格执行合同履约考核。

（二）固化对接机制

1. 建立协调事项分级跟踪制

根据协调事项影响范围、涉及政府协调层级等因素，将协调责任事项分为四级，制定了具体协调责任事项分级跟踪表（见附件1）。

其中，一级事项主要包括配套路由建设资金落实、选址选线难落地、大范围阻工等协调等事项，由市州公司分管领导负责跟踪协调；二级事项主要包括省、市层面行政手续协调、超标准补偿、集体性阻工等，由建设公司前期管理中心、市州公司发展部及建设部负责跟踪协调；三级事项主要包括区县层面行政手续办理、站址征地、塔基交地、配套路由建设、协议获取、35千伏及以下线路迁改等协调事项，由区县供电公司分管建设领导负责跟踪协调；四级事项主要包括乡镇、村组层面塔基占地青赔、迁坟、苗木移栽、零星阻工、低压线路停电等协调事项，由供电所（网格站）负责跟踪协调。

2. 建立分级对接机制

前期项目部负责统筹，按照"分级管理、协调联动"原则建立"一口对外"协调机制，与政府对接，提高对接效率。建设公司负责对口联系省直部门单位，市州公司对口联系市政府及市直部门单位；区县公司对口联系区县（园区）及县直部门单位；供电所（网格站）对口联系乡镇（街道）村组及相关部门单位。

供电所负责对所辖区域主网规划选址建设过程中出现的各类问题，在乡镇及村组层面开展协调工作，多次协调后，进展缓慢的，上报区县供电公司，提请区县电建办协调。涉及二级及以上协调责任事项的，上报市州公司、建设公司，由市州公司、建设公司汇报市州电建办或省直部门协调解决。涉及一级责任事项的，由市州公司汇报分管领导协调，分管领导多次协调后不能解决的，汇报市州公司主要负责人协调。

3. 建立建设环境风险一本账

总结多年来输变电工程建设环境协调经验，根据建设特点，明确了输变电工程建设环境风险分级表25项（见附件2）。按变电线路区分，其中，变电站建设环境风险6项，线路工程建设环境风险19项；按等级划分，建设环境一级风险6项、二级风险9项、三级风险10项。明确了优化站址路径、杆塔定位、合理计列费用、获取许可协议签字等风险压降与控制措施。

设计单位在初步设计评审前、施工图评审前，根据现场查勘情况，分阶段建立初步设计阶段建设、施工图设计阶段建设环境风险一本账及压降措施（见附件3），重点针对线路跨房、配套路由建设时序、站址土方及房屋拆迁、舆情风险、三跨、通道清理等难点问题，说明清楚风险点、风险问题、风险控制措施等，作为初步设计评审、施工图评审的必要条件，纳入项目前期、工程前期移交资料成果清单。

4. 建立内部协同工作机制

建管单位运检专业、调度专业、区县公司、施工专业固化参加电网建设可研、初步设计、施工图设计审查人员，运检专业负责落实设备、运维及检修规范要求；调度专业负责确认停电过渡方案与计划；区县公司负责收集属地政府意见；施工专业负责落实技术方案可实施性，提出书面意见。设计单位归集各专业建议，在评审会上达成一致，并按照要求填写前期项目部专业协同记录表（见附件4）。

(三)固化工作职责界面

1. 固化落实立项条件职责界面

(1)选址选线:前期项目部按照"三勘三会"流程组织完成选址选线工作,新建输变电工程请政府印发选址选线会议纪要。

(2)可研:前期项目部应组织内审。经研所具体负责35千伏项目可研评审和110千伏~220千伏项目可研内审,经研院负责110千伏~220千伏项目可研评审和500千伏项目可研内审。

(3)专题评估:对可研方案有重大影响的外部敏感因素,在设计单位认真查勘和分析论证的基础上,若情况复杂、行业性强、需办理政府部门审批手续的,由前期项目部组织第三方咨询服务单位在可研报审前提供初步意见;可研审定并确定项目纳入投资计划后,正式启动专题评估报告编制;在初设阶段,由前期项目部组织第三方咨询服务单位对初设方案进行复核,完成专题评估报告编制,获取相关政府部门批复。

(4)获取核准:前期项目部负责,可研批复后(新征地的项目需取得用地预审与选址意见书)上报核准,取得核准批复。

2. 固化落实建设条件职责界面

(1)查勘:前期项目部负责,运检部、变电检修公司、输电检修公司、区县公司、业主、施工、监理、设计单位参与,做好站址、路径查勘及收集现状资料。

(2)初步设计:前期项目部负责,运检部、变电检修公司、输电检修公司、区县公司、业主、施工、监理、设计单位参与内审,提出相关意见;经研院(所)评审单位负责组织外审,出具初设评审意见。

(3)施工图设计:前期项目部负责,运检部、变电检修公司、输电检修公司、区县公司、业主、施工、监理、设计单位参与内审,提出相关意见;各评审单位负责组织外审,出具施工图评审意见。

(4)服务与物资招标:前期项目部负责,物资部、项目管理中心、设计院参与。施工招标在施工图预算审定后,立即申报;变电站工程主要设备在初设评审收口后立即申报,线路工程物资在施工图评审收口后立即申报。

3. 固化落实开工条件职责界面

(1)环水保手续办理:前期项目部负责,设计院、服务单位具体办理,可研编制阶段,环水保方案编制单位提出相关意见,可研收口后,服务单位编制环水保方案,初设评审前完成内审,初设收口前服务单位向设计单位提交环保水保措施清单,施工图评审前取得环水保批复,施工图的环水保措施应与环水保批复一致。

(2)征占地协议签订:前期项目部负责,区县公司、属地政府具体实施,变电站在初设审定后,根据征地红线图与区县指挥部签订变电站征地包干协议;线路在施工图审定后,根据塔基数量与区县政府签订线路塔基占地包干协议。

(3)用地报批:前期项目部负责,区县公司、属地政府具体办理,初设收口后,设计单位提供征地图,区县公司促请政府根据征地图完成报批资料收集,组卷报至省厅后,建设公司协助办理。

(4)建设用地规划许可证:前期项目部负责,区县公司、属地政府具体办理,取得省政府农用地转用和土地征收批复后,区县公司根据建设用地规划许可证办理所需资料,至区县自然资源局办理，取得建设用地规划许可证。

（5）建设用地划拨决定书：前期项目部负责，区县公司、属地政府具体办理，取得省政府农用地转用和土地征收批复后，区县公司根据建设用地划拨决定书办理所需资料，至区县自然资源局办理，取得建设用地划拨决定书。

（6）建设工程规划许可证：城市规划区内变电站必须办理，市州公司建设部负责，区县公司、属地政府具体办理，修建性详细规划及建筑方案审定后，区县公司根据建设工程规划许可证办理所需资料，至区县自然资源局办理，工程开工前取得建设工程规划许可证。

（7）林地许可流程：前期项目部负责，服务单位、设计院具体办理，施工图评审收口后，设计院提供塔基坐标信息，服务单位负责办理，在开工前取得塔基永久占林批复。

（8）临时用地、临时用林手续办理：施工单位负责办理，变电站取得省政府农用地转用和土地征收批复后，施工单位立即开展临时用地手续办理，开工前取得临时用地审批单；线路工程取得永久占地林业手续后，施工单位立即开展临时用林手续办理，开工前取得塔基临时用地林业批复，并及时办理永久、临时用林砍伐许可证。

（9）场平交地：前期项目部负责，业主、场平施工单位、主体工程施工单位、监理单位、设计单位参与，变电站取得省政府农用地转用和土地征收批复后，由场平施工单位根据设计单位提供的场平图纸，按要求完成场平施工。场平完成后，由建管单位建设部组织业主、场平施工单位、主体工程施工单位、监理单位、设计单位开展场平检测和验收，并签订五方验收移交单（见附件5）。

（10）塔基交桩：前期项目部负责，施工单位、设计单位、区县公司、属地政府具体实施，施工单位在完成线路复测后，提交复测结果至区县公司及属地政府，由属地政府组织各乡镇召开启动会，启动塔基交桩，开工后一个月内应至少完成30%塔基交地，确保施工连续作业。

（11）配套路由：前期项目部负责，配套路由需与主体工程同时立项、同时设计、同时开工、同时投产。可研阶段，落实配套路由建设责任主体、建设时序和主要建设方案。核准批复前，配套路由需完成立项；初设收口前，配套路由需完成设计；施工图收口前，配套路由需完成施工图设计，土建与电气接口部分需完成评审；主体工程开工前，配套路由需动土开工建设。

（12）铁路高速等其他：前期项目部负责，业主、施工单位、服务单位、设计院具体办理。在可研阶段，前期项目部组织设计单位、服务单位核实跨越可行性和取费情况。项目开工后，施工单位立即启动铁路、高速等"三跨"手续办理，优先完成"三跨"段基础及组塔施工，待设计方案许可手续办理完成后，立即办理施工许可手续，优先完成"三跨"段施工。

（四）固化工作质量

1. 可研工作质量

（1）选址选线：应对站址或路径的系统位置、建设条件、工程投资开展技术经济综合比选。站址严禁涉及相关环境敏感区，站址和路径需获取政府及相关职能部门协议或书面意见，占用他人空间需获取权属单位书面意见。对于同一项目，原则上应由同一人全过程参与选址选线工作，相关单位、部门参与选址选线的人员提出的意见应代表本单位、部门意见。500千伏变电站新建项目提请市州政府召开选址选线专题会议，35千伏～220千伏变电站新建项目提请县（市、区）政府召开选址选线专题会议，落实相关职能部门、乡镇的责任分工，明确市政配套等事项，出具会议纪要。

（2）重大敏感点管控：应进行环境敏感区查询（见附件6），沿城市道路建设的线路应收集路径沿线的地下管线图或开展物探。前期项目部核查设计单位提报的可研重大问题清单，存在重大问题的，须及时履行沟通汇报工作机制。前期项目部应对涉及的重大敏感点召开中间审查会，并指导设计单位建立输电线路工程敏感点台账（见附件7）。

（3）配套路由：市州公司发展部向市、县政府汇报，促请将电网建设配套路由列入政府市政基础设施建设年度计划，并应明确配套路由建设责任单位及建设时序。线路经过规划待建道路、配套电力廊道，在可研收口前取得政府主管部门的建设时序承诺函。建设部根据初设和开工计划等，会同发展部共同推动政府主管部门加快配套路由的工程前期和工程建设，确保按时交付使用。

（4）协议：前期项目部应跟踪协议获取情况，核实可研阶段关键协议办理清单，督促设计单位分层级完成各项协议的获取工作，省级层面的由建设公司协调，市级层面的由市州公司协调，县级层面的由区县公司协调。

（5）专题评估：对于确需开展专题评估的重大敏感点，应组织第三方咨询服务单位在可研报审前提供初步意见，可研审定并确定项目纳入投资计划后正式启动专题评估报告编制。可研评审前，应取得环水保服务单位的初步意见。

2. 工程设计工作质量

（1）勘察收资：地形地貌与地质条件必须查勘到位。变电站给排水接入必须明确，路径优化与杆塔定位必须到位，重要跨越方案必须策划到位。初步设计及概算阶段，核查设计单位详细收集工程所在地房屋拆迁安置政策文件，足额计列房屋拆迁面积和价格。初设评审前，设计单位提交房屋拆迁信息统计表（见附件8）。核查设计单位收集所涉及的运输设备资料以及线路范围内矿产、输油（汽）管道、航道、机场、国防光缆、"三跨"等资料，必要时前期项目部组织开展联合查勘。

（2）设计方案：督促设计单位按设计深度及进度要求编制给水、排水、道路引接、施工电源、外接电源接入方案、机械化施工设计方案、停电过渡方案等，对需要外部单位确定方案的，组织设计单位协调对接相关单位取得相关意见与协议。完善输电线路工程敏感点台账（见附件6），禁止随意变更敏感点的路径与杆塔中心坐标，禁止大开挖修建临时道路方式机械化施工，必须编制停电过渡专篇，边坡、挡墙及进站道路原则纳入征地范围。前期项目部组织复核已取得的协议，根据需要进一步细化获取相关协议。乡镇和村组级协议由供电所协调。

（3）专题评估：组织第三方咨询服务单位对初设方案进行复核，完成专题评估报告编制，获取相关政府部门批复。初设内审前完成环水保专项方案内审，设计单位参与环水保方案编制与报告审查。

（4）工程造价：设计单位要综合考虑工程的特殊性，结合地勘报告合理计列工程造价，重点关注灌注桩、岩石基础、道路运输、低压杆迁、通信塔迁移、地下管网迁移、专题评估、房屋拆迁、坟墓迁移等费用的计列，不得漏项、错列，组织建管、设计、施工专业咨询、属地、监理、技经等专业按可研、初设、施工图三阶段开展工程造价专项审查，并会签审查意见（见附件9）。

3. 开工工作质量

（1）合规审批手续：前期项目部应根据相关法律法规及文件规定，及时完成农用地及土地征收审批、永久及临时使用林同意书、建设工程规划许可证、环评水保以及项目所涉及的专题评估批复等依法合规开工建设文件（见附件10）。

（2）变电征拆场平：前期项目部组织属地公司，协调政府相关部门按站址征地协议完成清表及房屋倒地，场平开始前组织召开场平技术交底会，明确场平质量。场平过程中，业主项目部应组织施工单位加强场平关键工序把关，重点关注边坡、挡墙质量及回填土夯实度、鱼塘或集水坑清淤换填等工作。场平完成后，前期项目部组织验收。

（3）线路塔基交地：线路施工单位现场调查完成后，应编制详细的调查报告，列出线路沿线涉及的乡镇（街道）、村组（社区）以及施工手续办理涉及的行政部门（单位），提出具体请求事项，属地区县公司对接区、县（市）电建办组织设计线路乡镇、街道召开进场启动会，完成塔基交地。

（五）固化联合查勘与成果把关机制

1. 建立查勘作业票制度

（1）规范查勘作业票执行。将查勘（含现场踏勘、地勘、测量、物探）作业参照施工作业进行管理，制定查勘作业票（见附件11），作业票由设计单位查勘负责人填报，设计项目经理审核，监理人员审批后执行，工作完成后将查勘作业票移交前期项目经理备案，以便对查勘工作的质效进行抽查。

（2）强化查勘负责人准入。公司制定参建设计单位查勘负责人年度培训计划，定期组织设计查勘负责人准入考试，动态更新并发布准入人员信息库，确保具备相应能力的人员担任查勘负责人。

（3）抓实查勘作业过程管控。设计单位查勘作业执行工作报备（后续纳入基建数智化管控平台），执行过程中，由监理人员对查勘作业进行抽查，压实查勘作业责任。监理抽查过程中，一旦发现虚假查勘作业行为，对整个单项工程查勘作业进行全面排查并通报考核。在初步设计审查前，由业主项目经理根据设计单位提交查勘作业票，对涉及线路三跨段、环境敏感区转角塔、变电重要基础（房屋建筑、主变、GIS、HGIS区域）的地勘关键点（不少于三处）进行督查，凡经查实未按要求开展地勘的，对设计单位进行通报考核。

2. 组织联合查勘启动会

（1）明确联合查勘参加人员。前期项目部项目经理组织业主、设计、施工技术咨询、技经、县区公司（分管负责人及供电所）、属地（县电建办、乡镇、村委）等人员参会；涉及变电站改扩建施工的，需运检、调控、计量、信通等专业派人参加。

（2）确保联合查勘工作质效。联合查勘启动会，由设计单位汇报工程选址选线、工程初勘情况及需协调事项，明确联合查勘的任务分工。联合查勘需重点关注变电站站址、重要交叉跨越、生态敏感区、军事管控区、防洪泄洪区、停电过渡施工等关键因素。500千伏输电线路工程需关注通道房屋拆迁情况，统计拆迁房屋工程量，摸清楚拆迁补偿标准，并与属地政府就拆迁方案初步达成一致。220千伏输电线路工程需关注跨越房屋、已开工的宅基地情况。

3. 开展关键方案专题会商

工程查勘完成后，由前期项目经理组织召开专题会议，审议变电站站址、线路交叉跨越、环境敏感区等主要技术方案查勘情况，收集专家意见和建议，由设计单位根据专家意见和建议完善设计方案，重点对优化变电站设计方案、线路杆塔定位、确定环境敏感区杆塔位置、明确重要交叉跨越设计方案、停电过渡施工方案等进行管控，统筹500千伏输电线路跨越房屋数量、面积与补偿标准，记录会商重要意见并形成会议纪要，作为项目后期评价的重要依据。

4. 落实重点成果会签

（1）杆塔定位成果。线路工程涉及转角塔、耐张塔、生态敏感区、防洪泄洪区等关键塔位成果，经设计优化后，由前期项目部组织设计、施工技术咨询、相关县区公司、属地（县电建办、乡镇、村委）进行会签（见附件12），在初步设计审查阶段提交至评审单位。

（2）线路路由成果。线路路径优化后，由前期项目经理对接协调属地区县公司对线路路由进行公示保护，同时对500千伏线路通道涉及房屋拆除情况逐户进行摸底，形成相应报告，在各属地政府进行备案，避免在开工之前抢建抢种。

（3）重要交叉跨越。对线路重要交叉跨越（含低穿高电压等级线路），由前期项目部组织设计、施工技术咨询、运维单位进行检查；涉及跨越铁路、高速公路的，由设计单位对接第三方单位取得书面意见，在可研阶段审查阶段提交评审单位。

（4）停电过渡方案。对变电站改扩建施工、线路跨越施工等涉及停电过渡的，由前期项目部组织设计、施工技术咨询、运维单位（配网、调控）、调控中心、供电服务指挥中心、配网部、运检部等单位讨论，可研阶段形成初步的停电过渡方案，初步设计审查阶段形成停电过渡专题会议纪要。

（六）固化成果移交机制

1. 核准后资料移交

项目核准后，发展专业向建设专业移交列入开工计划项目的设计、评估单位及政府相关部门联络人名单，可研评审意见及批复、项目核准批复、站址路径协议、用地预审及选址意见书等成果资料，双方进行签字确认（见附件13）。

2. 开工前资料移交

施工项目部组建完成后，工程开工前，向业主项目部开展开工资料成果移交。前期项目部负责移交项目立项手续、初设评审意见及批复、环评、水保方案及批复、专题评估报告、工程建设规划许可证、线路工程使用林地审核同意书等依法开工手续，组织审核协调难度风险一本账、三级及以上施工风险清册。技经专责组织开展施工合同交底，明确甲、乙供物资清单及施工合同工作界面。项目管理中心组织施工单位取得临时用林许可及林木采伐许可证，推动工程依法合规建设（见附件14）。

3. 开工前现场移交

新建变电站工程场平进场时，前期项目部组织区县电建办、场平施工单位在现场开展进场前技术交底，协调督促场平单位按照约定进度及工程量范围完成场平，并组织相关单位开展交地验收。业主项目部、施工、监理单位参与变电站场平交底，加强施工过程质量旁站监督。

线路工程在施工单位完成线路现场初步调查后，前期项目部组织属地公司、属地政府及时召开进场施工启动会议，督促业主项目部组织施工单位协同村组开展塔基占地权属确认，推进完善线路工程机械化施工单基策划方案，加快机械进出场道路临时用地测量及临时用林手续办理，确保工程在开工一个月内完成30%以上塔基交地，保障工程建设无障碍施工。

四、评价与激励考核

（一）开展前期工作质量评价

每季度对开工项目的前期工作质量进行评价，主要评价设计技术方案、审批成果、过程管理及其他等方面，并设置否决项，一旦发生否决项问题，直接减50分。

设计技术方案主要从站址条件、线路路径、线路查勘定位、机械化施工单基策划、造价合理性、设计质量等方面评分。审批成果主要从可研、核准、用地预审、用地批单、林业许可、工程规划许可等方面评分。过程管控主要从前期项目部履职、组织召开会议、办理手续效率等方面评分。其他主要从配套电缆通道、规划道路建设进度等方面评分（见附件15）。

（二）完善激励考核机制

1. 强化前期工作责任落实

内部专业部门、工程参建单位承担、参与前期工作时，人员要相对固定，全权代表部门或单位参加输变电工程前期工作。对于不落实责任的部门或单位，采取点评通报、约谈责任单位、合同考核等措施。

2. 建立责任追溯机制

严格设计变更与签证管理，设计变更与签证是反应前期工作质量的主要因素，非外部条件变化引起的变更与签证必须认真分析原因并严格考核。因前期工作不到位、质量不满要求引起的实施问题，必须查清问题原因与责任单位，并对责任人与责任单位进行严格考核追责。

3. 强化点评通报与同业对标考核

各级建管单位要实时掌握输变电工程前期工作情况，及时进行调度协调与点评通报，必要时下发预警督办通知。公司每季度对市州公司进行同业对标，年度作为营商环境获得电力评价建议和市州公司企业负责人关键业绩指标评价要点。市州公司要参照公司的通报与考核，建立对参建单位、区县公司、支撑机构的点评通报与考核机制。对类似问题重复发生的单位和个人考虑采取计分、红黄牌、负面清单等方式管控项目单位、人员准入。

4. 建立专项激励措施

鼓励建管单位积极争取内部设立前期工作专项奖励，对工作认真负责、前期工作质量高的进行奖励。奖励对象以前期项目部成员为主，主业员工直接奖惩到个人，供服职工、产业单位人员由建设部出具奖励建议函交由产业单位执行。积极开展前期工作年度评比，对前期项目部表现优秀的单位和个人给予表扬和表彰奖励。

附件：1. 协调责任事项分级表
   2. 建设环境风险分级表
   3. 建设环境风险一本账
   4. 前期项目部专业协同记录表
   5. 变电站场平交地验收交接记录单
   6. 输电线路工程敏感点分类表

7. 输电线路工程敏感点台账
8. 500千伏线路工程（××县）房屋拆迁信息统计表
9. 工程造价审查记录表
10. 依法合规开工核查表
11. 现场查勘作业票
12. 联合查勘成果会签单
13. 项目前期成果移交明细表
14. 工程前期成果移交明细表
15. 输变电工程前期工作质量评分标准

附件 1

协调责任事项分级表

序号	事项等级	协调事项	责任主体
1	一级	与政府签订相关战略合作协议。协调政府将项目纳入国土空间规划	市州公司分管领导
2		配套路由（含电缆通道、路基、道路等）立项，落实建设资金及建设时序	
3		选址选线落地实施难度大。 站址方面：土石方（500 千伏超过 10 万方、220 千伏超过 5 万方、110 千伏超过 2 万方）、房屋拆迁量大；涉及村集体生产安置、生活安置用地；周边舆情风险大。 选线方面：大范围跨房（平均每公里超过 1 栋或整线跨越民房超过 30 栋）；政府要求架空线路下地长度超过 200 米	
4		外部环境复杂，需采取大规模保护性施工的项目	
5	二级	站址用地手续、线路林业手续、环水保手续、专题评估协调（省级层面）	建设公司前期管理中心
6		线路工程涉及大量迁坟、跨越宅基地，占用经济林、苗圃、养殖基地及临时用地超标等问题协调	市州公司发展部、建设部
7		站址用地手续、线路林业及环水保手续进度滞后协调（市州政府层面）	
8		站址地价、线路塔基赔偿（超战略协议框架）需"一事一议"的协调	
9		选址选线：站址、廊道、配套路由等落实	
10		协议获取、专项评估、用地预审、核准批复进度滞后协调（市州政府层面）	
11	三级	500 千伏及以上项目线下房屋拆迁协调	区县供电公司
12		选址选线、协议获取、站址征地、场平交地、塔基交地、配套路由建设进度滞后协调（区县政府层面）	
13		因线路跨房、施工损坏等引起的阻工协调	
14		线路跨房、迁坟、通道砍青、施工损坏等风险前期协调（乡镇、街道）	
15		35 千伏及以下线路迁改协调，线路及用户停电协调（区县公司层面）	
16		站址用地手续、线路林业及环水保手续进度滞后协调（区县政府层面）	
17		站址用地协议及线路塔基协议签订	

续表

序号	事项等级	协调事项	责任主体
18	四级	塔基占地青赔、迁坟、苗木移栽、施工损坏、通道砍青等协调（乡镇、街道、社区、村组）	供电所（网格站）
19		施工阻工协调	
20		低压线路及用户（400伏及以下）停电协调	

附件2

建设环境风险分级表

序号	风险等级	建设环境风险事项	风险压降与控制措施
1	一级	变电站用地面积与控规面积不一致	若控规面积大于用地面积，则按控规面积计列费用；若小于用地面积应尽早调整规划
2	一级	变电站进站道路、边坡、挡土墙未纳入征地红线	道路委托政府实施，加强质量管控，边坡、挡墙尽量采用自然放坡，办理临时用地、用林手续，及时完成复垦或复绿
3	一级	农村变电站红线外30米内存在住人房屋，城区站址50米内有住宅小区	农村变电站红线外30米内住人房屋列入拆迁范围。涉及住宅小区，选址阶段启动征地社稳评估，开工前完成所有依法合规手续办理，做好保护性施工准备
4	一级	变电站、线路路径涉及需要政府配套规划道路建设	确定后，促请政府尽快完成规划道路的立项与建设，满足工程需求
5	一级	需要政府配套承担电缆通道建设	尽量优化采用架空方式，政府确定采用电缆，促请政府廊道立项与建设
6	一级	线路路径穿越、塔基位于生态敏感区	应尽量避免在敏感区内立塔，穿越禁止区以外的一般区域，应取得行政主管部门书面协议
7	二级	220千伏及以下变电站房屋拆迁超过1栋，500千伏变电站房屋拆迁超过3栋	优化站址布置，减少房屋拆迁量。调查清楚房屋拆迁量，按标准计列拆迁补偿费用
8	二级	变电站进站路占用私人修建道路	选址阶段在政府主导下与私人签订道路占用协议，按协议约定计列补偿费用
9	二级	220千伏及以下线路路径跨房平均每千米超过1栋或整线跨越民房超过30栋	优化路径，尽量少跨越房屋；优化跨房段杆塔定位，避免塔基位置距离居民房屋过近
10	二级	线路路径（电缆廊道、平台、杆塔基础、横担、架空线）占用他人空间或土地使用权	优化路径与杆塔定位，确实不能避开的，初设阶段应取得权益人签字同意，如有补偿合理计列费用
11	二级	线路路径超过3基杆塔基础下方有燃气、电缆、光缆、雨水、污水等地下管线	优化杆塔定位，遇有地下管线多的地方，收资齐全，视情况物探，初设阶段根据迁改方案合理计列迁改工程量与费用
12	二级	杆塔基础临近河道，线路跨越通航河流	杆塔定位保证满足规范距离要求，提前开展防洪通航等评估并办理审批手续；合理计列相关费用

续表

序号	风险等级	建设环境风险事项	风险压降与控制措施
13	二级	线路跨越高速铁路、电气化铁路和其他铁路	杆塔定位保证满足规范距离要求，提前开展技术与施工安全跨越手续办理；合理计列相关费用
14	二级	500千伏及以上线路拆房超过一般异地安置补偿标准	前期调查清楚房屋拆迁工程量，与政府协商达成异地安置补偿标准，计列相关费用
15	二级	500千伏及以上线路拆房涉及主、辅房只有一项达到拆除标准	优化路径，尽量少发生，坚持一个标准，拆辅不拆主，拆主必拆辅，计列补偿费用
16	三级	500千伏变电站排水采用非市政排水	初设阶段与排出口单位或村组签订协议，合理计列补偿费用
17	三级	线路与输油输气管道存在交叉、倒杆距离不足	可研估算计列安全评估及排流措施费用，初设阶段落实跨越段杆塔位置，出具安全评估报告
18	三级	线路塔基涉迁坟、占用经济林、苗圃、养殖基地、水渠、乡村道路	优化路径，尽量少占用。优化杆塔定位，避免塔基位于林木、苗圃、养殖基地中间。无法避免的，超框架协议范围的，合理计列补偿费用
19	三级	线路跨越宅基地	查勘宅基地已完工程量，合理计列宅基地补偿费用
20	三级	杆塔基础位于铁路、高速、国省道公路保护区内	优化杆塔定位，尽量选择保护区外，确不能调整的应保证倒杆距离并进行安全评估
21	三级	线路跨越高速公路	优化杆塔定位，满足倒杆距离要求；提前开展技术与施工安全跨越手续办理，合理计列相关费用
22	三级	线路距离采石场、炸药、花炮厂等危险品仓库较近	满足规范安全距离要求，开展安全评估并计列相关费用
23	三级	线路路径或者塔基位置与当地民俗文化相冲突	优化杆塔定位，尽量符合当地民俗文化
24	三级	塔基位于耕地	选择非农作物生长期施工，减少损失；合理计列补偿费用
25	三级	线路路径位于机场限高区	优化线路路径，尽量选择限高区外，确不能调整的应进行航空安全评估，根据评估结果加装航标设施并计列相关费用

附件3

建设环境风险一本账

项目名称：				
项目阶段：□初步设计阶段　□施工图设计阶段				
序号	风险位置	等级	建设环境风险事项	风险压降与控制措施
1				
2				
3				
4				
5				

附件4

前期项目部专业协同记录表

项目名称:					
项目阶段:□可研阶段　□初步设计阶段　□施工图设计阶段					
序号	部门	相关评审意见	是否按要求执行	未执行原因	签字栏
1	运检部门				
2	调度部门				
3	区县公司				
4	施工专业				
5	其他专业意见				
设计单位:(签字盖章)					

注:收口前每个部门单位意见可以提供单独签字表格。

附件5

变电站场平交地验收交接记录单

工程名称：

序号	部　　门	验收交接意见	签字盖章栏
场平压实情况：□压实：密实度＿＿＿＿％ □未压实，仅土方运出 □未压实，仅土方回填			
1	区县政府电建办		
2	前期项目部		
3	设计项目部		
4	监理项目部		
5	变电施工项目部		
6	场平施工单位		

附件6

输电线路工程敏感点分类表

序号	敏感点类别		查询部门	主管、业务部门	评估类型	行政审批部门
1	生态敏感点	湿地公园	省、市、县林业部门，第三测绘大队	省、市、县林业部门、公园管理处	生物多样性、生态影响评价	省林业局
		自然保护区	省、市、县林业部门，第三测绘大队	省、市、县林业部门、保护区管理处	生物多样性、生态影响评价	省林业局
		国家公园（全部区域禁止建设）	省、市、县自然资源部门，第三测绘大队	省、市、县自然资源部门、公园管理处	—	—
		石漠公园	省、市、县林业部门，第三测绘大队	省、市、县林业部门、公园管理处	生物多样性、生态影响评价	省林业局
		世界文化和自然遗产地	省、市、县林业部门，第三测绘大队	省、市、县林业部门、保护区管理处	生物多样性、生态影响评价	省林业局
		水产种质资源保护区	省、市、县农业农村部门，第三测绘大队	省、市、县农业农村部门、保护区管理处	生物多样性、生态影响评价	省农业农村厅
		重点保护野生动物栖息地	省、市、县林业部门，第三测绘大队	省、市、县林业部门、公园管理处	生物多样性、生态影响评价	省林业局
		风景名胜区	省、市、县林业部门，第三测绘大队	省、市、县林业部门、公园管理处	规划调整选址方案评估	省林业局、国家林草局
		地质公园（全部区域禁止建设）	省、市、县林业部门，第三测绘大队	省、市、县林业部门、公园管理处	—	—
		森林公园	省、市、县林业部门，第三测绘大队	省、市、县林业部门、公园管理处	规划调整生物多样性、生态影响评价	省林业局
		一般生态保护红线	省、市、县自然资源部门，第三测绘大队	省、市、县自然资源部门	生态保护红线内允许有限人为活动生态功能影响评估	省人民政府

续表

序号	敏感点类别		查询部门	主管、业务部门	评估类型	行政审批部门
1	生态敏感点	长株潭城市绿心	长株潭一体化办公室	省、市、县生态环境部门	绿心准入审批	省发改委
		饮用水源保护区	市、县生态环境部门	市、县生态环境部门	—	市、县生态环境局
		保护山体水体	市、县自然资源部门	市、县自然资源部门	山体、水体保护规划论证	市政府、市人大委员会
		天然林（公益林）	省、市、县林业部门	省、市、县林业部门	—	省林业局
2	永久基本农田		市、县自然资源部门、第三测绘大队	市、县自然资源部门	不可避让论证	—
3	压覆矿产资源		市、县自然资源部门、第三测绘大队	市、县自然资源部门	压覆矿产资源影响评估	—
4	规划敏感点	城乡规划	市、县自然资源部门	市、县自然资源部门	规划调整	市、县自然资源部门
		文物保护用地	市、县文旅部门	市、县文旅部门	文物调查及影响评估	省文物局
		路径涉及规划道路	市、县自然资源、交通部门	市、县自然资源、交通部门、政府承诺函	—	—
		由地方政府或其他投资主体出资建设的电缆隧道	市、县自然资源部门	市、县自然资源部门、政府承诺函	—	—
5	灾害敏感点	河流、水库、蓄滞洪区	市、县水利部门	市、县水利部门	防洪影响评价	长江委、省、市水利部门
		滑坡、泥石流、大型溶洞、矿产采空区等	现场查勘	—	—	—
6	建设环境敏感点	涉及通航的河流	市、县自然资源部门	市、县自然资源部门、政府承诺函	航道通航条件影响评价	省交通厅

续表

序号	敏感点类别	敏感点类型	查询部门	主管、业务部门	评估类型	行政审批部门
6	建设环境敏感点	机场、雷达站、导航台、定向台	市、县自然资源部门	市、县自然资源部门、机场管理处	民航净空障碍物安全评估	民航监管局中南局、湖南局
		危爆品仓库	县应急管理、公安部门	县应急管理、公安部门	危爆品仓库安全评估	县应急管理局
		油气管道	市发改部门	市发改部门、业主单位	油气管道影响评估	市发改局
		风电场、光伏场	市、县自然资源部门	—	—	—
		线路路径（含电缆廊道、平台、杆塔基础、横担）占用国有、民营、私人等企业使用权地块或空间（包括滑翔伞基地等）	现场查勘	业主单位	—	—
		民房等建筑物	现场查勘	—	—	—
		高速公路、省道、国道保护红线退让区	高速公路管理部门、市、县路政管理部门	市、县路政管理部门	—	—
		高铁、电气化铁路等	现场查勘	—	—	—
		钻越、跨越电力线路	现场查勘	—	—	—
		地震台、地磁台	市、县应急管理部门	市、县应急管理部门	—	—
		军事设施、敏感区	市、县人武部门	市、县人武部门	—	—
		密集通道踏查	现场查勘	—	—	—
		已建道路地下管线	市、县城管部门	—	—	—
7	其他敏感点					

附件7

输电线路工程敏感点台账

工程名称：××线路工程

序号	所涉敏感点名称、区域及等级	与线路相对关系	涉及区段	所在行政区（市/区、县）	主管单位及协议内容	可研/初设阶段采取措施	专题评估及批复进展（前期项目经理填写）
	示例：××湿地公园；恢复重建区；省级	示例：塔基占地，2基	示例：P××－P××	示例：××市×××县	示例：已取得××县林业局和××湿地公园管理处书面同意意见	示例：区域内落塔2基，建管单位已委托评估单位对路径方案预评估	示例：待可研方案确定后开展评估工作
	××湿地公园；合理利用区；省级	穿越不立塔	P××－P××	××市××县	暂未取得××县林业局和××湿地公园管理处意见	穿越不立塔，建管单位已委托评估单位对路径方案预评估	待可研方案确定后开展评估工作
	……	……	……	……	……	……	……
1							
2							
3							
4							
5							
6							
7							
8							

附件8

500千伏线路工程（××县）房屋拆迁信息统计表

序号	杆塔号	域政行区	政府登记姓名	砖混房屋面积	距边线水平距离	砖混结构房屋照片	砖木房屋面积	砖木结构房屋照片	偏杂屋面积	距边线水平距离	偏杂屋照片	备注

备注：
1. 此表只统计与边导线水平距离5米之内必须拆迁的房屋。
2. 一个县（市、区）的房屋拆迁信息统计表单独形成一个文档。
3. 房屋所在地行政区域细化到行政村，表中图片大小尺寸要统一。
4. 一户拆迁户的房屋有一栋主房、多栋偏杂房共用一个序号，多栋偏杂房需粘贴每一栋图片。

附件9

工程造价审查记录表

编号：

工程名称		建设管理单位	
设计单位		联系人及联系方式	
项目阶段	□可研阶段　　□初步设计阶段　　□施工图设计阶段			
工程概况及工程造价简述			

序号	审查意见	依据	反馈意见
1			
2			
3			
4			
5			
6			
7			

审查人员（签字）	
备注	

注：可研评审、初步设计评审、施工图评审中未达成一致的，由前期项目部填报造价评审记录，报公司建设部协调。

附件 10

依法合规开工核查表

项目名称：		
填报人及联系方式：		
审核人（前期项目部经理、项目副经理）：		日期： 年 月 日

序号	核查内容	具体情况（设计单位填写）	核查结果
1	地质灾害危险性评估（地灾评估）		
2	压覆矿产资源评估（压矿）		
3	绿心准入		
4	站址、路径协议		
5	建设项目用地预审及选址意见书		
6	可研批复		
7	核准文件		
8	初设批复文件		
9	生态专题评估批复		
10	生态保护红线准入批复		
11	洪水影响评价（防洪评估）		
12	通航条件影响评价（通航评估）		
13	航空评估		
14	文物评估		
15	保护山体水体调规		
16	社会稳定风险评估（社稳）		
17	环境影响评价（环评）		
18	水土保持（水保）		
19	林业手续（永久）		
20	林业手续（临时）		
21	"两跨"路径协议		
22	石油、天然气管道、炸药库、花炮厂、化工厂设施影响安全评估		
23	其他		

附件 11

现场查勘作业票

工程名称：　　　　　　　　　　　　　　　　　　　　编号：XC 天然气 BD-001

查勘单位	×××设计院	查勘负责人	张三
地勘分包单位	×××（如有）	类别	☐现场踏勘 ☐地勘 ☐测量 ☐物探
开始日期	202×年×月×日	结束日期	202×年×月×日
查勘部位	☐变电站 ☐线路 p7-p17	作业人数	×人
工作内容			

查勘必备条件	确认
1. 查勘负责人参加省公司准入考试并备案	☐
2. 现场作业工机具满足施工需求	☐
3. 个人安全防护用品经检验合格	☐
填报人 （查勘负责人）		日期	202×年×月×日
审核人 （设计项目经理）		日期	202×年×月×日
审批人 （监理人员）		日期	202×年×月×日
备 注			

备注：
1. 本票适用于工程前期现场踏勘、地勘、测量、物探等，工作完成后移交业主项目经理备查。
2. 连续查勘作业可以使用一张作业票，间断后必须重新办理查勘作业票。

附件12

联合查勘成果会签单

编号：

工程名称			建设管理单位	
设计单位			联系人及电话	
成果类别	□杆塔定位　　□线路路由　　□交叉跨越 □停电过渡　　□其　他			
主要成果内容概述				
相关附件				
会 签 意 见 栏				
设计单位意见	设计项目经理		日期：	
	分管领导		日期：	
区县公司意见	运检部门		日期：	
	分管领导		日期：	
政府部门意见	区县电建办		日期：	
	乡镇负责人		日期：	
前期项目部意见	施工技术咨询		日期：	
	项目经理		日期：	
建管单位专业部门意见	调控中心		日期：	
	供指中心		日期：	
	配网部		日期：	
	运检部		日期：	
备　注				

备注：会签单适用于重点查勘成果，涉及相关单位参与人员签字，在初步设计审查前提交。

附件 13

项目前期成果移交明细表

序号	重点交接内容	支撑性材料	文号/成果名称	原件数量	备注
1	可研报告及批复	可研报告（含估算）			
		可研评审意见			
		可研批复文件			
2	支持性要件	用地预审与选址意见书			
		核准批复			
		按照国家规定需要取得的其他支持性文件			
3	合同	可研设计委托合同			
		用地预审相关委托合同			
		其他合同			
4	支持性协议或专题评估初步意见	支持性协议	1. ×××协议 2. ×××协议 3. ×××协议		
		专题评估初步意见	1. ×××评估意见 2. ×××评估意见 3. ×××评估意见		
移交人：（签字）			接收人：（签字）		
移交日期：			接收日期：		

附件 14

工程前期成果移交明细表

序号	重点交接内容	支撑性材料	文号/成果名称	原件（复印件）数量	备注
1	可研	可行性研究报告			
		可研评审意见			
		可研批复文件			
2	初设	初步设计文件图纸			
		初设评审意见			
		初设批复文件			
3	支持性要件	选址与用地预审意见			
		农用地转用、土地征收批单			
		工程建设规划许可证			
		线路工程使用林地审核同意书			
		环境影响评价报告及批复文件			
		水土保持方案及批复文件			
		核准批复			
		线路路径协议			
		按照国家规定需要取得的其他支持性文件			
4	施工合同管理	甲供物资清册			
		招标工程量清单			
		施工合同			
5	通过协议或专项评估报告	通过协议	1. ××通过协议 2. ××通过协议		
		专项评估报告	1. ××评估报告 2. ××评估报告		

移交人：（签字）　　　　　　　　　　接收人：
移交单位：（盖章）　　　　　　　　　接受单位：（盖章）
移交日期：　　　　　　　　　　　　　接受日期：

附件 15

输变电工程前期工作质量评分标准

序号	前期要素	评价内容	减分
1	否决项	变电站 (1) 站址（含边坡、挡墙、进站路）全部或部分占用：基本农田，环境敏感区。 (2) 站址土地存在权属争议或其他重大遗留问题	减 50
		线路 (1) 线路路径和塔基穿越环境敏感区的禁止建设区域。 (2) 涉及政府出资建设配套路由（管廊、排管、规划道路），未立项	减 50
2	技术方案 (30)	(1) 站址满足基本条件，不满足减 10 分/项	
		(2) 线路路径和塔基应尽量避免穿越环境敏感区，穿越敏感区未取得行政部门协议或意见，减 5 分/项；线路路径、塔基获取沿线单位、部门协议不完整，减 5 分/项	
		(3) 线路查勘不到位，线路机械化施工单基策划方案不完整，减 5 分	
		(4) 造价漏列、少列、错列，超过 3 万元费用，在初设评审、施工图审查时发现减 5 分/项	
		(5) 可研、初步设计、施工图及时完成，质量达标，延迟 1 个月减 3 分/项，质量不合格被评审挡出，减 5 分	
3	审批手续 (30)	(1) 及时完成政府组织选址工作专题会，获取站址路径协议，延迟 1 月减 2 分/项；及时完成防洪、生物多样性等专项评估，环境敏感区准入手续，未取得减 5 分/项	
		(2) 及时取得可研批复、用地预审、核准批复，延迟 1 月减 5 分/项，未取得减 10 分	
		(3) 及时签订变电站用地协议，取得用地批单，完成工规证办理，延迟 1 月减 5 分/项，未取得减 10 分	
		(4) 及时完成线路永久、临时占林审核同意，延迟 1 月减 5 分/项，未取得减 10 分	
4	过程管理 (30)	(1) 提请政府组织召开选址选线工作专题会，并对存在问题进行协调统一，未完成或未协调好的减 10 分/项	
		(2) 变电站给、排水取得相关协议，未完成减 5 分/项	
		(3) 占用他人空间未取得协议、沿道路建设地下管线不清楚情况，减 5 分/项	
		(4) 及时组织召开联合查勘启动会、成果审定会、线路开工启动会，未开减 5 分/项	
		(5) 及时完成变电站清表或场平（委托政府场平的项目），延迟 1 月减 5 分/项	
5	其他 (10)	1. 配套电缆通道工程未开工建设减 10 分	
		2. 变电站、线路需求规划道路，未启动减 10 分，进度不满足要求减 5 分	

国网湖南电力建设部关于强化市州供电公司电网建设"两主一机制"的通知

为进一步加强电网建设统筹协调，落实项目管理职责，强化专业管理穿透力，按照辖区调度、就近协调的原则，提升调度协调效率，现就各市州供电公司履行好"两主一机制"（电网建设主人单位、主体责任，统一调度协调机制）通知如下。

1. 提高认识，做好主人，扛起主责

电网建设是市州公司打造坚强智能电网的基础，服务于各市州公司生产营销等业务，各市州公司要将各电压等级电网建设当作自己的事，作为35千伏～500千伏、特高压电网建设主人单位，履行好电网建设主体责任。

2. 强化调度，统筹协调，建好机制

各市州公司要建立电网项目统一调度协调机制，将市州域内35千伏及以上电网建设纳入统筹调度协调范围，包括外部环境要素保障与内部专业工作协同、项目各参建方协调。调度会议要求市州公司发展、运检、调度、物资、供指、安监等专业部门及相关区县公司参加。

3. 严肃纪律，严格考核，提升效率

对于省建设公司建设管理的220千伏～500千伏输变电工程，以及特高压工程，全部纳入市州公司"两主一机制"范畴，市州公司与省建设公司对工程进度承担同等责任，特别是加强前期工作统筹，并纳入同业对标与企业负责人业绩考核。省建设公司、设计单位、施工单位、监理单位等作为参建单位，参加市州公司调度协调会议，省经研院作为支撑单位根据需要参加会议，参建单位严格服从市州公司统一调度协调。

4. 高度重视，加强组织，做好保障

各市州公司要强化发展、运维、调度、物资、供指、安监等内部专业协同，"只设路标、不设路障"，强化"一口对外"机制建设，认真履行好"两主一机制"各项要求，做好电网建设的全要素保障，高质量推进公司电网建设。

附件：电网建设"两主一机制"工作界面

附件

电网建设"两主一机制"工作界面

为进一步理顺电网建设环境要素保障机制，明确各方职责，公司组织梳理了"两主一机制"工作界面，通知如下。

一、建设公司

负责建管项目的要素保障归口管理，履行项目管理工作的统筹职能。

（1）负责组建前期项目部和业主项目部，统筹协调项目前期、工程前期及建设过程中属地管理各项工作。

（2）负责建设场地征（占）用与通道清理的管理工作，根据施工图及概算编制属地化费用预算，受托下达项目属地化管理工作委托书。

（3）负责省级及以上政府和部门层面的行政审批、专项评估等各项业务办理。

（4）负责组织属地、设计、施工单位和工程所在乡镇、村组对机械化施工进场道路进行现场勘察和选定。

（5）负责组织施工、设计单位参加属地公司、地方政府的专题协调会，服从属地公司统一调度。

（6）负责组织内部专业部室，以及施工、设计单位配合属地公司开展协调工作，如临时用地面积及青苗数量（超框架部分）、机械化施工道路损坏、迁坟的数量、通道林木种类及数量、房屋拆迁面积、结构及人口状况等。

（7）负责审核房屋拆迁、厂矿封闭、杆线迁移、地下管线迁改、线路拆旧、道损赔付等补偿费用，服从市州公司协调成果。

二、市州公司

市州公司是工程项目建设环境要素保障的主体责任单位，履行属地范围内项目建设协调及外部环境保障主体职责，对下属区县公司、供电所主电网建设环境要素保障工作进行日常管控和监督。

（1）负责安排专人参与前期项目部，配合开展项目选址选线、行政审批、专项评估、进场道路勘察选定等各项工作。

（2）负责提请市、县级政府成立电网建设工作专班，定期组织召开项目专题协调会议，协调解决工程建设中的外部矛盾。

（3）负责落实公司与各市州政府签订的战略合作协议，对于超协议范围的主要矛盾，如机械化施工道路损坏补偿、房屋集中安置等问题，促请地市政府及时完善各类补偿标准。

（4）负责工程建设过程中的永久占地、临时用地（合作协议涵盖）、迁坟、青苗、宅基地置换、房屋拆迁安置、厂矿封闭、杆线迁移、地下管线迁改、成片经济林、养殖基地等工作的协调及补偿。

（5）负责配合施工单位与乡镇、村组协调临时用地及青苗（超框架部分）、机械化施工道损等费用补偿。

（6）负责促请市、县级政府做好变电站站址、线路通道走廊的保护工作，及时发现并促请政府制止抢栽抢建行为。

(7) 负责35千伏及以下线路杆迁和主网跨越线路停电协调，满足工程建设需求。

三、施工单位

施工单位是项目属地协调管理的重要责任单位，履行项目现场、施工队伍、作业人员的行为管控职责，维护良好的外部建设环境。

（1）负责前期工作的施工技术专业咨询，参与查勘、优化线路路径、杆塔定位、跨越施工方案等关键工作。

（2）负责开展线路路径调查，确定线路永久占地、施工青苗及临时用地的行政区划、土地权属、用地范围，并将线路塔基中心桩及时移交给属地公司。

（3）负责办理线路永久及临时用地林木砍伐许可证，办理占道占绿和负责线路通道树木砍伐。

（4）深度参与属地协调，严格服从市州公司统一调度协调，参与政府组织的现场调查（含塔基交地、房屋拆迁、迁坟等），服从属地公司协调成果。

（5）负责收集工程现场存在的建设环境保障问题，参加市州公司月调度会，及时向属地单位汇报，并配合开展协调工作。

（6）负责对接乡镇政府、村组委员会等，负责一般性问题协调。

（7）负责管控好施工队伍、作业人员的日常行为，严格落实机械化施工道路修筑、修复及施工装备应用管理的相关要求，杜绝因自身行为引起的矛盾纠纷。

（8）负责临时用地及青苗（超范围部分、野蛮施工）、机械化施工道损等费用补偿，服从属地公司统一调度，按要求及时支付合理补偿费用。

（9）负责严格约束分包单位，严禁分包单位直接负责地方协调工作，严禁分包单位人员口头或书面承诺补偿。

四、工作要求

（1）市州公司应严格贯彻落实框架协议，履行好"两主一机制"工作职责，做好电网建设环境要素保障。若发生超标准、超预算或者特殊费用情况，应先完成审批流程再签协议。

（2）建管、设计、施工、监理等参建单位应积极配合市州公司开展电网建设环境要素保障工作，严格服从市州公司统一调度协调。

（3）施工单位应严格遵守统一调度协调纪律，严禁对村民、村组、乡镇等做出违反调度协调结果补偿标准的口头承诺。

（4）市州公司应配合建设公司，及时完成属地费用支付与结算，在竣工后30天内上报属地费用专项结算，满足工程结算进度要求。

国网湖南省电力有限公司关于印发输变电
工程设计能力提升两年行动方案的通知

为深入贯彻落实国网公司和公司建设物资环保专业工作会议精神，统筹推进输变电工程设计管理，全面提升公司电网设计质量和技术水平，特制定设计能力提升两年行动方案，请各单位抓好落实，有关要求通知如下。

一、总体要求

以习近平新时代中国特色社会主义思想为指导，围绕国网基建"六精四化"三年行动各项任务，锚定公司现代建设管理体系建设总体目标，以建设数字化智能化电网为方向和路径，着力夯实基建设计管理基础，推动实现技术创新突破，深化设计履约评价及成果应用，推动设计队伍能力提升，加快构建新型电力系统，助力实现"双碳"目标。

二、工作目标

通过设计能力提升两年行动，重点在关键环节管控、队伍建设、技术创新、履约评价等四个方面21项举措抓管控，强化"四类表"① 抓评价，打造一批设计水平高、服务质量优、创新能力强的设计队伍。

（一）2024年，能力提升年

通过强基固本，全面提升设计能力，设计质量管理实现"三不、两降、建四库、一突破"。即：不发生设计原因引起的六级及以上安全质量事件，不发生国标强制性条文未执行问题，规模以上工程不发生设计原因引起的重大设计变更；设计原因引起的变更较上年下降20%，全口径设计变更较上年下降15%；建立省公司级设计优化案例库、设计创新成果库、设计技术专家库、水文气象数据库；公司输变电工程设计在电力行业"四优"评选中获奖取得新突破。

（二）2025年，成果巩固年

巩固设计质量管理成果，设计质量管理实现"三不、两降、优四库、一领先"。即：持续保持"三个不发生"；设计原因引起的设计变更同比下降15%，全口径设计变更同比下降10%；动态更新省公司级设计优化案例库、设计创新成果库、设计技术专家库和水文气象数据库；公司输变电工程设计在电力行业"四优"评选中获奖领先。省内设计承包商履约评价A级数量达到60%，设计承包商履约评价结果全面应用于研设一体化设计招标。

---

① "四类表"指单工程设计履约评价表、设计承包商履约能力评价表、输变电工程设计评审单位履约评价打分表、建设管理单位设计能力提升管理成效评价表。

三、强化关键环节管控

（一）加强前期工作管控

1. 提高前期工作质量

各单位要全面落实公司现代建设管理体系建设有关要求，将前期工作质量"二十条"硬性规定作为硬约束，从选址选线、可研、设计各阶段落实工程立项、建设、开工"三个条件"。设计单位要严格遵循规程规范、强条（强制性条文）和设计深度规定，做到现场勘查到位、关键协议到位、内外部沟通到位，在设计源头实现"三个降低"（降低施工安全风险、降低施工技术难度、降低属地协调难度）。

2. 深化前期项目部运转

前期项目经理要切实发挥统筹引领作用，建立健全定期调度、专项协调机制，邀请施工技术专家参与项目可研及设计工作，深化设计源头风险压降、停电过渡方案、杆塔现场定位、机械化施工、环保水保等方案优化，最大限度减少建设实施阶段设计变更。

（二）做实设计策划文件

建设管理单位应在可研批复文件下达后、工程初步设计前，组织设计单位开展设计策划，落实《建设管理纲要》，明确前期进度计划、设计优化重点和创优目标等要求，提出需进行沟通汇报的技术问题。

1. 务实开展设计策划

要以"安全可靠、绿色低碳、先进适用、经济合理"为目标，提出通用设计、通用设备等标准化设计成果及新技术成果应用计划；要以"解决工程问题、提升电网技术水平"为目标，提出设计优化重点和关键点位、关键区段等设计深度要求；要以"消除电网薄弱环节，提高抵御自然灾害能力"为目标，结合工程环境条件、地质条件等提出差异化设计重点。

2. 分级分类管理

按照"重点工程（220千伏规模以上工程、各级试点示范工程、创优工程）单独策划、常规工程整体策划"原则，将设计策划纳入初步设计评审前置条件，评审单位在评审环节予以落实。由经研院牵头制定设计策划模板，按照工程类型分别形成"重点工程设计策划大纲"和"常规工程设计策划一览表"，公司建设部每年年底组织对各单位重点工程设计策划进行专题审查。

（三）强化设计内审和施工图会审

1. 强化专业管理协同

建设管理单位应组织发展、运维、调度、通信等相关专业部门和施工技术专家参与可研、初步设计及施工图评审，严格执行评审签到机制和批复会签流程，充分征求各方意见并达成一致；强化评审环节专业协同，重点把控站址路径协议、重要跨越、停电过渡、设备（通道）利旧（拆除）等重大技术方案，确保方案"一贯到底"。

2. 提高设计内审质量

坚持先内审后申报外审计划，省市经研院（所）要按照职责分工，分别做好规模以上、规模以下工程可研和初步设计内审把关，提前统一各专业意见，重点核查是否存在预审

"挡出项",审核技术方案的可行性和费用计列的合理性。建管单位要着力提升前期项目部经理的技术把控能力,统筹内部资源做好技术支撑,抓好可研和设计阶段重要环节、重要敏感点的技术方案过程把关。对于初步设计审定概算较送审概算审减率超过10%的,内审单位应组织开展专题分析,有关分析报告报建设部备案。针对特殊地质变电工程,探索在初步设计评审前进行试桩,提高设计方案的合理性。

3. 强化施工图会检及设计交底

项目管理部(业主项目部)要严格按照项目部标准化管理手册组织开展施工图会审及设计交底,对施工单位现场调查和复测过程中发现的各类问题,及时协调解决。设计交底应重点关注重要跨越、停电方案、停电范围等内容,交底三级及以上施工风险清单,提出重大施工风险技术管控措施。

(四)构建勘察全过程数字化管控体系

1. 开发过程管控平台

针对勘察作业全过程各环节特点,力争利用两年时间,2025年前完成管控平台开发,将平台融合到空间信息电力应用平台或e基建2.0平台,实现数字化管控有"器"可用。

2. 加快勘察数字信息化

积极应用4G/5G通信,通过数字信息化手段,按照管控规则,将勘察作业全过程信息、数据与管控平台双向互联传输、存储、查阅,实现"实时、实地、实人"管控。

3. 深化勘察过程管控

省经研院要加快岩土勘察专业能力建设,支撑开展勘察作业监督指导、勘察报告专项评审、勘察质量统计分析等工作,补齐勘察专业管理短板,为高质量设计奠定坚实基础。

(五)探索建立水文气象基础数据库

1. 梳理水文气象基础数据

规范数据收集及处理原则,全面梳理水文气象专业所需基础数据,特别是历年来电网遭受的雨雪冰冻灾损情况,厘清数据来源、数据作用、数据价值。

2. 以专题地图形式建立数据库

由省经研院牵头,2025年完成数据库建立。以防灾减灾相关数据库为基础,将全省气象站、水文站历史数据、基建工程及电网设备运维水文气象数据,按不同类型分层统一汇集到数据库,定期迭代更新。

3. 深化基础数据库成果应用

在选址选线、气象条件专题论证、设计评审等环节深化数据应用,提高水文气象专业设计质量,支撑开展两微地区(微地形、微气象)差异化设计,不断提升电网防灾抗灾能力。

(六)严格设计评审技术把关

1. 加强设计评审把关

评审单位要坚持"规范化、标准化、专业化"管理要求,强化责任落实,严格初步设计、施工图设计评审质量把关。重点关注技术标准(尤其是强制性条文)执行情况、勘察质量和深度、专业之间的协调性、设计文件的正确性和完整性、设计常见病防治情况等。必要时,应结合工程情况开展重点技术专项审查,确保设计方案安全可行。

2. 勘察报告评审前置

试点将输变电工程勘察报告评审前置,每月下旬,由评审单位对次月计划评审项目的勘察报告进行初审,初审合格方可纳入月度评审安排,否则记录问题跟踪整改,并纳入工程设计质量管控。

3. 规范评审闭环管理

评审过程中,应及时在平台全面记录发现的设计质量问题,并经建设管理单位、评审单位、设计单位三方确认。评审会议后5个工作日内,建设管理单位应组织设计单位对问题逐项整改,并在平台中上传整改问题回复,评审单位逐项确认整改情况,确保评审问题闭环。评审记录单应及时归档、随时备查。

4. 建立对评审单位履约评价机制

每季度,各建设管理单位对初步设计及施工图评审单位进行履约评价打分(详见附件1),对评审单位人员配置、评审质效以及服务质量进行客观评价,对评审过程提出设计优化建议的进行加分,推动提升评审工作质效。建立评审质量追溯机制,对各级监督检查发现严重设计质量问题、设计原因引起的重大设计变更等,经认定存在评审履职不到位的,将追溯评审单位责任,每次考核评审合同金额的10%,视情况动态调整评审任务。

(七)严格履行沟通汇报机制

1. 强化关键环节设计质量管控

初步设计阶段设计方案较可研发生较大变化、特殊情况未采用通用设计或通用设备、试点示范工程发生变化等,建管单位应在评审前7个工作日履行沟通汇报程序,经批准后方可实施。沟通汇报内容应包括工程基本情况、设计方案、技术现状、必要的专题报告、方案变化原因等。施工图设计应全面落实初步设计批复意见,如改变原批复设计原则,建管单位应及时向公司建设部进行沟通汇报。公司建设部将滚动修订需要沟通汇报的事项清单。

2. 大力推行施工图"两审合一"

对于特殊、紧急工程无法开展"两审合一"的,建管单位应履行沟通汇报,经公司建设部审批同意后可分阶段评审。设计单位要切实提高施工图深度,坚决遏制重大量差变更。2024年起,对于非"两审合一"项目,施工图质量评审的同时,应同步开展全口径预算评审。

3. 严格重大设计变更技术把关

对超过50万元的重大设计变更,在变更审批流转前,应提交原施工图评审单位评审,并出具书面意见。

(八)认真开展设计总结回访

1. 认真开展设计总结

建设管理单位应在工程竣工后一个月内组织完成设计总结工作,系统总结设计策划及目标落实情况、工程设计创新亮点、基建新技术应用成效等,针对风险压降、专业协同、设备配合、技术标准执行等存在的问题提出改进完善建议。

2. 务实开展设计回访

建设管理单位应在工程竣工后质保期内组织开展设计回访,每半年集中组织一次,充分了解设备运行情况,听取运行单位的建议,为设计策划、设计优化提供支撑,不断提升设备运行的可靠性和检修便利性。

3. 加强信息反馈

每年6月底和12月底，各建设管理单位将设计总结、设计回访情况，特别是设计优化建议进行整理汇总，报送至公司建设部。公司将设计总结回访情况纳入设计质量管理监督检查范围。公司建设部将动态与设备部、调控中心等专业部门进行沟通交流，听取设计优化建议，协调生产基建差异化条款，并统一执行意见。

（九）常态开展设计质量监督检查

坚持问题导向，严格落实总部设计质量管理要求，每年常态化开展设计质量监督检查。每年第三季度，启动省公司层面勘察设计质量监督检查，年内实现所有建设管理单位、设计单位全覆盖。常态化监督检查工程设计质量情况，设计单位对强条、反措、通用设计与通用设备、前期批复文件等执行情况，对机械化施工、风险压降等要求落实情况，检查评审单位技术把关、建设管理单位设计管理责任落实情况等；对检查发现的问题，分析问题原因，厘清责任，明确整改要求。被检查单位要针对性地制定切实有效的整改计划及后续管理改进措施，一个月内形成正式整改报告。检查情况将纳入各单位同业对标和设计承包商履约评价。

四、全面加强设计与评审队伍建设

（一）分级统筹设计技术培训

按照分级分类原则，大力开展技术培训交流，提升评审与设计人员的专业水平及综合能力。

（1）省公司层面每年组织变电设计、线路设计、评审技术培训分别不少于2期，针对系统内设计管理专责、评审项目经理及专家、设计单位分管负责人及室主任，重点宣贯最新制度、管理要求、技术标准、创新成果、物资报送、新技术应用等。

（2）大力开展技术标准宣贯培训，由省经研院组织，可灵活采用线上线下模式，面向系统内外设计骨干、市州经研所评审人员，分专业解读最新技术标准（含强制性条文）。结合试点示范工程进展，不定期开展现场观摩、技术交流活动，及时分享优秀工程设计成果，解决设计过程中的难点、痛点。

（3）依托省经研院及其产业单位，面向系统内单位打造设计技术人员培养基地，开展分批次设计跟班培训机制，结合工程设计实践，系统学习设计基本流程、专业设计要点，传授工程设计经验。延伸开展送培上门服务，应用设计管理大数据，分析各单位设计能力提升薄弱环节，定制化提供送培上门服务，补齐专业短板。

（二）搭建设计专业"知乎"平台

深化技术专业交流，依托省经研院搭建省内设计专业"知乎"平台。采用微信群＋公众号共建方式，纳入所有参建设计单位专业技术负责人、设计骨干等，分专业在平台内开展工程设计经验交流、疑难杂症咨询、标准宣贯等，营造技术专业相互学习、共解难题、充分交流的良好氛围，持续提升设计人员的业务能力和专业水平。

（三）扎实开展设计普考和评审调考

设立设计与评审专业门槛，确保整体技术水平。

(1) 建立设计普考准入制。按照"实际、适用、实效"原则,公司将结合近年来国家、行业、国网公司发布的规程规范、技术标准、管理规定等,原则上每两年开展一次设计人员普考,在省内参与主网工程设计业务的设计单位设总和专业主设人均必须通过考试,对于考试(允许补考一次)不达标的,不得参与省内主网工程设计。

(2) 做好设计评审人员专业技术调考。通过开展专业培训、实操练兵、以考促学,激发设计评审人员的学习积极性和创造性,提升评审人员技术把关能力,保障工程设计质量。

(四)常态化开展评审观摩

抓住评审队伍关键少数,依托省经研院常态化开展项目评审观摩,不断提升市州经研所评审把关能力。省经研院要结合技术发展和管理要求迭代更新,选取典型项目开展项目评审公开观摩,有序组织市州经研所现场参与评审观摩,每年覆盖所有市州经研所,针对各专业设计典型问题进行深入剖析,对市州经研所存在的问题进行分析答疑。建立省经研院对市州经研所技术培训、业务指导、评审督导常态化机制,持续提高市州经研所设计评审水平。

(五)常态开展设计劳动竞赛

每年第四季度,组织开展输变电工程设计劳动竞赛,检验现代建设管理体系建设设计成效。通过设计成果汇报、现场答辩进行综合评比,邀请行业内权威专家择优评选优秀设计,形成设计亮点成果汇编。围绕数字化智能化电网建设目标,开展线路工程专题设计竞赛,挖掘一批设计创新亮点,分级分类开展新技术研究和成果推广,达到以赛促培、锤炼设计队伍的目的。综合近年来工程设计质量、竞赛调考、设计评优,遴选一批优秀设计人员,滚动更新全省设计技术专家库。

五、深入开展技术管理与设计创新

(一)完善设计技术管理体系

结合国网公司技术管理新要求和省公司实际,对技术管理文件进行迭代更新。2024年第二季度,完成输变电工程设计以及设备和施工补充技术规定(2024版)修订,每两年滚动修订一次,推进工程建设质量提升;第三季度,完成输电线路工程机械化施工设计指导意见(2024版)修编,全面总结近两年机械化施工在设计、装备、工法创新成果的应用经验和不足,持续优化设计标准与计价原则。每年第四季度,滚动更新输变电工程设计常见病清册和典型案例分析,充分总结每季度设计质量点评通报问题、各级设计质量监督检查成果,指导设计及评审人员防范质量问题。

(二)推进设计优化深化

推动设计单位根据工程特点主动开展方案优化,针对性地解决工程实际问题。评审单位在评审过程中要主动发现设计优化案例,每年第四季度,省经研院根据优化成效和成果建立省公司级设计优化典型案例库。针对设计优化情况,工程设计质量评价中进行激励加分;对于成果纳入国网公司设计优化典型案例库的,承包商履约评价中进行激励加分,充分调动设计单位设计优化和设计创新的积极性。加强设计评优管理,凡是公司投资建设项目参加电力行业"四优"、省优秀工程勘察设计奖评选的,申报材料必须经公司建设部审核。加强与中国电力规划设计协会、省勘察设计协会沟通交流，指导省内设计单位积极参与电力行业"四优"、省优秀工程勘察设计奖评选，力争在获奖数量和等级上取得新突破，充分展示湖南设计队伍风采。

（三）强化设计技术创新引领

1. 明确技术创新方向

每年年初，公司建设部发布基建工程示范试点清单，明确技术创新重点方向。从装配式混凝土技术应用、环水保示范、绿色建造设计竞赛优胜项目等方向推进绿色建造示范工程建设；从全过程管理示范、应用示范，新型施工装备试点应用、装备群智能集控示范等方面打造机械化示范工程；从智慧工地建设、基建无人机全链应用、数字化移交、数字电网建设、档案电子化归档等维度开展数智化示范试点。加强试点示范工程过程督导，及时总结建立设计创新成果库，力争公司新技术示范试点应用成果在电力行业获取新突破。

2. 编制新型电力系统下变电站通用设计

按照"安全可靠、数字智能、绿色低碳、经济合理"技术原则，由省经研院组织完成通用设计方案修订。通用设计方案以服务构建新型电力系统为目标，提高新能源接入支撑能力、电网智能感知能力，践行绿色低碳理念，助力实现"双碳"目标；提高设备运行可靠性、耐久性，推动电网建设技术升级，实现电网更安全、更可靠。

3. 创新设计协同生产管控模式

以空间信息电力应用平台为承载，融合共享既有三维设计成果和全量空间专题数据，强化勘察、设计、评审、变更签证全过程在"基建设计管理微应用"线上流转，推动无纸化评审、无纸化施工，发挥数据共享、项目协同效益，提供设计模型参数等借鉴参考，强化大数据质检智能分析，严格设计流程标准化管控、设计成果规范化应用，拓展机械化施工设计策划、环水保监管、数字孪生等创新功能。由省经研院牵头，2025年基本形成覆盖全省的"规划、建设、运行"三态联动数字电网。

六、强化设计履约评价

（一）修订设计质量评价标准

严格落实《国家电网有限公司输变电工程设计质量管理办法》〔国网（基建/3）117—2023〕有关设计质量评价新要求。2024年4月启动修订《国网湖南省电力有限公司关于进一步深化输变电工程设计及评审质量评价考核的通知》（湘电公司办〔2021〕386号）关于设计各阶段设计质量评价标准，增加设计优化创新加分，对严重问题加大扣分力度，将单工程初步设计、施工图设计、建设实施阶段设计质量评价权重调整为40%、40%、20%，与总部要求保持一致。全面应用设计质量评价新标准。

（二）扎实开展设计承包商履约评价

1. 严格设计承包商履约评价

落实《国网基建部关于发布输变电工程设计承包商履约评价机制的通知》（基建技术〔2024〕11号）要求，省经研院做好履约评价支撑，对所有承担公司近三年（36个月）35千伏～500千伏输变电工程设计工作的设计承包商开展履约评价，每年开展两次。设计承包商履约评价由承包商的工程设计履约评价、承包商履约能力评价组成,权重分别为80%、20%。

2. 开展工程设计履约评价

按照统一评价标准、评价流程对所有设计方案进行评审打分。初设评审单位、施工图评审单位、建管单位分别在工程的初步设计、施工图设计、建设实施阶段,对设计质量有关情况开展工程设计质量评价(详见附件2)。建管单位对设计进度、设计交底、现场服务等情况开展工程服务质量评价(详见附件2)。单工程设计质量评价和服务质量评价分别按照85%、15%权重加权,计算形成单工程设计履约评价结果。通过收集近三年的各单工程设计履约评价结果,按照"当年50%、去年30%、前年20%"加权计算,形成承包商的工程设计履约评价。

3. 开展设计承包商履约能力评价

收集承包商近三年的设计单位专业人员配置、优化创新获奖和重大设计问题发生情况,按照30%、30%、40%加权计算形成承包商履约能力评价(详见附件3)。

4. 分级发布履约评价结果

公司建设部汇总计算形成设计承包商履约评价初评结果,经建设部主要负责人审批后上报总部。国网基建部组织交叉互查、统筹复核,形成最终结果,每年5月、11月,总部、省公司对应设计招标范围,分级发布设计承包履约评价结果。

(三)开展"驾照式"记分和"黑名单"管理

积极总结公司设计管理经验,坚持设计质量问题严抓严管,坚持采用"典型事例法",对发生严重设计质量问题、设计进度严重滞后的设计承包商和关键设计人员,持续开展"驾照式"记分管理。记分标准按照《国网湖南省电力有限公司关于进一步深化输变电工程设计及评审质量评价考核的通知》(湘电公司办〔2021〕386号)和《国网湖南电力建设部关于进一步加强设计质量管控和考核的通知》(湘电公司建设〔2022〕40号)文件执行。对因设计原因引起的设计变更"驾照式"记分调整如下:对因设计原因引起的一般设计变更,对设计承包商和关键人员"驾照式"记分1分/次;对因设计原因引起的重大设计变更、未执行强制性条文等严重设计质量问题,对设计承包商和关键人员"驾照式"记分按6分/次;对发生设计原因引起的7级、8级安全质量事件,对设计承包商和关键人员"驾照式"记分按12分/次;对发生设计原因引起的6级及以上安全质量事件,对设计承包商和关键人员直接纳入"黑名单"。

(四)严格应用设计评价结果

1. 与设计费结算挂钩

建管单位推动落实单工程设计质量评价结果与设计费支付联动,在设计合同中,明确设计质量评价结果应用,并根据设计质量评价结果,按合同依法执行设计费。

2. 与设计招投标挂钩

设计承包商履约评价结果,按综合得分分为A、B、C、D四个等级,分别对应评分得分90分及以上、80～89.9分、60～79.9分、不足60分,其评价结果应用于后续工程设计招标工作。原则上,A类可从事500千伏及以下的线路、变电站、电缆、改扩建等项目设计;B类可从事220千伏及以下线路、变电站、电缆、改扩建等项目设计;C类可从事110

千伏及以下线路、变电站、电缆、改扩建等项目设计；D类为限制类设计单位，不得承担公司各电压等级主网工程项目设计。

3. 严肃"驾照式"记分考核

一个自然年度内可研、设计阶段单阶段或两阶段累计驾照式记分达到一定分值的设计承包商，按照"湘电公司办〔2021〕386号"文要求，分别给予约谈问责、暂停授标3个月、暂停授标6个月、纳入"黑名单"等处罚。考核结果与公司研设一体化招标挂钩。对于履约评价好的承包商优先安排示范项目、试点工程等优质项目，切实推动优先水平高、服务质量优、创新能力强的承包商更多参与公司主网工程设计工作。

七、有关要求

（一）强化组织领导

各单位要深刻领会"设计能力提升两年行动"的重要意义，切实提高认识、主动作为。要加强组织领导，按照本通知要求，结合本单位实际，细化制定具体措施。通过细化分解工作目标，制定任务清单，明确时间表、责任人，落实保障措施，确保取得实效。

（二）强化过程管控

各单位要严格落实国网公司和省公司设计管理各项要求，以管理提升推动设计能力提升，建立设计管理"周跟踪、月总结、季推进"工作机制，每月总结工作情况并抄报公司建设部，结合每季度省公司可研及设计质量点评会，通报设计能力提升进展情况，开展经验交流，分析存在的问题，研究解决办法，持续深入推动设计管理专业能力建设。

（三）强化宣传引导

各单位要深入发动、广泛宣传，加快推动设计创新及优化成果落地见效；加强总结交流，及时固化成熟实用的经验成果，不断提升设计管理水平；积极选树先进典型，引导设计管理主动意识和创新引领理念入脑入心。

（四）强化成效监督

公司将各单位设计能力提升评价纳入企业负责人和同业对标指标考核。公司加强对各单位落实情况进行指导检查，对管理成效进行评价（详见附件4）。建设管理单位要认真抓好设计单位履约评价工作，运用大数据思维开展统计分析，对各单位设计能力进行精准画像，及时总结经验、分析不足、改进提高，不断提升设计队伍的能力。

附件：1. 输变电工程设计评审单位履约评价打分表（试行）
2. 单工程设计履约评价标准
3. 设计承包商履约能力评价表
4. 建设管理单位设计能力提升管理成效评价表

附件1

输变电工程设计评审单位履约评价打分表（试行）

初步设计（施工图）设计评审单位：

序号	评价内容	评价指标	指标分值	评价标准	扣分	得分	扣分（加分）说明
1	人员配置（20分）	人员能力	6分	评审人员遵守国家法律、法规和政策，熟悉掌握评审相关制度标准，具有承担评审工作的专业知识储备。不符合每项工程扣2分，扣完为止			
2		专业完整性	8分	评审团队专业完整，变电一次、变电二次、土建、线路电气、线路结构、通信、变电技经、线路技经等各专业配置齐全。不符合每项工程扣2分，扣完为止			
3		工作连续性	6分	原则上预审、评审与收口的专家保持一致。不符合每项工程扣2分，扣完为止			
4	评审质效（60分）	概算（预算）投资合理性	15分	工程后期施工图评审、结算时发现因评审单位原因造成投资概或偏差超过合理区间范围（合理区间为预算较概算－5%以内，结算较概算－10%以内，结算较预算－5%以内）。出现该情况每项工程扣3分，扣完为止			
5		现场踏勘执行情况	15分	根据评审计划，现场评审的项目未到现场踏勘，或未到现场踏勘引起施工图、竣工图中重要交叉跨越和复杂地基处理工程方案较初步设计（或施工图设计）发生较大变化。出现该情况每项工程扣3分，扣完为止			
6		评审出文时效性	15分	因评审单位原因，导致初步设计（或施工图设计）审定后，未在15个工作日内向项目法人单位提交评审意见。出现该情况每项工程扣3分，扣完为止			
7		评审成果规范性	15分	会议纪要、评审意见内容描述准确，达到深度要求。不符合每项工程扣3分，扣完为止			

续表

序号	评价内容	评价指标	指标分值	评价标准	扣分	得分	扣分（加分）说明
8	服务质量（20分）	问题反馈及时性	6分	能与项目法人单位（或建设管理单位）就评审中发现的重大问题进行良好沟通并及时反馈。不符合每项工程扣2分，扣完为止			
9		专业沟通顺畅度	6分	认真听取项目法人单位（或建设管理单位）、各专业意见，评审结论依据充分且沟通到位，无遗留问题。不符合每项工程扣2分，扣完为止			
10		汇报程序规范性	8分	评审中出现概算超估算、预算超概算时向项目公司建设部对口专业汇报并取得专业意见。不符合每项每项工程扣2分，扣完为止			
11	其他事项	影响工程建设的其他事项	—	项目法人单位（或建设管理单位）在工作中发现由于评审单位原因影响工程建设的其他事项（除以上1～10评价内容外），请说明具体情况，并自定义扣分分值			
12	加分项（10分）	提出典型设计优化工作建议	10分	评审时结合工程实际特点，给出优化建议并被采纳，对工程本质安全性、建设可实施性、生产运维便捷性、造价合理性等带来显著提升，每项工程加2分，最多加10分			
	合计						

评价单位：国网××供电公司/国网湖南建设公司
（盖建设管理单位公章）

202×年××月××日

备注：1. 本表为各建设管理单位对评价周期内承担了工程初步设计/施工图评审单位进行履约评价打分，每季度开展一次。
2. 第4项"概算（预算）投资合理性"、第5项中"未到现场踏勘引起施工图、竣工图中重要交叉跨越和复杂地基处理工程方案较初步设计（或施工图设计）发生较大变化"，均针对本季度完成施工图结算或预算的工程。
3. 除备注第二条提到的评价项目外，其他评价项目均针对本季度完成初步设计评审的工程。

附件2

单工程设计履约评价标准

初步设计阶段工程设计质量评价

序号	评价内容		满分	评价要点	评分标准
1	设计质量问题（满分起评，扣分项）	技术标准执行	30	未执行技术标准	严重问题每项扣20分；一般问题每项扣5分；设计质量问题重复发生，加倍扣分
2		前期文件落实	10	无特殊原因未执行各类批复文件，且未在评审前沟通汇报	
3		设计深度	30	勘测深度不足	
4				设计深度不足	
5		标准化设计	20	通用设计方案、模块选用不合理	
6				通用设备选用不合理	
7				未应用通用设计、通用设备，且未在评审前沟通汇报	
8		差异化设计	10	未编制差异化设计专题或专章	
	合计		100		
Ⅰ	设计优化创新（0分起评，加分项）		10	积极开展设计优化，并形成专题报告	每项加3分
Ⅱ				开展基建工程新技术研究	每项加3分
Ⅲ				积极应用新技术成果	每项加1分
说明：总得分不超过100分					

施工图设计阶段工程设计质量评价

序号	评价内容		满分	评价要点	评分标准
1	设计质量问题（满分起评，扣分项）	技术标准执行	30	未执行技术标准	严重问题每项扣20分；一般问题每项扣5分；设计质量问题重复发生，加倍扣分
2		前期文件落实	20	无特殊原因未执行初设批复文件	
3				未落实初设阶段应用的新技术	
4		设计深度	30	勘测深度不足	
5				设计深度不足	
6		标准化设计	10	未落实通用设计方案	
7				未落实通用设备"四统一"要求	
8		差异化设计	10	未落实差异化设计	
	合计		100		
Ⅰ	设计优化创新（0分起评，加分项）		10	积极落实初步设计阶段提出的设计优化方案	每项加3分
Ⅱ				开展基建工程新技术研究	每项加3分
Ⅲ				积极落实初步设计阶段提出的新技术	每项加1分
说明：总得分不超过100分					

建设实施阶段工程设计质量评价

序号	评价内容	满分	评价要点	评分标准
1	设计变更（满分起评，扣分项）	90	设计原因引起的设计变更	重大变更每项扣40分，一般变更每项扣10分
2	设计文件归档（满分起评，扣分项）	10	未按要求开展设计文件归档	扣10分
	合计	100		

工程服务质量评价标准

序号	评价内容	满分	评价要点	评分标准
1	设计进度（满分起评，扣分项）	30	未编制各专业出图计划	每个专业未编制计划，扣10分
			未按合同要求或出图计划，在规定时间内交付施工图设计成果	每发生一次扣5分，对工期造成严重滞后的，加倍扣分
2	设计交底（满分起评，扣分项）	20	未按合同要求开展设计交底	未开展交底，扣20分；交底不完全，扣10分
3	现场服务及时性、有效性（满分起评，扣分项）	50	未在合同约定的时间内，派工地服务代表解决现场问题	每次扣5分
			未能够有效解决现场问题	每次扣5分
	合计	100		

注：单工程设计履约评价说明

单工程设计履约评价得分＝工程设计质量评价×85%＋工程服务质量评价×15%

单工程设计质量评价＝初步设计阶段设计质量评价×40%＋施工图设计阶段设计质量评价×40%＋建设实施阶段设计质量评价×20%

针对不同工程类型，按以下方式进行折算：

（1）输变电工程（含原址改造工程）设计履约评价得分＝变电工程得分×50%＋线路工程得分×50%

（2）送出工程设计履约评价得分＝变电工程得分×20%＋线路工程得分×80%

（3）主变扩建（增容）工程、间隔扩建工程设计履约评价得分＝变电工程得分×50%＋线路工程得分×50%，若仅含变电或线路工程时，工程设计履约评价得分不再加权

附件3

设计承包商履约能力评价表

申报省公司： 　　　　　　　设计单位全称： 　　　　　　　（盖章）　　　　　　　2024年

评价要素			单项得分	总分	说明
一、设计专业人员配置（满分30分，扣分制）	人员配置情况	人员数量			
	输变电工程专业设计人员数量				不足25人，扣10分（不含通信、技经）
	电气一次专业人员数量				不足3人，每专业扣5分
	电气二次专业人员数量				
	变电土建专业人员数量				
	线路电气专业人员数量				
	线路结构专业人员数量				
	变电暖通专业人员数量				未配置，每专业扣5分
	水工专业人员数量				
二、设计单位取得荣誉（满分30分，加分制）	取得荣誉类别	类别	项目	数量	—
			填写示例，下同年份+工程/标准/技术名称+奖项名称1. 2022年+××工程+优秀设计奖一等奖		
	国家金奖				电网工程获国家金、银奖，每项分别得8分、5分。电网工程获省/部/行业级一、二、三等奖，每项分别得5分、3分、2分。提供佐证材料
	国家银奖				
	优秀设计	省/部/行业级一等奖			
		省/部/行业级二等奖			
		省/部/行业级三等奖			

续表

申报省公司			设计单位全称（盖章）	
二、设计单位取得荣誉（满分30分，加分制）	设计竞赛	国网公司级优胜奖		国网公司级优胜奖、一、二、三等奖，每项分别得5分、3分、2分；省公司级优胜奖、一、二、三等奖，每项分别得3分、2分、1分。提供佐证材料
		国网公司级一等奖		
		国网公司级二等奖		
		国网公司级三等奖		
		省公司级优胜奖		
		省公司级一等奖		
		省公司级二等奖		
		省公司级三等奖		
	科技获奖（主要参与单位）	国家级科技进步奖一等奖		电网建设相关技术获一、二、三等奖，每项分别得8分、5分、3分。提供佐证材料
		国家级科技进步奖二等奖		
		省部级、国网公司级科技进步奖一等奖		
		省部级、国网公司级科技进步奖二等奖		
		省部级、国网公司级科技进步奖三等奖		
	电网勘察设计类技术标准（主要参与编制）			每项加5分
	参编国网公司通用设计、通用设备			每项加5分。参加多电压等级编制，按1次计。参与省公司通用设计编制暂不计列
	设计优化方案纳入国网公司成果库			
	新技术纳入国网公司基建新技术成果推广应用目录			

续表

申报省公司			(盖章)		设计单位全称	
	评价要点	项目		数量		
		填写示例,下同 年份+工程名称+问题简述 1.2022年+××工程+消防设计问题引发火灾			—	—
三、重大设计问题(满分40分,扣分制)	发生设计原因引起的安全质量事件	6级及以上安全质量事件			—	6级及以上安全质量事件,每项扣40分。 7级安全质量事件,每项扣25分。 8级安全质量事件,每项扣15分
		7级安全质量事件				
		8级安全质量事件				
	各级设计监督检查中发现严重设计质量问题	总部检查中发现				每项扣8分
		省公司及以下检查中发现				

填写说明:

1. 要求填写的资料均为近三年内(如2021—2023年)所取得的荣誉,以证书日期为准。
2. 设计单位取得荣誉情况,需提供佐证材料。

附件4

建设管理单位设计能力提升管理成效评价表

序号	评价项目		评分标准	满分	情况说明	得分	备注
1	前期项目部组建		前期项目部组建是否及时,如未及时组建,不满足公司管理要求(如属地公司、施工技术专家等),每项目扣1分	5			实行扣分制,满分5分
2	设计策划		是否按要求组织开展设计策划,如未开展,每项目扣2分;策划文件是否有针对性,是否明确前期进度计划、设计优化重点、创优目标等要求,如不满足,每项目扣2分	5			实行扣分制,满分5分
3	前期项目部管控	前期项目部运转	项目经理或成员是否按要求参与初步设计评审(内审)、施工图评审,项目经理、施工技术专家等必须参加220千伏及以上工程设计评审,如未按要求参加,每项目扣2分。项目经理是否发挥统筹引领作用,是否组织对设计源头风险压降、10千伏跨越、索道运输等方案进行优化和相关,如后续施工或建设实施阶段,主要技术方案出现重大变化或引发重大设计变更(签证)的,每项扣3分	10			实行扣分制,满分10分
4		初步设计评审管理	未核准先行开展初步设计评审的,每项目扣5分;初步设计评审计划执行不严,存在月度应审未审项目的,每项目扣2分;设计收口不及时,设计收口超过1个月的,每项目扣2分	10			实行扣分制,满分10分
5	设计管理成效	施工图评审管理	施工图评审计划执行不严,存在月度应审未审项目的,每项目扣2分;设计收口不及时,设计收口超过1个月的,每项目扣2分;因建管单位原因,施工图未"两审合一"的,每项目扣2分	10			实行扣分制,满分10分
6		设计质量管理	是否严格履行沟通汇报机制,存在应沟通汇报未提前沟通汇报,并逐项说明责任归因,未开展按要求对所辖工程设计变更进行分析,扣5分;是否按要求对变更原因归因的,每项目扣1分;变更责任归因准确率偏差超过20%的扣2分,未明确责任归因偏差超过40%的扣4分。未按要求开展设计总结和设计回访,并及时信息反馈的,每项扣3分	20			实行扣分制,满分20分

续表

序号	评价项目		评分标准	满分	情况说明	得分	备注
7	设计能力提升	设计承包商履约评价	按照国网公司有关要求，指导产业设计单位开展设计承包商履约评价。每年5月、11月，国网公司和省公司分级发布设计承包商履约评价结果。产业设计单位该项得分引用最新发布结果，再按该项分值折算成得分	16			引入得分再折算
8		设计质量评价	评价周期内，产业设计单位承担项目的设计质量评价得分。设计质量评价=（产业设计单位承担项目的初步设计质量评价得分之和+产业设计单位承担施工图项目的设计质量评价得分之和）/承担该项目总数，再按该项分值折算成得分	24			实际计算得分再折算
9	加分项	设计能力提升成效明显	设计承包商履约评价较上个评价周期得分提升明显的，每升一档（如C档升B档、B档升A档）加5分；如档位不变，但得分较上次增加超过5分，加3分	10			实行加分制，最高加10分
10	减分项	设计问题负面扣分	因产业设计单位原因造成"三不发生"（即不发生设计原因引起的六级及以上安全质量事件，不发生国标强制性条文执行问题，规模以上工程不发生设计原因引起的重大设计变更）目标未实现的，扣40分。因产业设计单位设计责任导致规模以下工程竣工、投产一般设计变更的，扣3分/项，竣工滞后1个月及以上的，扣0.5分/项。因产业设计单位设计责任导致一般设计变更的，每降一档（如A档降B档、B档降C档）减5分				实行扣分制，不设限
		合计		100			

说明：总分不超过100分

国网湖南省电力有限公司关于印发
产业施工单位能力提升两年行动方案的通知

为贯彻国网公司基建"六精四化"战略思路和公司现代建设管理体系建设要求，加快各市（州）产业施工单位的能力提升，强化省内基建梯队建设，促进省内产业施工单位充实人员、升级管理、补充装备，提高人才队伍、管理机制、施工装备等各方面水平，特制定产业施工单位能力提升两年行动方案，请各单位抓好落实，有关要求通知如下。

一、总体工作目标

通过产业施工单位能力提升两年行动，促使全省产业单位强化人员队伍建设，优化单位管理机制，加强施工装备投入，进一步提升施工能力。组织产业施工单位评级，不断督促产业施工单位提高自身承载力和管理水平，实现向现代化施工企业的迭代升级，计划打造5家及以上A级施工企业，实现全省产业施工单位提升为B级及以上，更好地服务于公司主电网高质量建设。

二、重点工作任务及举措

（一）强化人员队伍建设

1. 补齐补强基建人员机构

（1）建立人员补充机制。各产业施工单位应围绕基建班组和人员"有没有""缺不缺""强不强"三个方面，通过内部转岗、新进大学生培育和社会招聘等方式，每年至少补充3名基建一线施工、管理人员（两类班组人员），补齐补强基建项目管理关键岗位人员。

（2）优化产业管理结构。各产业施工单位层面应组建对安全、质量、技术、技经统筹管理的部门并配齐专业管理人员，提升施工管理水平。

2. 畅通人员交流锻炼渠道

鼓励省送变电公司、产业施工单位之间的交流学习和挂职挂岗，加强优秀项目管理人员在项目部层面的交流锻炼。促进市（州）公司到产业施工单位挂职挂岗，通过参与安装调试等建设过程，快速掌握设备结构及特性，提高业务能力。

3. 抓好人员素质能力提升

（1）注重新进员工培训。各市（州）公司应重视产业施工单位对新进员工的培养作用，每年应安排部分新进员工到施工一线锻炼，提高基建管理专业技能。

（2）开展产业工人准入。依托公司电网实训基地对项目部管理关键人员与作业层班组人员开展履职能力与技能水平测试，将测评通过与否作为是否满足相应能力的基本条件。

（3）组织人员评级评优。从理论知识技能和资质业绩等维度，开展施工项目经理评级（Ⅰ、Ⅱ、Ⅲ级）。在全省开展金牌施工项目经理与五星施工班组长评选，其中，Ⅰ级施工项目经理是金牌施工项目经理的重要来源。

(4) 加强人员考证提升。鼓励各单位组织开展技术类与技能类职业资格专项培训,合理考虑持证津贴,提升专业人员能力,提高专业人员持证数量。

4. 做好基建班组队伍建设

(1) 加强自有班组建设。各产业施工单位应至少拥有三个自有班组,包括但不限于项目管理类班组、变电安装调试班组、线路机械化施工班组(线路基础、组塔班组,超高压变电公司除外)。项目部人员配置应满足《施工项目部指导手册》要求,项目管理类班组人员数量应满足承揽业务需求。

(2) 开展星级班组评定。各产业施工单位要建强"两类班组"(项目管理类和作业类班组),固化"常设班组",强化"战时班组"。公司将按照基建专业"星级班组"评定标准,组织基建"五星班组"评定。

(二) 优化单位管理机制

1. 健全激励考核晋升机制

(1) 完善薪酬激励考核。固化"基本收入+绩效收入"模式,强化考核评价结果应用,严格薪酬分配与各项目部、各级岗位人员工作完成情况有效挂钩,并对一线人员予以倾斜,激发一线员工的活力、动力。

(2) 畅通人员晋升通道。公司基建领域专家、职员、工匠及四级管理人员评选,应优先选用具备一线施工和管理经验的优秀人才。

2. 强化施工业务外包管理

(1) 以"少固育强"理念管理外包队伍,各产业施工单位应建立外包队伍等级评价机制,将关键人员70%以上的固定率作为分包商评价的重要依据,逐步压降框架入围队伍数量,实现相对固化;将外包单位内部管理要求纳入分包合同或框架协议,产业施工单位按照"干什么、培什么"的原则提供针对性培训,引导外包单位向精益化、专业化的现代化公司发展,形成真正"能打仗、会打战、善打战"的骨干外包队伍。

(2) 规范采购管理。严格按照施工业务外包采购上平台的要求公开采购外包商,强化采购过程及业务二次匹配的依法合规管理。外包商评价结果应用到业务匹配和年度采购中。

(3) 规范合同管理。严格应用公司外包合同统一文本,落实合法合规性审核要求,强化合同签订风险管控。

(4) 规范现场管理。强化进场前的准入管理和过程中的安全、质量管控,督促外包单位足量投入合格的管理人员和作业人员,严格执行"负面清单""黑名单"管理。

3. 加强项目部授权与履职

各产业施工单位应重点建设好"作战单元"施工项目部。首先,明确施工项目经理的核心地位,"让听得见炮声的人呼唤炮火"。施工项目经理是企业法人授权在建设项目上的管理者与委托代理人,赋予项目经理现场队伍管理、人员管理的权力,参与分包队伍选用、评价及考核。其次,落实项目部施工管理的主体责任,各施工项目部应严格履职到位,管住工作秩序,管住工作计划,管住策划复盘,管住人员队伍,管住施工现场。

4. 强化企业本质安全管理

强化施工企业层级对本质安全的管理,将是否发生七级及以上安全事件和被公司及以上单位查出的严重违章纳入施工企业等级评选的关键扣分项。强化施工方案管理和作业计划管控,并将管控情况纳入评级评价。强化风险及隐患管控,抓实源头风险压降,完善管理施工风险压降措施，强化隐患排查整治和风险值班管控，打造事前预防型的安全管理模式。

5. 强化企业质量管理提升

强化施工企业层级对工程质量的管理，抓好施工三级自检，将是否发生七级及以上质量事件和未通过公司达标投产复验收纳入施工企业等级评选的关键扣分项。将获评国网和公司级"两标一优"（标杆工地、标杆工程、优质工程金银奖）评选作为施工企业等级评选的加分项。其中，近五年内获公司级优质工程金奖作为 A 类施工企业评选的前提条件。强化标准工艺应用，深化变电站模块化建设，逐步实现"工厂化预制、装配式施工"，提升变电土建工程质量工艺水平。

（三）加强施工装备投入

1. 加强常规化装备器具购置

聚焦产业施工单位在常规检测仪器仪表、安全工器具、安全调试设备等基建装备器具的购置配备情况，并将相关配置情况纳入施工单位评价体系。

2. 强化机械化施工装备应用

鼓励各单位加大机械化施工装备购入，强化机械化施工队伍与机手培育，积极参与机械化施工竞赛。将电建钻机、数控钢筋笼滚焊机等机械化施工设备纳入施工单位评价体系。各产业施工单位可通过一体化租赁平台采取租赁等方式补充、满足机械化施工装备应用需求。

（四）开展产业施工单位评级

公司建设部、产业发展部从各市（州）产业施工单位的施工资质及资信评价、体系运转和制度建设、人才队伍规模质量、机械设备保有量、安全质量成效等维度进行综合考核评价，并将金牌项目经理、五星施工班组长、五星班组、机械化施工竞赛等内容列入专项加分，结合评价结果将各产业施工单位建设能力进行 A、B、C、D 四类分级。

三、任务及时间安排

本次提升行动分为整体研究部署、各单位方案制定、方案实施与推进、巩固提升总结等四个阶段。

（一）整体研究部署

方案制定及培训宣贯。围绕现代建设管理体系及其配套指导意见，研究制定公司产业施工单位能力提升行动方案并下发预通知，分两期对《关于加强产业单位设计及施工能力建设的指导意见》相关精神以及产业施工单位能力提升两年行动方案预通知的主要内容进行培训宣贯。

（二）各单位方案制定

1. 各单位自评与情况摸底

收集整理各产业施工单位能力自评情况，对部分产业施工单位能力情况进行摸底，收集梳理存在的问题，修订完善评价体系标准及权重。

2. 各单位制定自身实施方案

各单位根据公司的指导意见和实施方案，结合各单位自身实际及自评情况，明确施工能力提升目标和工作举措，科学制定自身实施方案及重点任务清单。公司根据各单位上报的实施方案，强化过程管控，指导、督促各单位强力推进，确保计划刚性执行。

（三）方案实施与推进

1. 活动方案实施推进

各单位要结合公司"两年行动计划"任务，全面落实施工能力"两年提升计划"活动实施方案，有序开展电网建设管理队伍提升工作，开展针对性的具体活动，确保实施方案各项重点工作任务的落地见效。

2. 组织先进交流观摩

各单位双月上报进展情况，公司视情况在月度会上交流介绍先进做法与经验。组织各产业施工单位赴省送变电公司及省内先进单位观摩学习，后续视工作需要及各单位实施推进情况不定期组织先进单位交流观摩。

3. 开展过程监督检查

在整个实施与推进阶段，公司建设部将对全省各产业施工单位行动开展情况与成效进行过程监督检查。公司将成立由建设部处室负责人带队的两个检查小组，开展专项过程检查。

4. 开展中期评价评级

各单位要按照公司总体部署，边实施边改进完善，每季度开展阶段性诊断分析、成效总结。逐步开展机械化施工竞赛、施工项目经理评级、金牌施工项目经理与五星施工班组长评选、星级班组的评级，以及产业施工单位中期评级。

（四）巩固提升总结

1. 开展产业施工单位终评

逐步开展产业施工单位终期评价。终期评价除依据各单位实际得分外，另综合考虑各单位在方案实施阶段的进步提升情况。

2. 召开巩固提升总结会议

全面总结施工能力提升两年行动，深入分析和评估活动成效，提炼亮点特色，总结典型经验，加强交流，查找不足，巩固和扩大活动成果，研究进一步加强产业施工单位能力提升的措施。

四、工作要求

（一）加强组织领导，强化责任落实

各单位应根据本实施方案工作要求，结合单位实际分解落实"两年提升计划"重点任务，强化组织领导，明确工作职责，完善制度措施，定期组织召开推进会议，督办工作进度，加强能力建设，认真组织实施，确保各项工作顺利开展、各项任务优质高效完成。

（二）加强监督检查，提升活动成效

各单位要结合本单位实际情况，注重过程控制，加强各环节监督，从方案制定、责任落实、工作进展、成果评价等方面，认真开展监督检查、整改提升。各单位要把活动要求与电网建设管理各项具体工作相结合，注重活动的针对性、实效性，不流于形式，不做表面文章，防止走过场。

（三）加强总结分析，提炼活动成果

各单位在推进活动的同时，要注重总结分析，查找问题与不足，提炼活动亮点和典型经验，持续提升活动效果。公司将密切跟踪、指导、督查活动的开展，收集汇总相关单位的亮点和典型经验，指出问题与不足，通过点评会、现场会等方式进行点评和通报，交流管理经验。

附件：产业施工单位能力评价表（试行）

附件

产业施工单位能力评价表（试行）

序号	评价项目	评分标准	检查方法	满分	备注
1	资信评价	（1）具有电力工程施工总承包资质，一级得5分，二级得4分。 （2）具有输变电工程专业承包资质，一级得4分，二级得3分。 （3）具有承修装修试电力设施施工许可证：承装一级得1.5分，二级得1分，三级得0.5分；承修、承试以此类推。 （4）具有建筑工程施工总承包三级及以上资质的，得2分。 行政处罚情况：一年内受到省部级行政主管部门处罚的扣10分，受到市（州）级行政主管部门处罚的扣5分	监管系统查询	15	实行分项得分制，满分15分
2	人员队伍情况	（1）产业单位人才当量密度得分＝人才当量密度×3分。 （2）人员补充情况（5分）：上两年度人员补充均达3及以上的得5分，不足3人的每少1人扣1分。 （3）施工项目经理得分＝Ⅰ级项目经理数×1.2＋Ⅱ级项目经理数×1＋Ⅲ级项目经理数×0.8（获评金牌项目经理的，按1分/人加分）。 （4）项目部超承载力扣分＝（最大组建项目部数量－同期承接项目数量）×3分。 [最大组建项目部数量：在建110千伏主网输变电工程每项按1个项目部数量及项目部人员配置原则，组建1个项目部得1分，业扩（供电业务扩展）按0.5分计；220千伏及以上主网输变电工程每项按1.5分，业扩按1分计；不统计35千伏在建施工项目]	人资管理系统查询	20	实行分项得分制，满分20分
3	项目部履职情况抽查	对在建工程施工项目部的关键人员履职情况进行抽查，并根据抽查情况综合得分予以赋分	过程监察抽查	10	实行扣分制，满分10分

续表

序号	评价项目	评分标准	检查方法	满分	备注
4	自有班组建设	(1) 自有班组设置（5分）：应设置项目管理类班组、变电安装调试班组、线路机械化施工班组，每具备1个得2分，满分5分。 (2) 自有班组人员（5分）：自有班组中核心技术自有人员占比达到50%以上，得5分；占比30%~50%，得3分；占比30%以下，得1分。若班长、安全员、技术兼质检员非主业支援集体或直签人员，则按0.1分/人扣分，该项最低得0分。 (3) 有配套从事机械化作业、变电安装调试的自有人员取证按0.2分/人加分。 (4) 获评五星班组的按2分/班加分	人资系统查询、现场检查、抽查工作票等	20	实行分项得分制，满分20分
5	施工业务外包管理	(1) 压降框架人围队伍数量（5分）：是否形成与1~2支组塔线分包队伍、2~3支变电土建、电气安装分包队伍长期合作模式，分包队伍激励约束机制是否健全。数量压降2分，机制健全得3分（大型集体企业根据工程建设任务可适当增加）。 (2) 固化骨干队伍（5分）：是否本年度框架队伍人选队伍保留率超过80%得3分，超过70%得2分，超过60%得1分，低于60%不得分。 (3) 公司化运作（2分）：业务外包单位设置长期固定的办公场地，具有设施齐全、功能完善的办公室、会议室、仓库、员工宿舍及食堂等，场所基本符合要求得1分，场所完全符合要求得2分。 (4) 组织机构健全（3分）：专业分包商设立综合室、工程部、安质部、财务部、物资部等部门及相应工程班组，管理制度及流程完善，机构健全且有效覆盖职能3分，基本符合要求得1分。 (5) 人员配置到位（5分）：专业分包财务管理人员、主要管理和技术人员相对固定，并已建立劳动合同及社保关系，合同管理员及财务管理人员、主要管理和技术人员相对固定，并已建立劳动合同及社保关系得5分；主要人员齐备但主要人员未建立劳动合同和社保关系或不固定，能力符合要求得3分；主要人员配置不齐或不固定，不得分	驻地及现场查看、智慧管理系统查询	20	实行分项得分制，满分20分
6	安全管理	(1) 检查同期内发生七级及以上安全事件本项不得分，处的Ⅰ类严重违章扣4分/项，Ⅱ类严重违章扣2分/项，Ⅲ类严重违章扣1分/项。八级事件扣5分。发生被省公司及以上查处的Ⅰ类严重违章扣4分/项，Ⅱ类严重违章扣2分/项，Ⅲ类严重违章扣1分/项。 (2) 施工方案管理：施工作业方案无验算结果、超危大工程未经专家论证、执行两张皮、审批变更不规范等，扣1分/次。 (3) 作业计划管控：周期内作业计划发布执行率高于80%不扣分，70%~80%扣1分，60%~70%扣2分，60%以下扣3分；临时作业计划率10%以下不扣分，10%~20%扣1分，20%以上扣2分	安全风险管控平台、相关专业通报、施工现场	10	实行扣分制，满分10分

续表

序号	评价项目	评分标准	检查方法	满分	备注
7	质量管控	发生七级及以上施工责任引起的质量事件扣10分，八级质量事件扣5分	查阅相关文件	10	实行扣分制，满分10分
8	环水保工作	本年度，规定周期内环水保验收未通过的，扣1分/项；项目投产超1年，未通过环水保验收的，扣5分/项		10	实行扣分制，满分10分
9	施工装备配置（大型）	满足机械化作业、安装调试要求的大型施工装备，如电建钻机、数控钢筋笼滚焊机、窄轨履带自卸运输车、履带式电建起重机、汽车起重机、落地摇臂抱杆、八旋翼无人机、可视化牵张设备、倍频感应耐压串联谐振装置、真空滤油机、轮式直臂式斗臂车、履带式蜘蛛腿作业车、预制件安装车等，得0.5分/项	查采购合同、设备台账、出入库记录等	5	实行得分制，满分5分
10	施工装备配置（中型）	满足机械化作业、安装调试要求的中型施工装备及仪器仪表、履带式罐式运输车、微型履带运输车、洒水清扫车、机动牵引车、机动张力机、四合一弯排机、叉车、数字式绝缘摇表、倍频感应耐压试验装置、变压器低电压短路阻抗测试仪、电动弯管机、参数测试仪、变压器空负载特性测试仪、变压器直流电阻测试仪、互感器综合测试仪、三相保护校验仪、接地网接地阻抗测试仪、断路器动作特性测试仪、变压器变比测试仪、回路电阻测试仪、超声波局放测试仪、SF6密度继电器全自动校验仪、SF6气体综合测试仪、SF6定性检漏仪、直流高压发生器、交直流高压测量系统等，得0.5分/项	查采购合同、设备台账、出入库记录等	10	实行得分制，满分10分
11	重点工作推进	(1) 机械化施工成效（5分）：①省内机械化竞赛获得一/二/三等奖，分别加3/2/1分；②上一年度内负责项目机械化应用率均达标的得2分，每有一项不达标的扣0.5分/项。 (2) 两年内两标一优表彰（15分）：①获得省公司标杆工地加1分/项；获得国网公司标杆工程加3分/项；②获得省公司标杆工地加1分/项；获得国网公司标杆工程加3分/项；金奖加3分/项；③获得省公司优质工程银奖加4分/项；金奖加5分/项；获得国网公司优质工程银奖加1分/项，金奖加3分/项。该项加分不超过15分		20	实行分项得分制，最高20分

注：满分150分。

国网湖南省电力有限公司
关于开展基建现代班组建设的指导意见

为贯彻落实公司"两会"关于建强"基础单位"的现代班组建设工作要求,以国网"六精四化"为引领,加快构建现代建设管理体系,做强做优"两类班组",全面提升基建现代班组建设水平,公司研究制定本指导意见。

一、工作现状

班组建设是加强企业末端治理的重要着力点,面向"两个现代"的战略目标,必须加快推动班组建设迈入现代化建设进程,实现班组由管理末端基本作业单元向前端价值创造单元本质提升,适应现代建设管理体系建设要求。

目前,公司系统范围内共有设计、施工作业类班组102个、1404人(含劳务派遣),其中,市州公司省管产业单位班组41个、361人,省送变电公司班组61个、1043人。面对新形势、新任务、新要求,基建专业班组建设尚存在一系列困难和问题需要加快破解,可以从以下三个方面进行归纳。

(一)从班组设置"有没有"看

首先,班组定义较为模糊。项目管理类班组发挥着统筹指挥作用,由于其临时机构的属性,具有人员不固化、流动性强等特点,存在管理穿透不到位、缺乏团队凝聚力、制度执行不到位等问题;作业类班组普遍存在自主施工能力较差的问题,部分产业单位未组建专业化自有班组,仍然较多地依赖外包队伍力量,不符合产业单位同质化管理等改革要求。其次,系统观念不强。部分单位没有解决自有班组建设工作中机制不畅、运转不顺、流程烦琐等堵点问题,职责界面、配套制度待进一步明确。

(二)从班组资源"缺不缺"看

首先,人力资源盘活有堵点。部分专业关键岗位人员不足、专业人才匮乏,"基层骨干力量成为管理人员主要来源、领导人员重要来源"的导向没有完全树立。部分单位存在"人浮于事""人不好用""用不好人""证岗不一致"等问题,人力资源有待精准盘活。其次,双融双促停留在表层。党建与业务联系不够紧密,基层减负无法产生实效,硬件设施未配置完备,班组文化未凝聚形成。

(三)从班组能力"强不强"看

首先,精益管理不够。部分班组规章制度不健全,专业管理能力不足,管理无法穿透到现场。内部激励机制有待优化,员工收入未与绩效评价、内部利润和价值创造等指标联动,普遍缺乏竞争意识,内生动力不足。其次,核心能力不足。项目部层面"不想管""不能管""不会管"等问题突出,重点体现在管理责任落实不到位、指挥协调能力不够、统筹组织不到位等；作业班组层面数智化程度较低、创新意识不强、自有人员技能水平下滑严重，过分依赖于劳务分包商，被分包商卡住"技术脖颈"。

二、总体思路

认真贯彻落实公司"1266"总体要求，全面打造"四强四优"现代化能源互联网企业，坚持以国网基建"六精四化"战略思维和公司现代建设管理体系为引领，聚焦基层基础单元，强化分级分类实施，建强"两类班组"（项目管理类班组和作业类班组），固化"常设班组"，强化"战时班组"；坚持以"有没有""缺不缺""强不强"三类问题为导向，抓实"规范班组设置、配置班组资源、提升班组能力"三大举措，科学开展五星班组（长）评价、项目经理评级，实现基建班组"从无到有、从有到强"的两步并作一步走建设目标，全面推动基建现代班组建设走深走实。

三、重点提升举措

（一）规范化设置基建班组，解决"有没有"的问题

按照公司相关要求，配合人资部门标准化设置基建班组（详见附件1，待省公司统一行文）。

一是项目管理类班组，主要包括市州公司项目管理中心、省管产业单位，建设公司（咨询公司）建管项目分公司、监理分公司，送变电公司变电、线路、电缆、机械化施工分公司、大力公司，超高压变公司超高压建设公司所下设的项目管理"常设班组"（例如市州公司项目管理中心主网室等），在公司及派出机构驻地设置班组办公场所。项目启动时，通过临时组建"战时班组"，即业主、监理、施工项目部派驻工程现场，代表建管、监理、施工单位履行各自管理职责，鼓励设置复合型大班组（按片区、地域或单项输变电工程等），充分发挥现场指挥单元作用。

二是作业类班组，主要包括市州公司省管产业单位，送变电公司变电、线路、电缆、机械化施工分公司、大力公司，超高压变公司超高压建设公司，以及18家设计单位下设的作业类"常设班组"（例如送变电公司线路分公司放线队等），在公司及派出机构驻地设置班组办公场所。项目启动时，作为"战时班组"由施工项目部、设计单位安排至工程现场开展施工作业和设计服务，充分发挥作战执行单元的作用。

（二）标准化配置班组资源，解决"缺不缺"的问题

1. 班组人员配置到位

（1）根据专业管理、项目管理需求，以及基层班组设置实际情况，明确班组和岗位名称、岗位职责等，完善班组相应人员及薪酬配置，部分岗位可由一人兼任多岗。

（2）梳理相关单位班组设置和人员配置情况，摸清两类班组的业务属性、班组和人员数量，形成班组明细台账。优化人员配置，采用转岗、招聘等方式，补齐班组关键岗位人员。将部分高校毕业生分配至一线班组历练，推动无班组经历的专业管理人员"回炉"锻炼。

（3）落实国网"准入、强训、必考"工作要求，在国网系统率先建立功能价值完备的

新产业工人管理平台,支撑基建现代班组建设,对作业人员统一管理和技能测评,开展人员轮岗、跟班培训、理论实操考评,规范产业工人"准入、持证、考核、退出"的全过程管控机制。

2. 班组设施配置到位

各单位要为常设班组提供固定办公场所,合理规划办公空间,确保每个班组都有条件适宜的工作区域。同时,考虑到不同班组的工作性质,按需配置必要的办公设施(详见附件2)。项目管理类常设班组相关软硬件设施,以满足项目日常管理要求。作业类常设班组制定装备配置标准,确保安全工器具、现场作业设备、仪器仪表等种类齐全、数量充裕、合格可用。要按照"先急后缓、区域共享"原则逐步补齐各类班组装备,配备无人机等数智化设备,提升班组现代化程度。

3. 班组软实力提升到位

(1)厚植班组文化。通过"先进个人讲座"和"师徒结对子"等途径,帮助青年职工树立正确的价值观,增强工作责任感和争先意识,促进崇尚技能、实干理念落地;围绕班组驻地建设标准化、文明设施定置化、后勤保障优质化、日常管理制度化建设,结合实际整章建制,提升班组凝聚力。

(2)重视班组减负。在业务上做减法,杜绝层层加码、向班组摊派任务,整合或减少班组台账记录,减少重复性、机械性报表的报送频次;清理自建系统,减少信息重复录入,以基建数智化为手段实现业务处理线上化,切实减少基层负担。

(3)加强创新驱动。分类分级组建创新管理、装备研发、新型设备推广等柔性团队,健全班组创新体系,明确团队年度和日常工作目标,注重创新灵感的收集和成果转化;鼓励班组职工积极参加劳模工匠创新工作室、技能大师工作室、专家人才工作室建设,营造注重创新的班组氛围。

(三)强化提升班组核心能力,解决"强不强"的问题

1. 强化工作组织

(1)项目管理类班组。

一是加强计划管控。①压实管理责任。严格执行"管项目管计划""管作业首管计划"原则。班组长应作为计划管控的第一责任人,制定班组、项目、专业管理等年、月、周工作计划。②做实项目策划。强化项目全过程节点的年度策划,提前梳理和预判各项目的施工难点及重点,重点策划好招标批次选择、依法办理行政手续、复杂停电过渡及机械化施工方案等,形成"策划先行、有序推进"工程建设管理模式。③强化计划执行。④建立"月通报、周总结、日碰头"的计划管控机制,制定工程进度、质量检查、物资供应等工作计划并刚性执行;及时根据"日评价"结果,动态调整工作计划,合理安排工作内容。

二是加强统筹监管。①提升业主、监理项目部的指挥能力。强化业主项目部的预控及处置权力,进一步彰显业主项目部指挥权威。②强化关键人员的调整权。结合日常工作、日评价情况,对监理、施工项目部不称职的关键人员提出更换或调整要求。③强化作业人员的进出权。严格作业人员准入,根据技能素质、作业执行及日评价情况,清退不合格的作业人员。④强化合同履约考核的建议权。根据合同条款对参建单位履约情况出具考核意见,经建管单位审核后执行,纳入工程结算。⑤全面加强"五项"统筹(两个前期进展、项目管理策划、物资供应、停电计划管控、验收投产协同),全面深化"五项"监管(环境保障、合

同履约、依法合规、计划执行、关键工作措施)。

三是突出施工项目部的作战能力。①管住工作秩序。强化标准化开工，按照标准化配置要求，完成项目部、材料站配置，接受标准化配置达标检查，配合完成数字化建设部署，完成开工报审流程。严格落实人证匹配的要求，常驻项目部进行集中办公。建立"日晚会"工作机制，梳理工作的完成情况和存在的问题，明确次日工作计划，合理调整任务安排。②管住策划复盘。做实管理策划，依据建管纲要、合同要求和项目策划书，编制项目管理实施规划并报审，明确项目管理进度、安全、质量等各要素的相关要求，明确机械化施工、进出场道路、单基策划、三跨措施等具体安排。③管住人员队伍。项目经理持证上岗，投标文件与实际项目经理应为同一人，严禁擅自更换。规定项目经理从业经历，一线工作时间不得少于5年，一线班组施工管理经验不少于3年，220千伏及以下需从事2年及以上同等级项目管理经历；500千伏需为四级及以上干部，且担任过220千伏工程项目经理并具有3年及以上500千伏工程项目管理经历。按需设置项目副经理岗位和项目安全总监，明确环水保、数字化管理职责，加强三跨及停电协调、环境保障等管理。④管住施工现场。组织开展安全风险隐患排查，重点抓好深基坑作业、近电作业、起重作业等关键环节风险管控，确保风险辨识精准、措施落实有力，严禁无计划作业、超承载力作业、疲劳作业。施工方案编写前组织多专业人员协同开展风险勘察，二级风险应上报专业部门复勘。明确一名四级领导人员或职员为班组挂点领导，负责对班组管理进行督导，促进班组建设。

(2)作业类班组。

一是加强标准化管理。①固定标准化模式。推进班组标准化作业和管理，确保作业票、交底、站班会、质量验收等基础管理要求落实到位，围绕标准化岗位设置、标准化工器具配置、标准化作业程序管控、标准化安全文明施工管理、标准工艺等管理要求，建立与执行班组工作及管理标准。②规范管控流程。班组长根据日计划执行情况，与施工项目经理沟通制定次日工作计划，施工项目部发布次日计划后，班组按照发布的日计划，办理作业票开展作业。③推动刚性执行。班组长作为作业类班组计划执行的第一责任人，与施工项目经理沟通作业计划内容以及作业时间，确保班组严格执行施工项目部发布的作业计划，严禁擅自变更计划或随意增加临时计划，确因特殊原因需增加作业计划或调整计划的，应与项目经理进行沟通，经其审定发布后再组织进行作业。

二是加强现场管控。①管住人员队伍。班组长作为班组管理的第一责任人，必须确保班组内特种作业人员执证上岗，具备相应的岗位资格；班组长根据每日的作业计划，合理调配班组人员执行作业计划，并监督人员严格执行；班组骨干须实时掌握班组人员动态，负责现场的工作安排和安全监护，杜绝违章，杜绝无计划作业。②管住作业现场。严格落实"七分准备，三分实施"标准化作业流程，落实"三段式"科学反违章机制，规范班组人员安全行为，解决班组人员习惯性违章问题，加强隐患排查，重点抓好深基坑作业、近电作业、起重作业、高空作业等关键环节重要风险管控。③管住现场安全。班组骨干负责执行作业计划和施工作业票制度，落实风险预控措施要求，组织、指挥、监护现场标准化作业，根据"日评价"及时整改问题，评价结果纳入数智化管控，执行"五备三报一救护"作业班组人身伤害突发事件应急处置工作要求。班组成员服从作业指挥，知晓作业任务和危险点，正确使用施工机具和安全防护用品，开展标准化作业。

三是突出机械化示范引领。以"机械化施工优秀班组"为典型，推动其他作业类班组齐头并进，发挥示范引领作用。①强化队伍建设。聚焦线路"基础、组塔、架线"、变电

"土建、电气、调试"以及"电缆"机械化自有班组建设，送变电公司组建数量不少于30个，各市州公司组建不少于1个。培养一批熟练掌握机械化施工工法应用的技能型人才，并制订配套薪酬体系。②强化装备研发。聚焦线路、全装配式变电站、电缆安装机械化施工等关键技术，分阶段突破硬岩成孔、跨越施工、高空作业等。研制智能化机械装备，实现远程操控、智能化无人操控，逐步形成电网建设专用系列装备，提高施工效率。③推广应用落地。依托重点工程，开展机械化施工设计竞赛、技能竞赛，以及现场观摩交流活动，通过示范工程建设，提升机械化施工的组织能力和实战水平。

2. 精益班组管理

（1）健全班组管理机制。根据本单位实际情况和个性化需求，健全"两类班组"的标准化建设、专业分工、任务分配、人员考勤等工作机制，推动现代建设管理体系建设进班组、进基层、进一线，建立班组工作质效和价值贡献评价体系，激发价值创造的活力。

（2）加强班组绩效管理。完善绩效考评体系。推行"工作积分制"考评，明确积分对应的业绩指标、工作事项等关键内容，并利用数字化手段量化计分，实现职工薪酬与价值贡献挂钩。①落实自有班组定额承包制。采取施工任务与薪酬绩效挂钩的经营绩效机制，班组对盈余指标拥有合理的分配权，激发班组干事创业的内生动力。②优化绩效分配模式。差异化设置考核因子，明确考核兑现的方式与标准，合理拉开收入差距（15%以上），强化压力传导，营造班组内部良性竞争环境。

（3）培育一流班组队伍。①强化技能培训。依托电网建设实训基地，开展班组人员的安全培训、技能考评、技能资格认证等工作；依托"班组大讲堂"活动为平台，班组长、班员轮流授课，"以教促学"实现技能水平提升；开展"老带新""师带徒"的技能实训，实现手把手教学，快速提升技能水平。②强化人才培育。大力开展业主项目经理、施工项目经理和班组长培优三年行动，通过三年时间培养与选树30名"金牌施工项目经理"、30名"卓越业主项目经理"、60名"五星施工班长"，实现"336"人才培育战略目标。

3. 提升建设能力

严格执行公司2023年印发的《现代建设管理体系12项配套指导意见》关于项目部建设、设计及施工能力建设相关要求（详见《加强业主项目部建设指导意见》《加强施工项目部建设指导意见》《加强产业单位设计及施工能力建设指导意见》）。

4. 加强数智应用

（1）巩固e基建2.0成果。将e基建2.0应用融入班组日常工作，严格本人操作、人岗匹配，以开工报审、停复工令、作业票、质量验收等场景为突破口取消线下操作，解决数智化转型阶段"两张皮"的问题。配合做好电子签章、施工进度自动提取、档案电子化归档、基建知识库等新功能的应用，加强问题建议反馈和典型经验总结，切实做好基层减负。

（2）应用数智化管控平台。以基建三级管控中心建设为主线，发挥远程调度的指挥能力，建立常态化工单督办机制，确保全员责任到位；依托平台开展周通报及月点评，强化进度计划、"四个一批"等关键环节管控，确保全过程管控到位；量化评估环境要素保障等关键因素，监控环水保手续等依法合规执行情况，确保全要素保障到位。基建班组全力支撑平台建设，形成"以数字工单驱动全员协同运作"的项目管理新模式。

四、综合考评

1. 星级班组评定

根据《公司现代班组建设星级班组评价方案》总体要求,按照基建专业"星级班组"评定标准,组织开展基建"五星班组"评定工作(占比约10%),并对"五星班组"予以挂牌表彰。

2. 星级班组长评定

首先,强化班组长示范引领。加强班组长队伍建设,赋予班组长管理权限,落实班组长工作职责,充分发挥班组长"头雁"作用。通过"五星班组长"评定,充分调动工作积极性,提升班组工作的质效。其次,打造一流班组长队伍。优化班组长梯队建设,健全选拔、培养、使用和评价机制,固化职业成长通道,把班组长经历作为提拔任用的重要标准。最后,完善班长聘用机制。坚持"择优聘用、契约管理"的原则,对班长实行聘期管理。选聘方式包括组织选聘和岗位竞聘。聘期一般为3年,各单位灵活确定,期满应该进行聘期考核。

3. 项目经理评级

根据项目经理评级标准(详见附件3),从职称、绩效、管理等多维度,开展业主、施工项目经理评级(Ⅰ、Ⅱ、Ⅲ级)。评级结果应用于项目管理承接、绩效系数匹配等,并把项目经理经历作为职业晋升硬指标。Ⅰ级项目经理作为"336"人才计划重要来源,其人才当量作为"五星班组"评定的重要得分项。

五、实施步骤

(一)研究部署阶段

各单位根据本意见深入开展调研分析,组织制定本单位基建现代班组建设实施方案,规范设置"两类班组",定义好项目管理类班组,组建好自有作业类班组,编制重点工作任务清单,并通过本单位党委会审议。

(二)组织落实阶段

各单位按照指导意见要求全面开展基建现代班组建设工作,重点围绕"标准化配置班组资源、提升班组核心能力",抓好工作落实,解决实际问题,按季度汇报工作开展情况。

(三)评估深化阶段

开展基建专业管理拉练、星级班组(长)评定、项目经理评级等工作,对各单位基建现代班组建设工作质效进行考核评价。总结基建现代班组建设工作成效,提炼典型经验做法,收集优秀案例,组织推广应用。

(四)巩固提升阶段

制定基建现代班组建设巩固提升工作方案,进一步完善工作机制,固化成功经验,推动基层班组全面提升建管能力、建设能力等,实现现代班组建设工作提质登高。

六、工作要求

（一）提高思想认识，加强组织领导

各单位要提高站位、认清形势，深刻理解现代班组建设对于实现公司战略目标、提升公司核心竞争力的重要性和必要性，主要领导要亲自抓，明确目标任务，强化组织协同，不等不靠、全面发力，积极推进各项建设工作。

（二）加强过程管控，确保取得实效

各单位要建立问题通报、闭环整改机制，制定过程管控策略，完善考核评估体系，将现代班组建设成效纳入各级绩效考核，及时对目标完成情况、责任落实情况、能力建设情况进行督导和评价，确保工作取得实效。

（三）注重总结提炼，加强经验推广

各单位要加强宣传引导，及时总结提炼建设经验，将典型经验系统化，将优秀做法制度化，持续强化人才强企、技能强企导向，营造"尊崇技术、崇尚实干"的良好氛围，提高基建班组关键岗位吸引力，鼓励引导青年员工扎根一线、成长成才。

附件：1. 基建类班组、岗位名录（暂定）
　　　2. 基建装备配置推荐表
　　　3. 业主、施工项目经理评级标准

附件1

基建类班组、岗位名录（暂定）

班组类型	一级单位	二级机构	三级机构（班组名称）	典型岗位名称
项目管理类班组	市州公司	项目管理中心	主网管理室	主管、副主管、主网业主项目经理、建设协调专责、安全管理专责、质量管理专责、主网工程技术经济专责等
	市州公司	省管产业单位（输变电分公司）	变电室、线路室，或项目管理室	主任、副主任、质量技术管理专责、项目经理、执行经理、项目总工、安全员、技术员兼质检员等
	建设公司	建管项目分公司	现场机构	经理、副经理、质量管理师、项目经理、管理专责、现场管理员等
	建设公司	湘北、湘南、湘西监理分公司	现场机构	监理站主任、监理站副主任、总监理工程师、总监理工程师代表、安全总监、专业监理、监理员等
	送变电公司	变电、线路、电缆、调试、械化施工分公司	项目管理室	主任、副主任、质量技术管理专责、项目经理、执行经理、项目总工、安全员、技术员兼质检员等
	送变电公司	省管产业单位（湖南大力建设集团有限公司）	变电室、线路室，或项目管理室	主任、副主任、质量技术管理专责、项目经理、执行经理、项目总工、安全员、技术员兼质检员等
	超高压变电公司	省管产业单位（超高压电力建设股份有限公司）	变电室或项目管理室	主任、副主任、质量技术管理专责、项目经理、执行经理、项目总工、安全员、技术员兼质检员等
作业类班组	送变电公司	变电、线路、电缆、调试、械化施工分公司	机械化施工队、基础施工队、组塔施工队、架线施工队、电缆施工队、土建施工队、变电一次队、变电二次队、电气调试队、光纤通信队、特殊试验队等	队长、副队长、技术负责人、技术员兼质检员、安全员、施工队技经员、架线施工队线路架设、施工队材料员等

续表

班组类型	一级单位	二级机构	三级机构（班组名称）	典型岗位名称
作业类班组	送变电公司	省管产业单位（湖南大力建设集团有限公司）	机械化施工队、基础施工队、组塔施工队、架线施工队、电缆施工队、土建施工队、变电一次队、变电二次队、电气调试队、光纤通信队、特殊试验队等	队长、副队长、技术负责人、技术员兼质检员、安全员、施工队技经员、架线施工队线路架设工、施工队材料员等
	超高压变电公司	省管产业单位（超高压电力建设股份有限公司）	变电施工队、机械化施工队、变电一次队、变电二次队、电气调试队、光纤通信队、特殊试验队等	队长、副队长、技术负责人、技术员兼质检员、安全员、施工队技经员、架线施工队线路架设工、施工队材料员等
	市州公司	省管产业单位（输变电分公司）	机械化施工队、基础施工队、组塔施工队、架线施工队、电缆施工队、土建施工队、变电一次队、变电二次队、电气调试队、光纤通信队、特殊试验队等	队长、副队长、技术负责人、技术员兼质检员、安全员、施工队技经员、架线施工队线路架设工、施工队材料员等
	市州公司及其他设计单位	省管产业单位（市州公司设计院、经研院、华晨院、送变电院、华超院）	勘测室、变电室、线路室、土建室	室主任、室副主任、主任工程师、设总、设计专责等

185

附件2

基建装备配置推荐表

常规检测类			
序号	名称	数量	备注
1	混凝土回弹仪	1	
2	经纬仪	1	
3	接地电阻表	1	
4	测厚仪	1	
5	钢卷尺	按需配置	5m/10m/50m
6	游标卡尺	按需配置	
7	扭矩扳手	1	
8	望远镜	按需配置	
9	激光测距仪	按需配置	
安全工器具类			
序号	名称	数量	备注
1	安全帽	按需配置	
2	安全带	按需配置	
3	验电器	按需配置	根据班组作业电压等级配置
4	接地线	按需配置	
5	个人保安线	按需配置	
6	速差自控器	按需配置	
7	绝缘绳	按需配置	
数智化提升类			
1	无人机	按需配置	
机械化类			
1	电建钻机	按需配置	
2	罐式（箱式）履带车	按需配置	
3	履带吊车	按需配置	

附件3

业主、施工项目经理评级标准

业主项目经理评级标准

考核要素	考核内容（得分制）	标准分	提供资料	得分
职称等级	1. 具备中级职称，得3分。 2. 具备副高级职称，得5分。 3. 具备正高级职称，得10分。	10	职称证书	
个人绩效	1. 申报年度前3年个人绩效积分不少于4.5分，得5分。 2. 申报年度前3年个人绩效积分不少于5.5分，得8分。 3. 申报年度前3年个人绩效积分不少于6分，得10分。	10	经本单位人资部盖章出具的绩效证明	
安全管理	1. 所管理的工程发生安全事故，或被国网公司查处Ⅰ类严重违章，得0分。 2. 所管理的工程未发生安全事故，实现工程施工合同安全目标，未被国网公司查处Ⅰ类严重违章，得5分。 3. 所管理的工程未发生安全事故，实现工程施工合同安全目标，未被国网公司查处Ⅱ类及以上严重违章，得8分。 4. 所管理的工程未发生安全事故，实现工程施工合同安全目标，未被国网公司查处Ⅲ类及以上严重违章，未被省公司查出Ⅰ类严重违章，得10分	10	担任业主项目经理的项目清单及任命文件	
质量管理	1. 所管理的工程未发生因工程施工造成的六级及以上工程质量事件；工程通过达标投产考核，实现工程施工合同质量目标。（10分） 2. 所管理的工程未发生因工程施工造成的六级及以上工程质量事件；工程获省公司优质工程奖。（13分） 3. 所管理的工程未发生因工程施工造成的六级及以上工程质量事件；工程获国网公司优质工程奖。（16分） 4. 所管理的工程未发生因工程施工造成的六级及以上工程质量事件；工程获电力行业优质工程奖。（18分） 5. 所管理的工程未发生因工程施工造成的六级及以上工程质量事件；工程获国家优质工程奖。（20分）	20	担任业主项目经理的项目清单及任命文件，获奖证书、文件	
进度管理	1. 所管理的工程未发生因工程施工造成的进度滞后被省公司及以上单位考核的情况，实现工程施工合同工期目标。（5分） 2. 所管理的工程未发生因工程施工造成的进度滞后被省公司及以上单位考核的情况，提前1个月实现工程施工合同工期目标。（5分） 3. 项目管理策划（建设管理纲要等）编制及时，针对性、指导性强，项目管理过程基本按照策划方案执行。（5分）	15	担任业主项目经理的项目清单及任命文件	

续表

考核要素	考核内容（得分制）	标准分	提供资料	得分
技经管理	1. 预算不超概算，概算不超预算，实现造价合理精准区间目标。实现计 2 分，未实现计 0 分。（2 分） 2. 现场造价管理实现"六个 100%"，实现计 6 分，未实现计 0 分。（6 分） 3. 竣工结算进度满足国网和省公司要求，实现计 2 分，未实现计 0 分。（2 分）	10	相关佐证资料	
创先争优	1. 所管理的工程中获评 1 项省公司及以上标杆示范工地。（4 分） 2. 所管理的工程中获得 1 项省公司及以上年度基建专业相关奖项。（4 分） 3. 所管理的工程中获评 1 项省公司及以上无违章现场或标准化示范现场。（2 分）	10	获奖证书、文件等佐证资料	
指导评价	1. 作为授课老师参与省公司级及以上本专业培训每年 4 学时以上。（2.5 分） 2. 作为教练指导省公司级及以上本专业竞赛 1 次及以上。（2.5 分） 3. 作为评委参与省公司级及以上职称评审工作。（2.5 分） 4. 作为考评员参与省公司级及以上技能等级评价工作。（2.5 分）	10	相关佐证资料	
标准修编	1. 作为主要成员，参与修订或编制省公司及以上级别的电网基建相关管理规章制度及相关标准 1 项及以上。（5 分） 2. 独立或作为第一作者发表本专业相关行业正式出版发行期刊论文 1 篇及以上。（5 分）	10	相关佐证资料	
科技创新	1. 作为主要成员，参与完成依托工程开展的科技项目 1 项及以上。（5 分） 2. 作为主要成员（前 3 名）获得工法、QC 等省部级奖项 1 项及以上。（5 分）	10	获奖证书等相关佐证资料	
人才培养	1. 在人才培养及基建梯队建设方面有过一定贡献，在"传帮带"方面培养 1 名后备业主项目经理。（3 分） 2. 个人获得市公司级专家、工匠、劳模、先进个人等荣誉。（2 分） 3. 个人获得省公司级专家、工匠、劳模、先进个人等荣誉。（4 分） 4. 个人获得国网公司级专家、工匠、劳模、先进个人等荣誉。（6 分）	15	获奖证书、文件等相关佐证资料	

续表

考核要素	考核内容（得分制）	标准分	提供资料	得分
依法合规	1. 未发生基建业务廉政风险相关事件，未发生拖欠农民工工资事件。(3分) 2. 未发生未批先建、非法占地、违法转包分包等法律合规风险事件。(3分) 3. 未发生"未验先投""带病验收""久拖不验"等环水保问题。(4分)	10	相关佐证资料	

施工项目经理评级标准

考核要素	考核内容（得分制）	标准分	提供资料	得分
执业资格	1. 一级注册建造师并且人证相符。(10分) 2. 二级注册建造师并且人证相符。(5分)	10	建造师证书	
个人绩效	1. 申报年度前3年个人绩效积分不少于4.5分。(5分) 2. 申报年度前3年个人绩效积分不少于5.5分。(8分) 3. 申报年度前3年个人绩效积分不少于6分。(10分)	10	经本单位人资部盖章出具的绩效证明	
安全管理	1. 所管理的工程未发生安全事故，实现工程施工合同安全目标，未被国网公司查处Ⅰ类严重违章。(5分) 2. 所管理的工程未发生安全事故，实现工程施工合同安全目标，未被国网公司查处Ⅱ类及以上严重违章。(8分) 3. 所管理的工程未发生安全事故，实现工程施工合同安全目标，未被国网公司查处Ⅲ类及以上严重违章，未被省公司查出Ⅰ类严重违章。(10分)	10	担任施工项目经理的项目清单及任命文件	
技经（经营）管理	1. 项目利润实现企业下达经营目标，实现计2分，未实现计0分。(2分) 2. 现场造价管理实现"六个100%"，实现计6分，未实现计0分。(6分) 3. 施工结算进度满足国网和省公司要求，实现计2分，未实现计0分。(2分)	10	相关佐证资料	
质量管理	1. 所管理的工程未发生因工程施工原因造成的六级及以上工程质量事件；工程通过达标投产考核，实现工程施工合同质量目标。(3分) 2. 所管理的工程未发生因工程施工原因造成的六级及以上工程质量事件；工程获省公司优质工程奖。(5分) 3. 所管理的工程未发生因工程施工原因造成的六级及以上工程质量事件；工程获国网公司优质工程奖。(8分) 4. 所管理的工程未发生因工程施工原因造成的六级及以上工程质量事件；工程获国家优质工程奖。(10分)	10	担任施工项目经理的项目清单及任命文件，获奖证书、文件	

续表

考核要素	考核内容（得分制）	标准分	提供资料	得分
进度管理	1. 所管理的工程未发生因工程施工原因造成的进度滞后被省公司及以上单位考核的情况，实现工程施工合同工期目标。(5分) 2. 所管理的工程未发生因工程施工原因造成的进度滞后被省公司及以上单位考核的情况，提前1个月实现工程施工合同工期目标。(5分) 3. 项目管理策划（项目管理实施规划等）编制及时、针对性、指导性强，项目管理过程基本按照策划方案执行。(5分)	15	担任施工项目经理的项目清单及任命文件	
创先争优	1. 所管理的工程中获评1项省公司及以上标杆示范工地。(4分) 2. 所管理的工程中获得1项省公司及以上年度基建专业相关奖项。(4分) 3. 所管理的工程中获评1项省公司及以上无违章现场或标准化示范现场。(2分)	10	获奖证书、文件等佐证资料	
人才培养	1. 在人才培养及基建梯队建设方面有过一定贡献，在"传帮带"方面培养1名后备项目经理。(3分) 2. 个人获得市公司级专家、工匠、劳模、先进个人等荣誉。(2分) 3. 个人获得省公司级专家、工匠、劳模、先进个人等荣誉。(4分) 4. 个人获得国网公司级专家、工匠、劳模、先进个人等荣誉。(6分)	15	相关佐证资料	
依法合规	1. 未发生基建业务廉政风险相关事件，未发生拖欠农民工工资事件。(3分) 2. 未发生未批先建、非法占地、违法转包分包等法律合规风险事件。(3分) 3. 未发生"未验先投""带病验收""久拖不验"等环水保问题。(4分)	10	相关佐证资料	

国网湖南电力建设部关于建立电网建设专业专家骨干人才共享共用机制的通知

为认真贯彻公司建设物资环保工作会议精神，落实公司人才强企战略和人才培养"三大工程"要求，全面推进公司现代建设管理体系建设走深走实，围绕"精心培育强队伍"目标，公司建设部拟建立电网建设专业专家骨干人才共享共用机制，构建公司电网建设专业专家骨干人才共享库（以下简称"人才共享库"），有关事项通知如下。

一、目标思路

坚持人才是第一资源基本定位，聚焦职能管理、项目管理、技术支撑、主力施工"四支队伍"，健全基建专业人才队伍培养体系和管理机制，抓实各层级、各类型、各专业人才"选、育、管、用"全过程管理，为基建人员成长成才搭好台子、铺好路子、架好梯子、压实担子，激发人才成长内生动力、丰富人才工作经历、提升人才专业实力，着力构建"高端专家人才、专业骨干人才、一线技能人才"的基建队伍雁阵格局，为公司电网高质量建设提供强有力的人才保障和队伍支撑。

二、构建电网建设专业专家骨干人才共享库

公司建设部在各单位择优推荐专家骨干人选的基础上，经过严格遴选，确定2024—2025年度人才共享库成员名单。本次入库专家共280人，其中，安全专业21人、质量专业20人、设计技术管理专业15人、设计技术专业52人、建设管理专业19人、监理专业13人、施工技术管理专业7人、施工技术专业78人、变电技经专业20人、线路技经专业21人、环保专业7人、数字化专业7人。入库专家有效期为2年，根据年度积分结果及岗位变动等情况，2025年年底进行各专业入库人数不低于20%的更新。

三、建立专家骨干人才共享共用机制

（一）加大公司层面专业任务下达安排

公司建设部聚焦新技术攻关、装备研发、标准制定、管理创新、人才培养、政策研究及专业重点工作等方面，不定期集中发布重点工作任务，由人才共享库成员揭榜挂帅，承接省公司重点工作任务。各专业不定期发布临时性重点工作任务，鼓励人才共享库成员积极参与公司建设部组织的各类集中工作、课题研究等专项活动。

（二）强化各单位层面专业重点任务安排

各单位结合公司现代建设管理体系建设工作实践，制定并发布各单位重点任务，让人才共享库成员在标准制定、技艺革新、工程建设等方面发挥引领示范作用。组织入库专家通过

"师带徒"等方式，在工作实战中培育基建人才队伍。同时，各单位内部组建围绕入库专家的柔性团队、专项团队，为入库专家开展工作提供积极支撑。

（三）积极开展各单位间专业任务协同协作

各单位结合公司现代建设管理体系建设深化落地、重点工程建设等工作，综合考虑专业管理工作的实际需要，梳理需跨单位共同开展的协作任务，在公司建设部的统筹下，组织人才共享库成员组建柔性团队，以适当方式分工协作、共同推进、联合攻关。

（四）强化专家骨干成果经验展示交流

依托公司现代建设管理体系建设专刊、劳动竞赛、现场观摩、技术论坛等平台开展常态化经验交流，鼓励并组织入库专家围绕专业发展趋势、建设重大需求、前沿技术创新等方面，充分展示创新成果，加强专业交流，发挥引领作用，营造浓厚的比学赶超氛围，调动起基建战线创新创效的积极性。

（五）强化入库专家骨干成长激励评价

对入库专家骨干按年度进行成长激励评价，评价实行积分制，主要包括重点任务、交流展示、人才培养等方面，细则详见附件。三者之间不设权重、不设上限，叠加计算得出总分值，并分专业排名，每两年更新人才共享库人员名单。

四、工作要求

（一）加强组织领导

各单位要高度重视入库专家的管理和使用，注重人才选拔及动态管理，确保人才共享库真正成为丰富人才阅历、激发队伍活力、沉淀专业实力的平台，为电网高质量建设提供强有力的人才保障和队伍支撑。

（二）加强过程管控

各单位要发挥主体作用，组织入库专家积极参与揭榜挂帅、任务协作等各项任务，统筹内部资源，为入库专家开展工作提供充足支撑，指导入库专家高质量完成所承担工作，对工作成果进行把关。

（三）加强评价引导

公司建设部组织开展对入库专家的年度激励评价，对于评价结果靠前、表现突出的入库专家，优先推荐公司评先评优及领军专家等"三类五级"专家评选，并对所在单位年度企业负责人业绩考核专业评价中予以加分。

附件：电网建设专业专家骨干人才成长激励积分评价细则

附件

电网建设专业专家骨干人才成长激励积分评价细则

电网建设专业专家骨干人才成长积分评价，主要包括重点任务、交流展示、人才培养三部分。三者之间不设权重、不设上限，叠加计算得出总分值，并分专业排名。

一、重点任务

维度	评分要点	主持	参与	形成成果
国网公司级	管理创新	20分	10分	再计10分
	政策研究	20分	10分	再计10分
	制度制（修）订	16分	8分	再计8分
	科技攻关、技艺革新	20分	10分	再计10分
	工法研究	16分	8分	再计8分
	专项攻关	16分	8分	再计8分
	标准工艺制定	12分	6分	再计6分
	作为专家参加国网公司评审、审查、检查等	16分	8分	—
	支撑国网公司完成临时性任务	20分	10分	—
	完成国网公司安排的其他事项	12～20分	6～10分	—
公司级	管理创新	10分	5分	再计5分
	政策研究	10分	5分	再计5分
	制度制（修）订	8分	4分	再计4分
	科技攻关、技艺革新	10分	5分	再计5分
	工法研究	8分	4分	再计4分
	专项攻关	8分	4分	再计4分
	作为专家参加公司评审、审查、检查等	8分	4分	—
	支撑公司完成临时性任务	10分	5分	—
	完成公司安排的其他事项	6～10分	3～5分	—
各单位	管理创新	6分	3分	再计3分
	政策研究	4分	2分	再计2分
	制度制（修）订	4分	2分	再计2分
	科技攻关、技艺革新	6分	3分	再计3分
	工法研究	4分	2分	再计2分
	专项攻关	4分	2分	再计2分
	作为专家参加各单位评审、审查、检查等	3～5分	3分	—

二、交流展示

评分要点	参与
在国网基建"六精四化"专刊交流经验	12 分
在公司现代建设管理体系建设专刊交流经验	8 分
在公司级及以上媒体交流经验	6 分
在公司级以下媒体交流经验	3 分
在公司组织的各类大型会议上进行交流展示	8 分
在公司组织的现场会上进行交流展示	15 分
通过其他方式进行交流展示	5～10 分

三、人才培养

评分要点	参与
完成国网公司级授课任务	每学时计 4 分
完成公司级授课任务	每学时计 2 分
完成培训资源建设，包含录制培训视频或课件、编制或审查培训教材或试题等情况	每完成一项计 10 分（国网公司级）
	每完成一项计 6 分（公司级）
	每完成一项计 3 分（各单位）
师带徒，签订师徒协议	每人计 5 分，完成培养目标计 10 分
参与管理、技术、技能类竞赛，担任活动组织人员、裁判员、教练员	每参与一次计 10 分（国网公司级）
	每参与一次计 8 分（公司级）
	每参与一次计 5 分（各单位）
参与管理、技术、技能类竞赛，担任参赛选手	10 分，获得奖项计 20 分（国网公司级）
	8 分，获得奖项计 16 分（公司级）
	5 分，获得奖项计 10 分（各单位）
其他人才培养事项	5～10 分

国网湖南省电力有限公司电网建设产业工人履职能力和技能水平测试实施指导意见（试行）

为贯彻落实公司《现代建设管理体系建设实施方案》及配套实施方案明确的有关工作举措，特制定本指导意见。

一、工作思路

以公司《关于电网建设新产业工人管理工作的指导意见》（湘电公司办〔2024〕22号）为指引，依托公司基建施工技能实训基地成立产业工人测试中心，组建测试考评员队伍，编制测试题库，打造电网建设产业工人测试体系和平台，通过"岗位体检"测试模式，对输变电工程业主、监理、施工等单位参建人员履职能力和技能水平进行系统化、规范化、专业化的岗位能力测试，从源头把住人员入口关，提升现场作业人员履职能力和作业技能水平。

二、工作目标

建立健全产业工人履职能力和技能水平测试机制，做实做精测试项目，严把人员"准人关"要求，确保输变电工程现场人员都是合格的"明白人"。组织编制岗位测试题库，实现送变电公司、部分产业单位和监理单位项目管理关键人员、作业层班组人员测试合格后上岗。固化产业工人测试机制，形成产业工人测试标准模式，覆盖公司输变电工程建设所有参建人员，常态化开展测试工作。

三、工作内容

（一）测试对象

公司35千伏及以上输变电工程建设的业主、监理、施工等项目部管理关键人员，作业层班组人员（见附件1）。

1. **业主项目部管理关键人员**
项目经理，安全管理、质量管理、技术管理和项目管理等岗位人员。

2. **监理项目部管理关键人员**
总监理工程师、总监理工程师代表、项目安全总监、专业监理工程师、安全监理工程师、监理员、驻队监理等岗位人员。

3. **施工项目部管理关键人员**
项目经理、项目总工、安全员、质检员、技术员等岗位人员。

4. **作业层班组人员**
（1）班组骨干人员：班组长、班组安全员、班组技术员。
（2）班组技能人员：高空作业、起重操作、测量、机械操作、压接作业、高压试验、二次接线、二次调试等岗位人员。

（3）班组一般作业人员：班组其他辅助作业岗位人员。

测试对象可以根据实际情况报考多个专业或多个岗位，报考多专业、多岗位时公共考核项目可合并考核，报考岗位可向下兼容，取得相应岗位测试合格后不得超范围兼任其他岗位。

（二）测试内容

1. 项目部管理关键人员

（1）通用要求：熟练掌握基建相关法律法规、国网公司和公司相关的规章制度，具备相应的问题发现及处理能力、工程检验检测类实操技能和相关专业管理经验等。

（2）重点内容：业主项目部关键人员重点考核工程全局性整体协调和把控能力，工程安全、质量、进度、造价、技术管理及其关键点管控，工程合规性建设、内外部协调、物资供应等控制及协调等内容。监理项目部关键人员重点考核工程关键节点监督管理职能的履行能力、施工过程中相关工作的安全、质量的监督执行和协调处理能力。施工项目部关键人员重点考核工程实施过程中的有关安全、质量、技术及管理要求的执行能力。

2. 作业班组骨干及技能人员

（1）通用要求：应掌握基本的基建相关法律法规、规章制度、班组标准化管理、有关现场的安全管理要求、质量标准及现场典型违章和必备的"应知应会"基础知识等。

（2）重点内容：班组骨干人员应具备丰富的现场管理经验，组织、协调及管理整个班组高效高质量开展施工作业的能力。核心技能作业人员则必须熟练掌握相关工种的技能与安全、质量管理要求，对技能人员需重点考评技能作业人员的专项作业技能，同时应注重其"三个意识"（安全意识、责任意识和风险意识）和"三个能力"（安全基础能力、风险防控能力和行为规范能力）考核。

3. 作业班组一般作业人员

应掌握基本的现场相关作业项目的安全质量管理要求，具备基本的安全质量意识，了解现场典型违章等，熟练掌握与实际参与作业的项目实际操作技能等。

各类人员测试考核范围、内容见附件2。

（三）测试方式

以集中脱产测试方式为主，远程视频测试方式为辅。

（1）集中脱产测试。一般在每年1—3月和7—8月，在产业工人测试中心集中进行。

（2）远程视频测试。随机抽取与专业、岗位相关的问题，测试考官通过远程视频问答方式，评判测评人员履职能力和技能水平（见附件3）。

（四）组织实施

1. 组建测试考评员库

公司建设部、人资部、安监部、产业部牵头，依托电网建设专业骨干人才组建产业工人测试考评员库，并不定期进行更新。入库考评员统一接受公司相关部门统一调配，承担测试题库开发及测试考评任务。考评员评选及入库见附件4。

2. 制定测试计划

建设管理单位牵头，根据本单位建设项目实施及参建人员情况，每月向公司建设部报送测试人员名单，汇总后交产业工人测试中心按月排定测试计划、发布测试通知。对于特殊工程，确需临时新增测试计划的，建设管理单位需提前一周制定测试计划并提交公司建设部。

3. 测试流程

（1）测试报名。由建设管理单位根据测试计划，组织测评人员填写测试报名表（见附件5）报产业工人测试中心。

（2）测试考评员抽取。根据测试人员岗位特点，产业工人测试中心从测试考评员库抽取考评员担任测试考官，每个测试单项选取2～3名考评员。

（3）测试定级。参加测试人员，通过"理论测试＋答辩＋实操考核"测试方式中的组合形式开展。理论测试设定为80分合格，未达合格标准则不具备参加答辩及实操测试资格。测试人员成绩采取综合得分计分模式，综合测试结果分为四类：70分以下为不合格，70～80（含70分）分为合格，80～90分（含80分）为优秀，90分及以上为特别优秀。

（五）测试结果应用

测试结果经公司建设部审核后发布，同时颁发合格证书，测试合格结果5年有效。

测试不合格人员一律不允许录入"e基建2.0"系统，不得参加工程现场管理或作业，不得进入施工作业票。

（六）测试费用

测试费用由参建人员所在工程项目法人管理费的建设项目劳动安全验收评价费项目列支。

四、工作要求

（一）加强组织领导

各单位高度重视产业工人履职能力和技能水平测试工作，切实加强组织领导，明确工作职责，组织工程参建人员积极参与，做好测试结果应用，提升输变电工程作业现场本质安全质量。

（二）强化统筹协调

加强产业工人履职能力和技能水平测试工作体系相关部门、单位专业协同，建立常态化沟通协调和业务统筹机制，切实推进测试工作的协同开展，确保测试工作顺利实施。

（三）确保工作实效

相关专业部门充分听取各单位、现场作业人员意见，不断优化测试实施方案，提升测试工作效率，持续优化测试体系，确保测试工作取得实效。

附件：1. 测试人员岗位及专业划分表
   2. 各类人员测试考核范围
   3. 远程视频测试方式
   4. 测试考评员评选及入库
   5. 测试人员报名

附件1

测试人员岗位及专业划分表

岗位＼专业	线路			变电			电缆	调试	备注
	基础	组塔	架线	土建	变电一次	变电二次			
业主项目经理									
业主安全管理									
业主质量管理									
业主技术管理									
业主项目管理									
总监理工程师									
总监理工程师代表									
项目安全总监									
专业监理工程师									
安全监理工程师									
监理员									
驻队监理									
施工项目经理									含专业分包
项目总工									含专业分包
技术员									含专业分包
质检员									含专业分包
安全员									含专业分包
班组长									
班组技术员									
班组安全员									
高（低）压电工									
高空作业人员									
金属焊接（切割）作业员									
机械起重作业（含起重机指挥）									
土建施工员									

续表

专业 岗位	线路			变电			电缆	调试	备注
	基础	组塔	架线	土建	变电一次	变电二次			
变电一次安装工									
二次接线工									
继电保护员									
电气试验工									
通信建设工									
高压电缆接头工									
低压电缆接头工									
电缆展放施工员									
架空线路工									
压接工									
测量工									
调试人员									
木工									
泥工									
钢筋工									
牵张机手									
绞磨机手									
手拖机手									
电建钻机机手									
履带运输车操作手									
无人机操作手									
一般作业人员									

注：报考人员可以根据从业计划报考多个专业及多个岗位。

附件2

各类人员测试考核范围

内容	层级	试卷题型	试卷题目数量	试题分数分值	题库数量	备注
理论考核	项目部	单选	20	30	100	分专业
		多选	10	20	50	
		判断	10	10	50	
		简答	2	20	20	
		综合题	1	20	5	
	班组骨干	与项目部内容及方式一致，难度降低一个层级				
	核心技能人员	单选	15	30	30	分工种
		判断	15	30	30	
		看图判断	5	40	6～10	
	一般作业人员	远程问答	5	20	50	
答辩考核	项目经理	(1) 个人自述；(2) 综合管理类1题；(3) 经济、技术、质量或安全类1题；(4) 问题处理类1题	3	个人自述40分，答辩3题，共60分	综合管理类5题；专业类10题；问题处理类5题	分专业
	项目总工 技术员 质检员 安全总监 安全员	(1) 个人自述；(2) 综合管理类1题；(3) 经济、技术、质量或安全类1题；(4) 问题处理类1题	3	个人自述40分，答辩3题，共60分	综合管理类5题；专业类10题；问题处理类5题	分专业
	班组骨干	(1) 个人简要自述；(2) 问题处理类1题	1	个人自述50分，答辩1题50分	5	分专业
实操考核	项目总工 技术员 质检员	随机抽取1项现场检验检测类实操	1	100	6～8	分专业
	安全总监 安全员	随机抽取1项现场安全类实操	1	100	4～6	分专业
	班组长	专业类实操1项	1	100	4～6	分专业
	班组安全员、班组技术员、工作负责人、安全监护人	专业类实操1项	1	100	4	分专业
	技能作业人员	对应专业类实操1项	1	100	每工种4～6项	分工种

附件3

远程视频测试方式

本测试方式仅适用于输变电工程作业班组一般作业人员和省送变电工程承揽省外输变电工程作业班组人员。承包单位或分包方（含专业、劳务）应保持其作业人员相对固定，并及时组织工程参建人员参加测试。

一、测试报名

工程开展作业前，以施工项目部、专业分包项目部（或分包队伍）为单位填报测试报名表，并经施工项目部负责人签批后，交由所在工程建设管理单位汇总，将报名信息发至产业工人测试中心。

二、测试组织

确定测试时间后，施工项目部组织所有参测人员（备好身份证）到会议室集中，维持好考场秩序，逐个依次参加测评，严禁代考或者作弊，一经发现，即取消其测试成绩。

测试开始前开启布控球（或摄像头），并与产业工人测试中心视频连线，保持网络通信良好。测试考官远程逐个点名考评，通过"问答"方式对参测人员进行测试。

附件4

测试考评员评选及入库

一、评选范围

本次评选范围为产业工人履职能力及技能水平测试考评员,评选类别为"A类"(主要从事测试实务答辩及实操考核考官、题库及制度修编类工作)、"B类"(主要从事实操考核考官及实操考核时安全监护工作),考评员评选按专业分为"线路、变电(含土建和电气类)、电缆和调试"4个类别。

二、评选原则

(1)业务能力突出。A类考评员选用工程管理实践经验丰富,业务能力优良且熟悉规程规范和文字功底强的人员,其中已入选系统内各类"专家"的人员将优先考虑入库。B类考评员选用施工现场管理经验丰富,且具备一项或多项实操技能,熟悉现场施工环境及具备安全监护知识技能的人员,其中公司系统"工匠"将优先考虑入选。

(2)坚持公正公开。评选过程秉持实事求是、程序规范、公平公正原则。一是申报人员要切实履行诚信制度,确保材料真实、合规,对弄虚作假人员,一经发现,即取消其入选资格,并进行通报。二是入选考评员要认真遵守评审规定,严把质量,严守纪律,对违反规定的严肃问责。

三、评选名额

综合考虑测试工作开展密度、层级和全省电网建设规模等因素,核定测试考评员评选计划如下:其中,A类考评员96人(线路专业30人、变电土建电气专业各25人、电缆专业10人、调试专业6人),B类考评员62人(线路专业20人、变电土建电气专业各15人、电缆专业8人、调试专业4人)。

四、申报条件

各级考评员应为公司正式职工(含直签),拥有丰富的项目管理经验或实操技能,且能接受产业工人测试中心阶段性参加测试工作的人员。

A类考评员具有本科以上学历,中级以上专业技术职称或技师及以上技能等级,具备从事项目管理或现场管理5年及以上工作经历;B类考评员具备高中以上学历,高级工及以上技能等级,从事现场管理或专项施工作业3年及以上工作经历,且必须熟练掌握1项及以上专业实操技能。

五、考评员入库申报表

姓　名		年　龄		学　历		个人照片
职　务		职　称		拟申报测试员类别		
毕业学校			专业			
参加工作时间		现从事专业及年限				
一、主要工作经历							
二、主要工作业绩及个人获奖情况							
三、单位审批意见							
所在单位	意见： 签名：（公章） 　　　　年　月　日					

附件5

测试人员报名

一、测试模块划分

参加测试人员报名前,根据附表1模块划分表中相关内容,做好报考前资格自查、信息收集及资料准备等工作。

附表1 测试岗位模块划分表

序号	人员类型	具体岗位	测试方式	测试内容		
				理论部分	答辩部分	实操部分
1	业主项目部	项目经理	理论测试(30%)+答辩(70%)	(1) 法律法规; (2) 管理制度; (3) 重要文件; (4) 施工安全、质量、技术及管理规范类; (5) 违章管理类制度、文件等	(1) 个人自述; (2) 综合管理类1题; (3) 经济、技术、质量或安全类1题; (4) 问题处理类1题	—
2		安全专责				
3		质量专责				
4		技术专责				
5		项目专责				
6	监理项目部	总监理工程师	理论测试(30%)+答辩(70%)	(1) 法律法规; (2) 管理制度; (3) 重要文件; (4) 施工安全、质量、技术及管理规范类; (5) 违章管理类制度、文件等	(1) 个人自述; (2) 综合管理类1题; (3) 经济、技术、质量或安全类1题; (4) 问题处理类1题	—
7		总监代表				
8		项目安全总监				
9		专业监理工程师	理论测试(40%)+答辩(40%)+实操(20%)		(1) 个人自述; (2) 综合管理类1题; (3) 经济、技术、质量或安全类1题; (4) 问题处理类1题	随机抽取1项现场检验检测类实操
10		安全监理工程师				
11		监理员				
12		驻队监理				

续表

序号	人员类型	具体岗位	测试方式	测试内容 理论部分	测试内容 答辩部分	测试内容 实操部分
13	施工项目部	项目经理	理论测试（30%）+答辩（70%）	(1) 法律法规； (2) 管理制度； (3) 重要文件； (4) 施工安全、质量、技术及管理规范类； (5) 违章管理类制度、文件等	(1) 个人自述； (2) 综合管理类1题； (3) 经济、技术、质量或安全类1题； (4) 问题处理类1题	—
14		项目总工				
15		技术员	理论测试（40%）+答辩（40%）+实操（20%）			随机抽取1项现场检验检测类实操
16		质检员				
17		安全员				
18	班组骨干	班组长	理论测试（30%）+答辩（30%）+实操（40%）	（整体难度降低一档） (1) 法律法规； (2) 管理制度； (3) 重要文件； (4) 施工安全、质量、技术及管理规范类； (5) 违章管理类制度、文件等	(1) 个人自述； (2) 综合管理类1题； (3) 经济、技术、质量或安全类1题； (4) 问题处理类1题	专业类实操1项
19		班组安全员				
20		班组技术员			(1) 个人简要自述； (2) 问题处理类1题	专业类实操1项
21	特种作业人员	高（低）压电工	理论测试（30%）+对应项目实操（70%）	（整体难度再降低一档，仅考核与从事专业相关的内容） (1) 法律法规； (2) 管理制度； (3) 重要文件； (4) 施工安全、质量、技术及管理规范类； (5) 违章管理类制度、文件等	—	对应专业类实操1项
22		高空作业人员				
23		金属焊接（切割）作业				
24		机械起重作业（起重机指挥）				

续表

序号	人员类型	具体岗位	测试方式	测试内容		
				理论部分	答辩部分	实操部分
25	技能工种	土建施工员	理论测试（30%）+对应项目实操（70%）	（整体难度再降低一档，仅考核与从事专业相关的内容，以"单选、判断、看图判对错、看图识违章"形式考核） (1) 法律法规； (2) 管理制度； (3) 重要文件； (4) 施工安全、质量、技术及管理规范类； (5) 违章管理类制度、文件等	—	对应技能类实操1项
26		变电一次安装工				
27		二次接线工				
28		继电保护员				
29		电气试验工				
30		通信建设工				
31		高压电缆接头工				
32		低压电缆接头工				
33		电缆展放施工员				
34		架空线路工				
35		压接工				
36		测量工				
37		手拖机机手				
38		木工				
39		泥工				
40		钢筋工				
41		牵张机机手				
42		绞磨机机手				
43		电建钻机机手				
44		履带车操作手				
45		无人机操作手				
46	普工	一般作业人员	采取"远程视频测试"方式开展测试			

二、测试报名

参加测试人员报名填写《产业工人履职能力及技能水平测试报名表》，见附表2。

附表2 测试人员报名表

工程名称： 报送单位：

序号	姓名	报名专业	报名岗位	证件类型	证件编号	证件有效期	联系电话	年龄	身份证号	报名单位	擅长的项目
1											
2											

注：1个人可报考多个专业、岗位。

填报人： 批准人（负责人）：

三、岗位任职条件

1. 一般人员经体检合格，经与承包单位或外包商签订用工协议，初步培训后即可报名参加测试。

2. 核心技能人员除满足第1条要求外，还必须持有本岗位（或本作业工种）上岗证方具备报名条件。

3. 班组骨干人员除满足第1、2条外，还需有其所在单位发布的班组骨干任命文件。

4. 项目管理关键人员除填报上述基本信息外，还须满足国网公司《项目部标准化管理手册》（三个项目部）中的岗位任职条件。

国网湖南电力建设部关于开展"卓越业主项目经理""金牌施工项目经理""五星施工班长"评选的通知

为贯彻国网公司基建"六精四化"战略思路，落实"精心培育强队伍"目标要求，进一步加强基建专业队伍建设，有力支撑现代建设管理体系建设高效推进，根据公司基建人才培养提升指导意见，现组织开展"卓越业主项目经理""金牌施工项目经理""五星施工班长"评选工作，有关事项通知如下。

一、评选目的

大力加强业主项目经理、施工项目经理和班组长培优，强化基建专业队伍建设，通过三年时间培养与选树30名卓越业主项目经理、30名金牌施工项目经理、60名五星施工班长。

二、评选原则

（1）坚持公平公正、择优评选的原则。
（2）坚持面向一线、梯队合理的原则。
（3）坚持资质业绩与综合能力考评结合的原则。

三、评选基本条件

1. 卓越业主项目经理

应具备中级及以上职称，三年及以上业主项目经理工作经验且现实际从事业主项目经理岗位工作，近三年负责的项目获得省公司及以上优质工程金银奖或标杆示范工地称号，近三年负责的项目未发生六级及以上安全或质量事件，全民或直签工。三级单位四级正职及以上领导人员不参与评选。

2. 金牌施工项目经理

应具备二级注册建造师以上资质，中级以上职称，三年及以上施工项目经理工作经验且现实际从事施工项目经理岗位工作，近三年所负责的项目获得省公司及以上优质工程金银奖或标杆示范工地称号，近三年所负责的项目未发生六级及以上安全或质量事件，全民或直签工。三级单位四级正职及以上领导人员不参与评选。

3. 五星施工班长

应具备高级工以上技能等级，三年及以上施工班长工作经验且现从事施工班组长岗位工作，近三年所负责的项目未发生六级及以上安全或质量事件，全民或直签工。

四、评选流程及得分

1. 各单位初评及推荐

各单位根据考核评分表（详见附件1、附件2、附件3）组织初评，并择优推荐上报

"卓越业主项目经理""金牌施工项目经理""五星施工班长"候选人各1～2名,核查推荐表、评分表及佐证材料。

2. 资料复查并确定综合考评名单

公司建设部组织对各单位推荐材料进行复查,详细审核佐证材料的真实性和完整性。根据复查结果分别进行打分排名,排名前10名的业主项目经理、施工项目经理、班组长进入综合能力考评阶段,并公布综合能力考评名单。

3. 综合能力考评

公司建设部组织考评组对参评人员进行综合能力考评。考评组设组长1名、专家若干名。组长由公司建设部领导担任,专家由建设部、人资部相关处室人员,省公司基建专业国网公司和省公司级专家组成。综合能力考评由参评人员按照抽签顺序依次进行,分为自我介绍、案例分析、现场答辩三个部分,总得分100分,其中,自我介绍占20分,沙盘推演占50分,现场答辩占30分。综合能力考评评分规则见附件4。

4. 最终得分计算

参评人员最终得分由资质业绩得分与综合能力考评得分组成,具体计算公式如下。

卓越业主项目经理最终得分 $D = D1 \times 30\% + D2 \times 70\%$

金牌施工项目经理最终得分 $D = D1 \times 30\% + D2 \times 70\%$

五星施工班长最终得分 $D = D1 \times 50\% + D2 \times 50\%$

(D1:参评人员的资质业绩得分;D2:参评人员的综合能力考评得分)

五、有关说明

(1)"卓越业主项目经理""金牌施工项目经理""五星施工班长"评选工作计划分三个年度开展。每年度推荐名额和授予名额根据当年实际情况调整。

(2)本次评选应严格执行国网公司、公司有关规定,确保公开、公平、公正。

(3)各推荐单位要严格对参评人员申报资料进行把关,发现申报资料弄虚作假现象,公司建设部将取消该单位下年度推荐资格并对相关人员进行通报。

(4)相关工作人员和评选专家应严格遵守纪律,执行保密和回避制度,不得泄露试题。

(5)评选工作完成后,公司将发文授予相关人员"卓越业主项目经理""金牌施工项目经理""五星施工班长"称号。各推荐单位应对获得称号的人员进行表彰并在评先评优和职务晋升方面给予倾斜。

(6)各推荐单位应根据评选规则和评分标准对后备人员进行针对性培养和锻炼,确保梯队合理、通道顺畅,全面激发基建一线员工干事创业活力。

附件:
1. 卓越业主项目经理考核评分表
2. 金牌施工项目经理考核评分表
3. 五星施工班长考核评分表
4. 综合能力考评评分规则

附件1

卓越业主项目经理评分表

单位：　　　　　　　　　　　　　　　　　　　　　　　　姓名：

考核要素	考核内容（得分制）	标准分	提供资料	得分
职称等级	1. 具备中级职称，得3分。 2. 具备副高级职称，得5分。 3. 具备正高级职称，得10分。	10	职称证书	
个人绩效	1. 申报年度前3年个人绩效积分不少于4.5分，得5分。 2. 申报年度前3年个人绩效积分不少于5.5分，得8分。 3. 申报年度前3年个人绩效积分不少于6分，得10分。	10	经本单位人资部盖章出具的绩效证明	
安全管理	1. 所管理的工程发生安全事故，或被国网公司查处Ⅰ类严重违章，得0分。 2. 所管理的工程未发生安全事故，实现工程施工合同安全目标，未被国网公司查处Ⅰ类严重违章，得10分。 3. 所管理的工程未发生安全事故，实现工程施工合同安全目标，未被国网公司查处Ⅱ类及以上严重违章，得15分。 4. 所管理的工程未发生安全事故，实现工程施工合同安全目标，未被国网公司查处Ⅲ类及以上严重违章，未被省公司查出Ⅰ类严重违章，得20分	20	担任业主项目经理的项目清单及任命文件	
质量管理	1. 所管理的工程未发生因工程施工造成的六级及以上工程质量事件；工程通过达标投产考核，实现工程施工合同质量目标。（10分） 2. 所管理的工程未发生因工程施工造成的六级及以上工程质量事件；工程获省公司优质工程奖。（13分） 3. 所管理的工程未发生因工程施工造成的六级及以上工程质量事件；工程获国网公司优质工程奖。（16分） 4. 所管理的工程未发生因工程施工造成的六级及以上工程质量事件；工程获电力行业优质工程奖。（18分） 5. 所管理的工程未发生因工程施工造成的六级及以上工程质量事件；工程获国家优质工程奖。（20分）	20	担任业主项目经理的项目清单及任命文件，获奖证书、文件	
进度管理	1. 所管理的工程未发生因工程施工造成的进度滞后被省公司及以上单位考核的情况，实现工程施工合同工期目标。（5分） 2. 所管理的工程未发生因工程施工造成的进度滞后被省公司及以上单位考核的情况，提前1个月实现工程施工合同工期目标。（5分） 3. 项目管理策划（建设管理纲要等）编制及时，针对性、指导性强，项目管理过程基本按照策划方案执行。（5分）	15	担任业主项目经理的项目清单及任命文件	

续表

考核要素	考核内容（得分制）	标准分	提供资料	得分
创先争优	1. 所管理的工程中获评1项省公司及以上标杆示范工地。（4分） 2. 所管理的工程中获得1项省公司及以上年度基建专业相关奖项。（4分） 3. 所管理的工程中获评1项省公司及以上无违章现场或标准化示范现场。（2分）	10	获奖证书、文件等佐证资料	
指导评价	1. 作为授课老师参与省公司级及以上本专业培训每年4学时以上。（5分） 2. 作为教练指导省公司级及以上本专业竞赛1次及以上。（5分） 3. 作为评委参与省公司级及以上职称评审工作。（5分） 4. 作为考评员参与省公司级及以上技能等级评价工作。（5分）	20	相关佐证资料	
标准修编	1. 作为主要成员，参与修订或编制省公司及以上级别的电网基建相关管理规章制度及相关标准1项及以上。（5分） 2. 独立或作为第一作者发表本专业相关行业正式出版发行期刊论文1篇及以上。（5分）	10	相关佐证资料	
科技创新	1. 作为主要成员，参与完成依托工程开展的科技项目1项及以上。（5分） 2. 作为主要成员（前3名）获得工法、QC（质量控制）等省部级奖项1项及以上。（5分）	10	获奖证书等相关佐证资料	
人才培养	1. 在人才培养及基建梯队建设方面有过一定贡献，在"传帮带"方面培养1名后备业主项目经理。（3分） 2. 个人获得市公司级专家、工匠、劳模、先进个人等荣誉。（2分） 3. 个人获得省公司级专家、工匠、劳模、先进个人等荣誉。（4分） 4. 个人获得国网公司级专家、工匠、劳模、先进个人等荣誉。（6分）	15	获奖证书、文件等相关佐证资料	

附件2

金牌施工项目经理评分表

单位：　　　　　　　　　　　　　　　　　　　　　　　　姓名：

考核要素	考核内容（得分制）	标准分	提供资料	得分
执业资格	1. 一级注册建造师并且人证相符。（10分） 2. 二级注册建造师并且人证相符。（5分）	10	建造师证书	
个人绩效	1. 申报年度前3年个人绩效积分不少于4.5分。（5分） 2. 申报年度前3年个人绩效积分不少于5.5分。（8分） 3. 申报年度前3年个人绩效积分不少于6分。（10分）	10	经本单位人资部盖章出具的绩效证明	
安全管理	1. 所管理的工程未发生安全事故，实现工程施工合同安全目标，未被国网公司查处Ⅰ类严重违章。（10分） 2. 所管理的工程未发生安全事故，实现工程施工合同安全目标，未被国网公司查处Ⅱ类及以上严重违章。（15分） 3. 所管理的工程未发生安全事故，实现工程施工合同安全目标，未被国网公司查处Ⅲ类及以上严重违章，未被省公司查出Ⅰ类严重违章。（20分）	20	担任施工项目经理的项目清单及任命文件	
质量管理	1. 所管理的工程未发生因工程施工造成的六级及以上工程质量事件；工程通过达标投产考核，实现工程施工合同质量目标。（10分） 2. 所管理的工程未发生因工程施工造成的六级及以上工程质量事件；工程获省公司优质工程奖。（13分） 3. 所管理的工程未发生因工程施工造成的六级及以上工程质量事件；工程获国网公司优质工程奖。（16分） 4. 所管理的工程未发生因工程施工造成的六级及以上工程质量事件；工程获国家优质工程奖。（20分）	20	担任施工项目经理的项目清单及任命文件，获奖证书、文件	
进度管理	1. 所管理的工程未发生因工程施工造成的进度滞后被省公司及以上单位考核的情况，实现工程施工合同工期目标。（5分） 2. 所管理的工程未发生因工程施工造成的进度滞后被省公司及以上单位考核的情况，提前1个月实现工程施工合同工期目标。（5分） 3. 项目管理策划（项目管理实施规划等）编制及时、针对性、指导性强，项目管理过程基本按照策划方案执行。（5分）	15	担任施工项目经理的项目清单及任命文件	

续表

考核要素	考核内容（得分制）	标准分	提供资料	得分
创先争优	1. 所管理的工程中获评1项省公司及以上标杆示范工地。（4分） 2. 所管理的工程中获得1项省公司及以上年度基建专业相关奖项。（4分） 3. 所管理的工程中获评1项省公司及以上无违章现场或标准化示范现场。（2分）	10	获奖证书、文件等佐证资料	
人才培养	1. 在人才培养及基建梯队建设方面有过一定贡献，在"传帮带"方面培养1名后备项目经理。（3分） 2. 个人获得市公司级专家、工匠、劳模、先进个人等荣誉。（2分） 3. 个人获得省公司级专家、工匠、劳模、先进个人等荣誉。（4分） 4. 个人获得国网公司级专家、工匠、劳模、先进个人等荣誉。（6分）	15	相关佐证资料	

附件3

五星施工班长评分表

单位：　　　　　　　　　　　　　　　　　　　　　　　　　姓名：

考核要素	考核内容（得分制）	标准分	提供资料	得分
执业资格	1. 具备高级工技能等级，得5分。 2. 具备技师技能等级，得10分。 3. 具备高级技师技能等级，得15分	15	技能证书	
个人绩效	1. 申报年度前3年个人绩效积分不少于4.5分，得5分。 2. 申报年度前3年个人绩效积分不少于5.5分，得10分。 3. 申报年度前3年个人绩效积分不少于6分，得15分	15	经本单位人资部盖章出具的绩效证明	
安全管理	1. 所负责的班组未被省公司及以上单位查处Ⅰ类及以上严重违章，得15分。 2. 所负责的班组未被省公司及以上单位查处Ⅱ类及以上严重违章，得20分。 3. 所负责的班组未被省公司及以上单位查处Ⅲ类及以上严重违章，得25分	25	本单位建设部出具的无违章证明	
质量管理	1. 参与的工程发生因所负责班组造成的六级及以上工程质量事件，得0分 2. 参与的工程未发生因所负责班组造成的六级及以上工程质量事件；实现工程施工合同质量目标，得10分。 3. 参与的工程未发生因所负责班组造成的六级及以上工程质量事件；工程获省公司优质工程奖，得13分。 4. 参与的工程未发生因所负责班组造成的六级及以上工程质量事件；工程获国网公司优质工程奖，得16分。 5. 参与的工程未发生因所负责班组造成的六级及以上工程质量事件；工程获国家优质工程奖，得20分	20	未发生质量事件证明（本单位建设部、集体企业盖章出具）、优质工程奖状或文件、优质工程参与证明（集体企业出具）等相关佐证资料	
创先争优	1. 参与的工程中获得1项省公司及以上标杆示范工地等奖项。（4分） 2. 参与的工程中获得1项省公司及以上年度基建专业相关奖项。（4分） 3. 参与的工程中获评1项省公司及以上无违章现场或标准化示范现场。（2分）	10	获奖证书、文件等佐证资料	
人才培养	1. 在人才培养及基建梯队建设方面有过一定贡献，在"传帮带"方面培养1名后备施工班组长（3分）。 2. 个人获得市公司级专家、工匠、劳模、先进个人等荣誉（2分）。 3. 个人获得省公司级专家、工匠、劳模、先进个人等荣誉（4分）。 4. 个人获得国网公司级专家、工匠、劳模、先进个人等荣誉（6分）	15	获奖证书、文件等佐证资料	

附件4

综合能力考评评分规则

1. 自我介绍

参评人员进行自我介绍，时长不超过 3 分钟，内容包括基本情况、工作经历、主要业绩、专业特长及个人心得感受等，无须制作 PPT，分值 20 分，现场评委从精神面貌、表达能力、临场表现等方面进行打分。

2. 案例分析

（1）业主项目经理：对项目全过程管理流程要有较深的认识和理解，要有一定的项目建设专业技术知识储备，要具备项目策划、项目组织、项目沟通、项目掌控等能力，具备能精准发现项目各阶段的关键点、难点、堵点，并能熟练应用各种项目管理手段解决项目问题的能力，思路清晰、思维缜密，对项目建设管理要有个人独特的见解和认识。按照变电和线路专业进行命题，内容包括项目管理策划、绿色建造、机械化施工、项目里程碑及关键节点控制、停电策划、项目开工、党建活动开展、项目设备物资管理、项目设计管理、环评水保、项目竣工投产管理等相关项目情况，共计 6～8 个项目命题，参评选手提前 30 分钟抽取案例分析题背景，现场根据评委提出的问题进行作答，时长约 15 分钟，分值 50 分，现场评委根据案例分析情况进行打分。

（2）施工项目经理：要具备项目策划、施工组织、安全管理、质量管理、进度管控、成本管控等专业能力，同时具备良好的综合管理能力和协调能力。按照变电和线路（含电缆）专业进行案例分析命题，内容包括工程概况、工期进度、建设目标、设计特点、环境气候、交通运输、社会特点等相关项目情况，共计 5 个项目命题，参评选手提前 30 分钟抽取案例分析题背景，现场根据评委提出的问题进行作答，时长约 15 分钟，分值 50 分，评委根据案例分析情况进行打分。

（3）施工班长（送变电公司负责修改）：要具备专业技能、作业实践经验和组织协调经验，具备担任工作负责人、全面组织指挥现场作业的能力。按照变电（一次、二次、土建）和线路（基础、组塔、架线）专业进行沙盘推演命题，内容包括工程概况、工期进度、建设目标、设计特点、环境气候、交通运输、社会特点等相关项目情况，共计 5 个项目命题，参评选手提前 30 分钟抽取案例分析题背景，现场根据评委提出的问题进行作答，时长约 15 分钟，分值 50 分，评委根据案例分析情况进行打分。

3. 现场答辩

评选演讲、案例分析结束后，由现场评委随机提出问题，评选者进行相应作答，主要考察评选者口头表达能力、应变能力、综合素质以及相关专业知识，时长约 3 分钟，分值 30 分，现场评委根据作答情况进行打分。

国网湖南省电力有限公司技经专业
与项目管理高度融合实施方案

为贯彻落实国网公司基建"六精四化"战略部署，坚持"专业服务项目"核心理念，依托前期、业主、监理、施工项目部，落实技经专业管理要求，有效防范合规风险，强化技经对项目管理全过程的支撑作用，推动技经专业与项目管理高度融合，促进现代建设管理体系高效建成，结合公司实际制定本方案，具体如下。

一、实施背景

进入新时代，新型电力系统建设和电网建设高质量发展对输变电工程技经管理提出了新的更高要求，内外部监管对项目依法合规管理提出了新的更高挑战，加快研究、协同推进技经专业与项目管理高度融合迫在眉睫。

一是助力公司和电网建设高质量发展的需要。2024年，公司"两会"提出重点实施"十大跨越行动"，明确经营增效、降本降耗的有关要求。"十四五"以来，电网建设投资持续处于高位，技经专业应以精准概预算管控为手段，科学合理管控工程成本，助力新型电力系统建设和电网建设高质量发展。

二是服务电网建设项目管理的需要。国网公司推行"六精四化"三年行动计划以来，各专业管理发生了较大变化，特别是机械化、绿色化、数智化的推广应用，技经专业应与时俱进，持续推进配套计价依据研究，更好地服务电网建设项目管理。

三是提升电网建设合规管理的需要。十八大以来，国家对资金密集型领域开展多轮次审计检查，工程费用计列依据不充分、分包结算管控不严、基本建设程序不合规等问题频发暴露。面对监管更趋严格、更趋透明的现状，技经专业应加大项目费用的监督力度，严把资金出口关，防范化解重大风险。

二、目标思路

（一）工作目标

1 项目管理水平提升

坚持问题导向，遵循基建工作基本规律，立足新发展阶段，落实新发展理念，全面贯彻落实"六精四化"管理要求，充分发挥项目技经专业作用，实现技经与项目管理高度融合，推动项目管理水平提升。

2. 技经管理要求落地

落实现代建设管理体系要求，牢牢抓住项目部建设"牛鼻子"，把最强力量配置到项目部，把各项要素资源支撑到项目部。按照"管项目就要管技经"思路，明确造价管理主体责任，落实造价管理专业要求，实现造价管控"六个100%"目标。

3. 合规风险过程可控

全面落实公司合规管理提升的工作部署，防范基建专业管理风险，强化合规管理能力，锻造流程合规、手续合法的管理体系，发挥技经专业的把关和监督属性，规范资金使用，促进现代建设管理体系高效建成，护航公司电网建设高质量发展。

（二）工作思路

落实公司现代建设管理体系要求，坚持问题导向，坚持"三性"定位，以"管理体系、管理职责、关键环节、合规管理、队伍建设"为抓手，梳理技经专业与项目管理之间的问题，打通专业壁垒，打造职责界面清晰、工作要求明确、协同支撑高效的技经管理体系。

"三性"的内涵：

（1）服务性。技经管理应坚持服务项目建设，保障项目管理推进有力。

（2）经营性。技经管理应坚持"三合理一精准"，助推公司经营管理提质增效。

（3）合规性。技经管理应坚持合规管理，实现合规风险全过程受控。

三、现状分析

当前，电网建设各专业纵向管理职责界面清晰，但专业横向协同存在不足，项目管理人员侧重安全、质量、进度的现场管控，对造价管理目标不清楚、管控要求不重视，而技经人员现场服务不到位，过程管控有欠缺。技经专业与项目管理统筹协同不足，亟须加强融合，凝聚成项目管理强大合力。

（一）专业管理协同不足

一是责任界面不清晰。电网项目从立项到投产，工作流程较长，管理层级较多，市州公司建设部与项目管理中心技经专业职责未厘清，四大项目部之间部分职责未压实。

二是项目各要素管理割裂。项目经理将工作重心放在安全、进度、质量管理上，疏于对技经管理的关注，被动参与技经各项工作。

三是技经人员较少主动深入一线开展现场技经相关工作，对异常情况响应不及时、服务不到位。

（二）项目管理技经责任不清

一是前期项目部造价管理缺位。前期工作是项目管理的关键，公司发布组建输变电工程前期项目部的指导意见，对加快项目的推进发挥了重要作用。但是，指导意见未明确造价岗位职责，前期技经工作缺位。

二是三个项目部履行造价管理的职责不到位。国网公司明确了相关岗位的技经管理职责，在实际工作中，项目管理人员履职不到位，技经管理要求未能有效落地。

（三）关键环节管理流程不畅

一是设计质量管控有待提升。设计方案技术经济比选不充分，专业把关不到位，工程实施阶段设计变更较多。

二是参建单位对技经工作要求落实不到位。变更签证关键支撑材料质量不高，导致

"审核慢、退回多、时间长";造价咨询单位主要在竣工结算审核环节把关,作用发挥不充分。

三是结算质效有待加强。隐蔽工程记录等资料不全,影响结算准确性;项目物资调拨、利库手续滞后,废旧物资移交单办理不及时,制约结算时效性;变更签证资料未归档,资料之间存在逻辑矛盾,影响结算规范性。

(四)项目管理人员履职不到位

一是技经人员配置不足,电网建设业务持续处于高位,技经管理工作质效不佳。
二是绩效考核标准不完善,通常以专业考核代替项目部总体评价。
三是部分施工项目部未设立经营管理目标,影响造价管理积极性。

四、工作举措

(一)健全技经管理责任体系

1. 厘清管理责任界面

(1)省公司建设部。建设管理处、技术管理处、安全质量处、计划评价处负责重大设计变更与现场签证审核,负责建设条件、技术、安全、质量等重大变化引起的设计、施工方案审查。技术经济处负责组织研究费用计价标准;负责组织审定重大设计变更与现场签证、超战略合作协议标准等特殊事项费用;落实主电网工程技经和审计"六协同"管理;负责合规管理提升。

(2)建设管理单位。负责所辖输变电工程技经专业管理,监督参建主体的责任落实,负责指导、评价现场造价管理实施情况;负责落实主网建设属地化管理办法,组织测算所辖电网工程征(占)地相关费用,审定合同金额和结算金额;市州公司组织审核建设分公司所辖电网工程属地费用,上报结算资料;负责现场造价标准化管理,落实设计变更与现场签证管理要求;负责所辖电网工程分部结算和竣工结算管理;负责督促参建单位及时申请工程款,组织开展款项支付专项检查,防范拖欠中小企业款项和进城务工人员工资。

(3)参建单位。
施工单位:负责资金支付申请,及时支付分包商工程款,组织开展进城务工人员工资支付自查;负责现场签证编制与执行;负责完工工程量计量;负责编制施工结算(含分部结算)文件;负责分包结算催办与审核;负责相关造价资料归集。

监理单位:负责审核工程款,审查进城务工人员工资支付情况;负责组织工程建设过程中"三量"核查;负责审核设计变更与现场签证的必要性、合规性、支撑依据的完整性、费用的准确性;负责相关造价资料归集,提交隐蔽工程记录、旁站记录、监理日志等成果资料。

设计单位:负责取得变电站和线路相关协议,从系统位置、建设条件、工程投资等维度综合比选;负责开展输变电工程征(占)地相关费用测算,向建管单位提交测算结果;负责确认建设场地征(占)用和通道清理范围及工程量;负责出具设计变更,审核现场签证的必要性;配合"三量"核查。

2. 明确项目部技经责任链条

明晰工程建设不同阶段、不同主体的技经管理责任。前期项目部为"保障单元",开展选址选线和方案比选工作，提高投资水平和投资效益，精准计列费用，保障工程开工后无障碍施工。业主项目部为"指挥单元"，代表建设管理单位对项目造价全过程管理，承担主体责任；监理项目部严格履行合同义务，代表业主项目部开展工程建设现场造价管理；施工项目部为"作战单元"，依据合同和业主项目部要求，负责项目施工过程中的造价管控和施工成本管理。详见附件1。

3. 明确全过程技经管理工作重点

以项目管理关键节点为参考系，将技经专业估算、概算、预算、结算管理延伸细化。在前期阶段，技经专业深度参与选址选线、可研编制、设计编制、站址及塔基交地等关键环节，充分发挥技经专业在前期管理中精准造价管控的作用，确保工程估算、概算、预算不漏项、不缺项，保障项目顺利推进。在建设阶段，做实现场造价管控，服务项目管理，指导项目部规范工程资金使用；结算阶段，项目部统筹协调结算事项，加强结算资料审核，严格把关结算费用，确保竣工结算"量准价实"。

（二）完善项目管理岗位职责

1. 明确技经矩阵式管理责任主体

（1）专业上纵向管理。建设管理单位及参建单位职能部门技经人员指导、监督、评价项目部造价工作，业主、监理、施工项目部接受职能部门技经专业管理，项目造价人员深入一线，落实技经管理要求，职能部门技经人员和三个项目部造价人员岗位分开，各司其职，不得相互兼任。

（2）项目上横向管理。明确项目经理为管理主体，是项目造价管理的第一责任人，负责组织造价现场交底、竣工结算办理等，协调项目造价管理与安全、进度、质量、技术等要素之间的工作，制定造价管控措施，实现造价管理目标。明确项目部造价人员为执行主体，接受项目经理的业务管理，负责造价过程管控，加强现场造价服务，严格把关"量、价、费"的审核，规范工程概算、预算、结算管理，配合项目经理实现造价管理目标。详见附件2。

2. 细化项目全过程造价管理工作清单

以现代建设管理体系"三全"管理目标为指导，答好"谁来干、干什么、怎么干"关键之问，梳理项目部管理人员、造价人员的工作内容与职责，统一工作标准与工作流程，把责任落实到项目部具体人员，编制完成建设管理单位及参建方技经工作事项清单。事项清单覆盖十四个岗位、三个阶段、七个建设主体，确保全员责任到位、全过程管控到位、全要素保障到位。详见附件3、附件4。

3. 明确前期项目部技经管理岗位职责

由建设公司技经管理中心、市州公司建设部技经专责兼任前期项目部造价管理岗位，负责前期工作费用把关审核。前期工作柔性团队增加属地、施工技经力量，参与两个前期相关工作，提供有力的支持与保障，推进项目的顺利实施。

（三）抓实关键环节过程管控

1. 优化设计变更与现场签证流程

（1）优化审核流程。设计变更与现场签证实行项目经理归口负责制，业主项目经理、总监理工程师、施工项目经理、设总负责组织内部各专业并行审核，代表单位统一签署审查意见。造价咨询单位审核把关环节前移，在建设管理单位之前审核变更签证，出具审核意见。监理单位开展变更签证现场报验，对执行情况进行监督、检查和验收。详见附件5。

（2）简化审批程序。暂估价由施工单位提出确认申请，经监理项目部、设计单位及业主项目部审核，根据合同约定履行审批程序，一般暂估价确认由建设管理单位审批，重大暂估价确认由省公司建设部审批，完成审批流程后纳入结算（重大暂估价确认：技术方案发生重大变化；暂估价金额增加幅度超过20%且暂估价总费用超过20万元。否则为一般暂估价确认），暂列金额审批程序参照暂估价执行。因价格波动、政策变化引起的价格调整，根据合同约定，完成人工、材料、机械价差调整确认单签章流程后纳入结算。关于确认单的其他要求依据现场签证进行管理。抢险应急事项，可根据现场情况先实施后补办手续。详见附件6。

（3）压实督办责任。业主项目经理对设计变更与现场签证流转督办进行管理，负责组织各单位开展设计变更与现场签证会审，涉及责任事件的应查找原因，分析责任，根据合同条款出具明确的处理意见。完善设计变更与现场签证线上预警功能，实现流程待办及超期自动短信提醒功能。

2. 强化分部结算管控

业主项目经理依据分部结算计划，结合项目实施进度，组织设计、监理、施工、咨询单位开展"三量"核查，对完工工程量进行五方签认，审定汇总设计变更及现场签证，组织参建单位提交分部结算资料；技经人员组织资料会审，办理分部结算。

3. 提升投资完成质效

建设管理单位项目管理专业牵头主网建设投资完成率管理，刚性执行年度里程碑进度计划，组织分析投资完成情况并制定纠偏措施，提出考核意见；技经专业根据项目关键节点制定入账计划，及时统计并跟踪主网建设投资完成率与形象进度的偏差，加快推进竣工结算办理。进一步加强结算严重超期和长期挂账工程治理，逐项分析原因，落实责任，限期完成，对投资完成率考核闭环。

4. 开展造价管理总结评价

（1）建立管理评价机制。细化管理评价内容，从"管理履职＋工作质量"两个维度编制评分细则，按照"一项目一评价"模式建立逐级考核机制，省公司建设部负责指导、检查造价管理评价工作。在工程结算审定后一个月内，建设管理单位对前期项目部、业主项目部造价管理进行评价；业主项目部对施工、监理项目部等造价管理情况进行评价；施工单位对施工项目部经营管理情况进行评价。

（2）推行造价管理负面清单应用。建设管理单位根据造价管理负面清单，对项目部及成员提出评优否决参考意见。负面清单包括：竣工结算高效完成率未达100%；非客观原因结算超概算；拖欠进城务工人员工资，导致投诉上访，引发舆情；分部结算实施率未达100%被国网公司考核；主网建设投资完成率被国网公司考核。详见附件7、附件8。

5. 加强施工项目部经营管理

（1）加强成本预算管理。牢固树立施工项目部是经营管理责任主体的理念，明确施工项目经理是经营管理第一责任人。施工项目经理应掌握成本预算构成，组织编制工程成本预算和分包限价，加强成本预算的执行。施工阶段，技经人员定期开展工程成本分析，动态跟踪成本变化，及时向施工项目经理汇报预算执行情况。

（2）规范分包结算管理。施工项目部编制分包结算内部管控计划，项目经理督办、审核分包单位现场签证,组织分包结算审核上报。技经人员加强现场管理,对分包工程量、现场签证、分包结算审核把关。施工项目部配合经营管理部门处理超期或者超合同结算事项。

(3) 优化施工项目部激励机制。采取薪酬绩效与经营效益挂钩的考评机制,探索施工项目部对盈余指标的合理分配制度,激发施工项目部和项目经理内生动力,打通责任落实的"最后一公里"。

(四) 提升建设过程合规管理

1. 压实合规管理主体责任

坚持"管专业必须管合规""管项目必须管合规"的原则,落实合规管理的专业主体责任。各专业建立业务合规管控清单,全面推进合规管理要求嵌入业务管理流程,实现关键节点合规风险可控在控。

2. 梳理造价管理风险点

强化底线、红线意识,梳理项目管理岗位合规管理风险,将风险点有效控制在岗位,及时化解在岗位。梳理业务管理流程,把依法合规理念贯穿于概算、预算、结算等造价管控全过程,有效防范分包结算不实、进城务工人员工资和中小企业账款支付不及时等合规风险。

3. 防控重点费用合规风险

加强重大设计变更和现场签证管理,重点审核事由的必要性、费用计列的合规性。加强基础、接地等隐蔽工程,基坑支护、临时围堰等临时措施核查,防止高估冒算、跑冒滴漏。

4. 刚性执行战略合作协议

(1) 加强建场费过程风险控制。加强属地与技经专业融合,按照"摸清成本、留有裕度、控制上线、全方位测算"的原则,筑牢建场费管控基础。在前期阶段,设计单位对协议包干范围外的成片经济林等特殊情况加强现场查勘,按具体数量和有效赔偿单价文件据实计列。在开工阶段,市州公司组织参建单位对站址、塔基占地、临时施工青赔等现场调查确认,调查确认表作为建场费用协议签订的依据,技经人员加强协议金额的审核把关,确保实施阶段建场费不超概算。

(2) 落实建场费结算闭环管理。属地公司应在工程竣工投产后30天内提交属地结算资料。建场费超标准、超预算或其他特殊事项,属地公司出具合理的处理意见,履行特殊事项沟通汇报流程,再与政府签订相关协议,纳入工程结算;建场费超标准涉及责任划分,属地公司应及时组织相关单位确认责任主体,明确处置意见,督促责任单位及时与政府或相关单位签订协议并支付相关费用。公司将战略合作协议落实情况、属地费用结算及时率纳入环境要素保障指标考核。

(五) 加强项目管理队伍建设

1. 加强各级人员配置

(1) 充实专业人员。建设一支结构合理、素质优良的项目技经专业队伍。建设管理单位通过校园招聘、社会招聘、管理类技经人员下沉转岗、人员外协等方式配齐配优项目管理和技经专业人员。会同人力资源部门,积极采用岗位储备、专家团队、轮岗实训、挂职锻炼等方式拓宽培养通道,扩大人才储备,通过提高技经人员的福利待遇,激发工作热情。

(2) 落实上岗条件。明确持证上岗为技经从业人员准入基本要求,专职、兼职技经从业人员均应通过湖南省电力建设定额站组织的技经专业考试。将技经专业应知应会的基础知识、基本技能作为项目管理岗位的任职条件,真正做到"管项目必须懂技经、管项目必须管技经"。明确业主、施工、监理项目部项目经理或总监理工程师为对应技经人员 B 岗,承担技经人员不在岗时的职责。管理类技经岗位任职条件除通过技经专业考试以外,还应具备 2 年项目部造价管理经历。

2. 强化全员技能培训

(1) 常态化开展专业理论知识培训。梳理国家、行业、企业法律法规、行业标准、制度文件等,开发培训课件,分层级、分单位、分专业组织开展全员专业知识培训;依托国网学堂、e 基建 2.0 平台,组织开展线上学习,不断夯实全员专业知识基础。

(2) 个性化开展技经管理实操演练。组织开展项目间观摩交流,开展"识图、算量、计价"实操演练,促进各参建队伍技经管理水平提升。

五、实施保障

(一) 有序推进,开展融合试点

按照"试点先行、总结评价、全面推广"的原则,有序推进技经专业与项目管理深度融合,各单位从高电压等级的输变电工程选取试点项目,压实项目部、项目管理岗位技经管理责任,提升项目管理水平,落实技经管理要求,确保合规风险全过程受控。

(二) 总结评价,提升工作质效

依托造价管理成效监督检查,结合资金安全检查、审计、巡视巡察等检查发现的相关问题,对技经专业与项目管理融合情况进行评价,提升工作质效。组织"后进"项目部管理人员上台讲课,通过"以讲促学"的方式使其掌握管理要求和专业知识,促进技经专业与项目管理再上新台阶。

(三) 持续完善,推动方案落地

不定期以片区为单位召开专题会,及时分析研究重点突出问题,明确处置意见,防范合规风险,支撑项目高效推进,推动方案落地。

附件:1. 技经管理体系责任链条
   2. 项目各阶段技经管理岗位职责
   3. 项目各阶段技经管理工作清单
   4. 施工单位技经管理内部融合工作清单
   5. 设计变更与现场签证审核流程优化图
   6. 确认单模版
   7. 项目部造价管理量化评分表
   8. 施工单位内部施工项目部经营管理量化评分表

附件1

技经管理体系责任链条

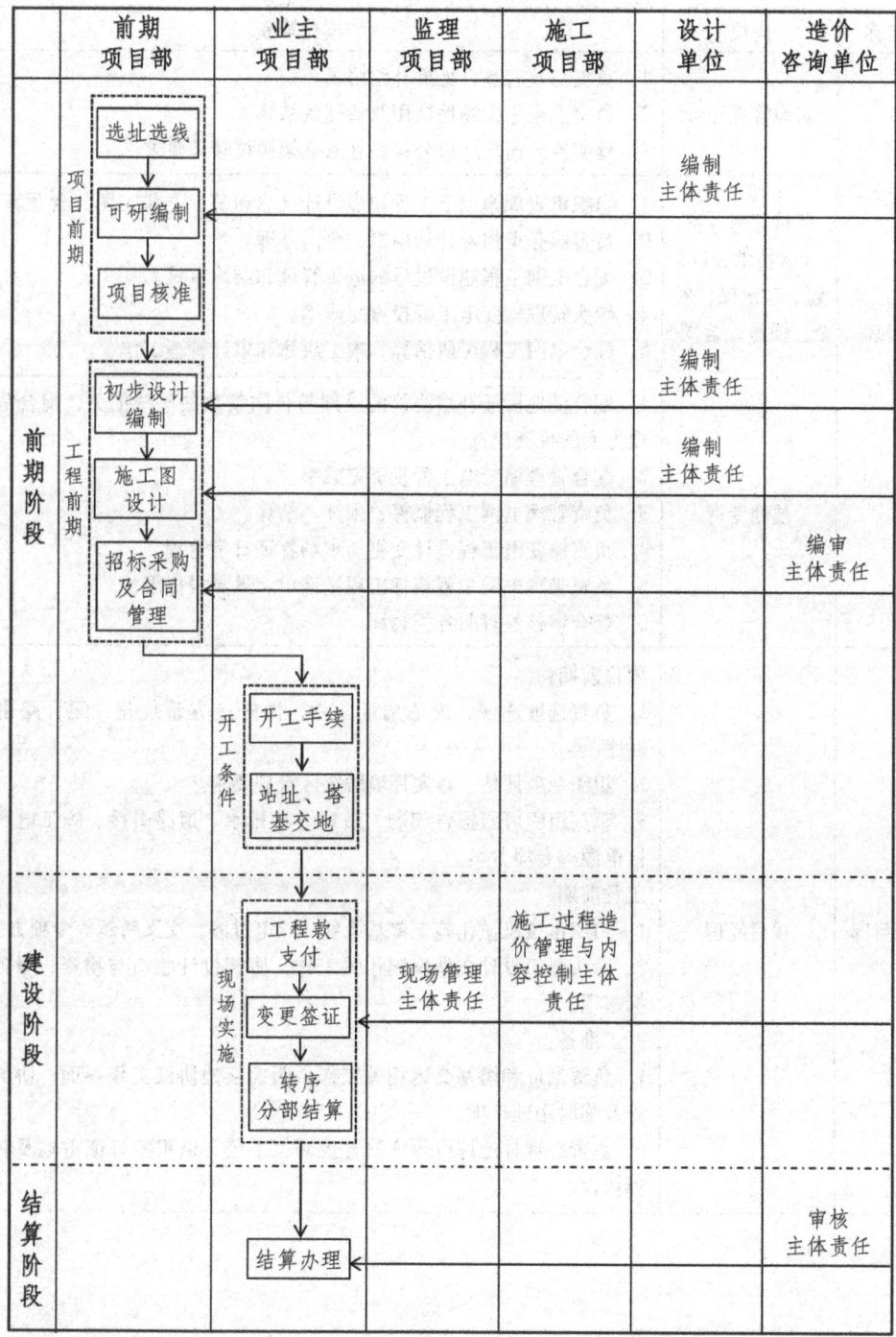

附件2

项目各阶段技经管理岗位职责

单位名称	岗位	岗位职责
建设管理单位	属地管理专责	1. 负责与政府签订征拆补偿协议。 2. 负责上报建设场地征用及清理费结算。 3. 落实省公司与地市公司签署的框架协议管理要求。
	项目管理专责（含技术、计划、环水保、安全、质量、合同）	1. 组织审查规模以下工程初步设计（含概算）与施工图（含预算）。 2. 负责服务类招标计划申报、合同办理。 3. 配合电网工程建设过程的造价管理和结算审核。 4. 牵头管理输变电工程投资完成率。 5. 配合电网工程可研估算、竣工决算和审计管理工作
	技经专责	1. 配合征地拆迁补偿协议的谈判与合同条款的审核把关，配合重要专项方案的投资比选。 2. 配合管理输变电工程投资完成率。 3. 负责管理电网工程概算、预算、结算。 4. 负责输变电工程设计变更与现场签证日常管理。 5. 负责管理电网工程招标工程量清单、最高投标限价。 6. 配合审核签订服务类合同
前期项目部	项目经理	项目前期： 1. 负责选址选线，规范选址条件，做好土方量优化，配合路由建设时序。 2. 组织专项评估，落实环境敏感区管理要求。 3. 牵头组织可研报告编制，负责审核排水、道路引接、施工电源及外接电源等专项方案。 工程前期： 1. 组织审核机械化施工单基策划、停电过渡、交叉跨越等专项方案。 2. 牵头组织设计文件编制相关工作，协调设计收口与物资、服务招投标事项。 开工准备： 1. 负责站址和塔基交地相关工作，明确征地协议工作界面，协调红线外及临时用地事项。 2. 负责办理林地许可等依法合规开工手续，组织签订征占地及青苗补偿协议

续表

单位名称	岗位	岗位职责
前期项目部	造价管理	项目前期： 1. 参与选址选线评审会（内审会），提出专业意见。 2. 负责审核专项评估报告各项费用。 3. 参加可研报告评审会，提出专业意见。 工程前期： 1. 负责审核环水保、机械化施工、交叉跨越、成片经济林砍伐、停电过渡等专项实施方案费用。 2. 负责审核服务类招标及施工招标工程量清单、最高投标限价。 开工准备： 1. 参与站址和塔基交地相关工作。 2. 配合测算输变电工程征（占）地及青苗补偿等费用
业主项目部	项目经理	业主项目经理是落实业主现场管理职责的第一责任人，负责业主项目部各项工作。 1. 参加建设管理单位造价管理现场交底，组织对监理项目部、设计单位和施工项目部造价管理现场交底。 2. 主持召开工程第一次工地例会、月度例会或专题协调会，对造价管理工作进行检查、分析和纠偏。 3. 参加工程初步设计及施工图评审、竣工结算评审。 4. 组织审查设计变更和现场签证。 5. 审核工程款项支付申请，审核月度用款计划。 6. 组织开展分部结算和工程结算工作
	造价管理	1. 负责工程建设过程中的造价管理与控制工作。 2. 参加建设管理单位造价管理现场交底，负责对监理项目部、设计单位和施工项目部造价管理现场交底。 3. 参与初步设计概算、施工图预算编制与审核等相关工作；参与招标工程量清单和最高投标限价的审查；参与工程合同签订工作。 4. 参与签订建设场地征用及清理赔偿协议，组织整理、归档赔偿协议及凭证等。 5. 审核进城务工人员工资支付相关资料，审核工程款项支付申请，上报月度用款计划。 6. 审核设计变更与现场签证工程量和费用，根据规定程序与权限报批。 7. 动态监测工程造价变化情况，做好过程造价对比分析，采取针对性防控措施。 8. 组织参建单位提交工程分部结算、竣工结算资料，预审并上报工程分部结算、竣工结算，根据结算批复意见配合调整工程结算

续表

单位名称	岗位	岗位职责
监理项目部	总监理工程师	1. 组织审核施工单位的付款申请，参与分部结算和竣工结算。 2. 负责审查和处理设计变更、现场签证。 3. 负责提供结算阶段隐蔽工程资料、"三量"核查等相关成果文件。 4. 调解建设管理单位与参建单位的合同争议，处理工程索赔。 5. 组织审查施工方案。 6. 负责审核进城务工人员工资申请和支付情况
	造价工程师	1. 负责项目建设过程中的造价管理工作，贯彻落实建设管理单位有关投资控制的目标和要求。 2. 协助总监理工程师处理设计变更和现场签证，审核费用，参与现场"三量"核查。 3. 协助总监理工程师审核工程预付款报审表、进度款报审表、资金使用计划报审表和进城务工人员工资支付资料。 4. 参与过程造价管理工作，参加建设管理单位组织的工程竣工结算审查工作会议。 5. 负责收集、整理投资控制的基础资料，并按要求归档
施工项目部	项目经理	施工项目经理是施工现场管理和经营管理的第一责任人，全面负责施工项目部各项管理工作。 1. 组织制定造价管理实施计划，实时掌握施工过程中造价总体情况。 2. 组织报审工程预付款、进度款。 3. 对施工过程中的造价管理要求执行情况进行检查、分析及组织纠偏。 4. 负责落实设计变更与现场签证、工程量管理等相关要求。组织编制施工结算书。 5. 负责施工项目部经营管理工作：组织编制施工单位内部成本预算并及时进行动态调整，竣工后开展项目成本分析。 6. 负责分包管理：审核分包比选限价，组织分包合同编制，审核分包进度款（预付款），组织分包商上报分包结算并进行审核，及时支付分包工程款。 7. 负责在工程竣工投产后30天内向业主项目部提交废旧物资移交单。 8. 组织开展进城务工人员工资支付自查，确保中小企业款项和进城务工人员工资及时、足额支付

续表

单位名称	岗位	岗位职责
施工项目部	造价员	1. 参与造价管理现场交底，负责项目施工过程中的造价管理。 2. 负责核实工程设计变更、隐蔽工程费用，负责计算工程现场签证费用，并按规定向业主和监理项目部报审。 3. 参与现场"三量"核查工作。 4. 编制工程进度款支付申请和月度用款计划，编制进城务工人员实名制工资信息报审表，负责收集、审核进城务工人员工资支付表，并按规定向业主和监理项目部报审。 5. 编制分部结算及竣工结算文件。 6. 参与施工项目部经营管理工作：编制施工单位内部成本预算并及时动态调整，竣工后配合开展项目成本分析。 7. 参与分包管理：编制分包比选限价，配合分包合同编制，审核分包进度款（预付款），审核分包结算，完成分包结算资料归档
	设总	设总是项目设计的第一责任人，全面负责项目设计管理工作。 1. 组织开展选址选线技术经济比选。 2. 组织项目各阶段设计方案技术经济论证。 3. 负责设计实施、过程协调及成果文件出口。 4. 负责出具、审核设计变更；负责审核现场签证。 5. 配合分部结算、"三量"核查、概算调整、工程结算等工作。 6. 负责开展输变电工程征（占）地费用测算，向建管单位提交测算结果。 7. 负责在工程投产30天内向建管单位提供整套竣工图
	造价工程师	1. 参与项目设计方案技术经济论证。 2. 负责编制项目各阶段造价成果文件。 3. 负责项目过程造价工代服务。 4. 参与编制设计变更计算书；审核现场签证费用。 5. 参与分部结算、"三量"核查、工程结算
咨询单位	造价工程师	1. 配合建设管理单位、业主项目部现场造价交底。 2. 配合建设管理单位复核设计变更及现场签证。 3. 参与现场工程量"三量"核查。 4. 负责审核分部结算和竣工结算。 5. 配合项目建设过程中的其他造价管理工作

附件3

项目各阶段技经管理工作清单

(一) 前期阶段

单位名称	前期项目部			业主项目部		设计单位	
岗位	项目经理(发展部)	项目经理(建设部)	造价管理	项目经理	造价管理	设总	造价工程师
选址选线 — 管理事项清单	组织现场复勘、终勘及可研报告评审会(内审、外审、收口)	参加现场复勘、终勘及可研报告评审会(内审、外审、收口)	1. 参与现场复勘、终勘。 2. 参与选址选线报告评审会,对选址选线报告评审提出专业性意见。 3. 参加属地政府召开的工作部署会	—	—	1. 参加现场初勘、复勘、终勘。 2. 组织编制选址选线报告(含选址选线量化评分表)。 3. 参加选址选线报告内审会、选址选线报告评审会、属地政府召开的工作部署会	1. 参与现场初勘、复勘、终勘。 2. 参与编制选址选线报告(含选址选线量化评分表)。 3. 参与选址选线报告内审会、选址选线报告评审会、属地政府召开的工作部署会
选址选线 — 管控要求	复核国土空间纳规成果,组织站址路径踏勘,开展地下管线收资,召开选址选线确认会,取得政府相关部门的支持性意见。可研审定后,根据项目需要启动调规程序。若原纳自然资源部门开展站址边坡、挡墙,进站道路布置要求,则协调自然资源部门的土地同步开展统调规,或者由属地政府承诺对超出红线范围的土地同步开展统征。其中管控重点为:1. 规范选址条件;2. 做好土方量优化;3. 落实配套路由建设时序						

续表

单位名称	前期项目部			业主项目部		设计单位	
岗位	项目经理(发展部)	项目经理(建设部)	造价管理	项目经理	造价管理	设总	造价工程师
可研编制 管理事项清单	1. 协调相关单位配合设计单位可研收资。2. 审核重大沟通事项。3. 重点核实环保、水保、地灾、环境敏感区等专项评估编制情况	1. 审核重大沟通事项。2. 重点核实环保、水保、地灾、环境敏感区等专项评估编制情况	1. 参加可研报告评审会(内审、外审、收口)。2. 审核重大沟通事项费用。3. 审核环保、水保、地灾、环境敏感区等专项评估报告费用计列情况	审核可研估算的完整性、准确性、合理性	参与可研报告评审会	1. 向内部造价人员提供工程图纸、材料表、厂家报价、技术支撑等资料。2. 组织编制可研报告(含造价文件)。3. 组织可研报告内审会、外审会、收口会。4. 结合专业合理化建议优化设计方案	1. 编制可研估算文件。2. 参加可研报告内审会、外审会、收口会
可研编制 管控要求	管控可研方案可行性,确保选址选线,明确重点建设方案意见	专项施工方案经济合理,专项施工方案(防洪、航空评价等)以及环境敏感区的处理		核实站址路径,土地性质、市政配套等情况,管控可研编制方案可行性	—	可研报告编制满足深度要求,做细做优技术方案,管控廊道落地、规划站址	
项目核准 管理事项清单	1. 督促按期取得项目核准批复。2. 督促压覆矿、地灾、环境敏感区等状态评估方案报批	1. 督促环保、水保方案批复。2. 督促按期取得项目核准批复	1. 核实可研批复投资情况。2. 收集项目核准批复	—	—	1. 组织编制项目核准报告(含造价文件)。2. 组织参加项目核准评审会。3. 收集环保、水保、地灾、环境敏感区等专题评估批复报告	1. 编制项目核准造价文件。2. 参加项目核准评审会
项目核准 管控要求	管控核准时间满足要求,核准规模与可研批复一致					编制项目核准报告,管控核准批复报告与可研批复投资规模一致	

续表

单位名称	建设管理单位		前期项目部			业主项目部		监理项目部		设计单位	
岗位	项目管理专责	技经专责	项目经理(发展部)	项目经理(建设部)	造价管理	项目经理	造价管理	总监理工程师	造价工程师	设总	造价工程师
管理事项清单（初步设计编制）	1. 组织初步设计评审会（内审、外审、收口）。2. 审核重大沟通事项。3. 重点核实环保、水保、机械化施工、环境敏感区、成片经济林砍伐、停电过渡等实施方案	1. 参加初步设计评审会（内审、外审、收口）。2. 审核重大沟通事项。3. 协调、把控初步设计概算收口	1. 参加初步设计评审会（内审、外审、收口）。2. 审核初步设计方案是否与可研批复一致	1. 组织参加初步设计评审会（内审、外审、收口）。2. 审核重大沟通事项。3. 重点核实环保、水保、机械化施工、环境敏感区、成片经济林砍伐、停电过渡等实施方案	1. 参加评审设计审会（内审、外审、收口）。2. 审核重大沟通事项。3. 核实环保、水保、机械化施工、环境敏感区、成片经济林砍伐、停电过渡等实施方案费用列用	1. 参加初步设计审会（内审、外审、收口）。2. 复核重大沟通事项。3. 复核环保、水保、机械化施工、环境敏感区、成片经济林砍伐、停电过渡等实施方案	1. 参加概算评审会（内审、外审、收口）。2. 参与重大沟通事项、环保、水保、机械化施工、环境敏感区、成片经济林砍伐、停电过渡等实施方案费用列列 3. 配合审定的设计文件和概算书收口及归档	1. 参与勘察设计单位现场勘查。2. 参加初步设计评审会（内审、外审、收口）	—	1. 向内部技经人员提供工程图纸、材料表、厂家报价、技术支撑等资料。2. 组织编制初步设计文件（含造价文件）。3. 组织初步设计内审会、外审会、收口会 4. 结合技经专业合理建议优化设计方案	1. 编制初步概算文件。2. 参加初步设计内审会、外审会、收口会
管控要求	督促调度、设备管理、安监等专业人员确认设计方案，管控专项技术方案、建设场地征用及清理等重点费用合理性列用	督促调度、设备管理、安监等专业人员确认设计方案，管控专项技术方案、建设场地征用及清理等重点费用计列用合理性		管控重大沟通事项、环保、水保、机械化施工、环境敏感区、成片经济林砍伐、停电过渡等实施方案合理性		管控重大沟通事项、环保、机械化施工、环境敏感区、成片经济林砍伐、停电过渡等实施方案合理性		管控现场勘测深度，管控设计质量控制不到位的问题		初步设计文件满足深度要求，管控设计质量控制不到位发生重大设计变更风险	

续表

单位名称	建设管理单位		业主项目部		监理项目部		设计单位		造价咨询单位
岗位	项目管理专责	技经专责	项目经理	造价管理	总监理工程师	造价工程师	设计	造价工程师	造价工程师
管理事项清单	1. 组织施工图设计评审会（内审、外审、收口）。2. 审核重大沟通事项。3. 重点核实环保、水保、机械化施工、环境敏感区、停电过渡等实施方案	1. 参加施工图设计评审会（内审、外审、收口）。2. 审核和核实环保、水保、机械化施工、环境敏感区、停电过渡等实施方案费用列计情况。3. 协调、把控施工图预算收口	1. 参加施工图设计评审会（内审、外审、收口）。2. 复核重大沟通事项。3. 复核环保、水保、机械化施工、环境敏感区、停电过渡等实施方案	1. 参加施工图会（内审、外审、收口）。2. 参与重大沟通事项、环保、水保、机械化施工、环境敏感区、成片经济林砍伐、停电过渡等实施方案费用列计审核。3. 配合造价管理成果的信息反馈和文件归档	1. 参加施工图设计评审会（内审、外审、收口）。2. 参与重大沟通事项、专项施工方案复核	—	1. 向内部技经人员提供工程图纸、材料表、厂家报价、技术支撑资料。2. 组织编制施工图设计（含造价文件）。3. 组织设计单位内部审查会。4. 通知施工图设计内审会、外审会、收口会。5. 结合技经建议优化合理化设计方案	1. 编制施工图预算文件。2. 参加施工图内审会、外审会、收口会	—
管控要求	审核施工图预算编制深度和预算质量，避免重大设计变更风险	审核施工图预算编制深度是否满足施工图预算编制要求，管控施工图预算质量，避免重大设计变更风险	审核施工图预算编制深度是否满足施工图预算编制要求，管控施工图预算质量，避免重大设计变更风险	管控施工图设计深度		施工图设计深度、质量满足预算编制要求，管控重大设计变更风险		—

施工图设计编制

续表

单位名称	建设管理单位		业主项目部		监理项目部		设计单位		造价咨询单位
岗位	项目管理专责	技经专责	项目经理	造价管理	总监理工程师	造价工程师	设总	造价工程师	造价工程师
管理事项清单	1. 组织服务类招标采购。2. 负责及投标限价编制和审查施工图设计限价审查意见。3. 负责签订服务类合同	1. 组织服务类工程量清单及投标限价编制、审查。2. 负责归口工程量清单及投标限价文件管理。3. 审核服务类合同实质性条款是否与招投标文件、中标结果一致	1. 负责物资采购计划申报和物资技术协议签订。2. 参与服务类采购工作。3. 参与签订服务类合同	1. 配合服务类招标采购工作。2. 参与服务类合同签订。3. 配合收集各类服务合同和文件归档	—	—	1. 编制物资采购计划。2. 确认物资技术参数、协助签订技术协议。3. 负责提供施工图设计文件（含预算）。4. 配合工程量清单及投标限价编制和审查	1. 负责提供施工图预算。2. 配合工程量清单及投标限价编制和审查	负责编制和审查工程量清单及最高投标限价
管控要求	施工招标前完成招标工程量清单和最高投标限价审查，管控实质性条款与招标文件、合同实质性条款、中标结果不一致造成的结算风险		管控物资采购范围（甲、乙供）、服务类合同条款是否与招标文件一致，管控结算风险		—		及时提供满足招标深度的施工图预算，管控招标工程量清单、最高投标限价的精准度		管控招标工程量清单、最高投标限价的准确完整性

招标采购及合同管理

续表

单位名称	建设管理单位		前期项目部		业主项目部		监理项目部		施工项目部			设计单位		造价咨询单位
岗位	项目管理专责	技经专责	项目经理（发展部）	项目经理（建设部）	造价管理	项目经理	造价管理	总监理工程师	造价工程师	项目经理	造价员	设总	造价工程师	造价工程师
开工手续 管理事项清单	1.负责办理用地、用林、环水保批复等行政许可手续，落实依法合规开工条件。 2.负责参建单位标准化建设。 3.负责"四通一平"现场开工条件及工程交底。 4.负责永久占地林业许可手续办理	1.负责组织施工图全口径预算编制和审核。 2.负责对业主项目部开展造价管理现场交底。 3.配合依法合规手续办理及费用、合同条款核工作	1.负责前期工作成果文件移交。 2.协调前期工作遗留问题	1.负责前期工作成果文件移交。 2.协调前期工作遗留问题	1.负责并落实现场造价标准化管理要求。 2.负责向监理项目部、施工项目部和设计单位进行造价管理现场交底，明确造价目标要求。 3.配合收集服务及物资采购合同等全口径预算相关资料。 4.配合项目策划文件的编制，参加第一次工地例会	1.负责项目管策划，明确造价管理要求。 2.配合办理用地、用林、环水保批复等行政许可手续。 3.审批参建单位实施策划文件，组织第一次工地例会。 4.明确造价管理目标。 5.配合建设单位组织的工程现场交底		1.负责编制监理项目策划文件，明确管理要求，审核施工项目部策划文件。 2.参加第一次工地例会。 3.参与建设单位组织的工程交底	1.配合并接受业主项目部的造价管理现场交底。 2.参加第一次工地例会	1.负责组织编写施工项目部策划文件，明确造价管理要求。 2.明确项目经营管理目标。 3.参与建设单位组织的工程交底和业主项目部组织的造价管理现场交底	1.接收业主项目部组织的造价管理现场交底。 2.配合经营的实现，规范暂估价、暂列金额等费用管理	1.负责提供具备开工条件的设计资料。 2.参加建设单位的工程交底。 3.负责提供施工图设计文件、全口径预算等资料	1.参与业主项目部的造价管理现场交底。 2.编制施工图预算，全口径预算等资料	配合建设单位管理，参加造价管理现场交底
管控要求	落实《输变电工程开工重要条件核实清单》，管控违规开工风险		负责移交前期成果文件，管控开工手续的完整性		负责并指导参建单位落实标准化开工管理要求，管控违法违规开工风险（七不开）			落实标准化开工管理要求，管控违规开工风险		负责标准化开工办理，杜绝违规开工风险		落实标准化开工管理要求，管控设计文件提交不及时风险		落实现场造价标准化管理要求

续表

单位名称	建设管理单位		业主项目部		监理项目部		施工项目部		设计单位	
岗位	项目管理专责	技经专责	项目经理	造价管理	总监理工程师	造价工程师	项目经理	造价员	设总	造价工程师
站址、塔基交地 管理事项清单	1. 负责组织签订站址征地协议、征地拆迁、房屋拆迁协议、塔基占地及青赔补偿协议。2. 组织属地上附着物清理、管道迁移以及场平整工作。3. 明确站址征地协议与施工合同工作界面。4. 组织业主、监理、施工开展站址和塔基交地	1. 配合审核施工合同与征地协议工作内容是否重复	1. 配合签订站址征地协议、房屋拆迁、塔基占地及青赔补偿协议。2. 配合属地政府开展地上附着物清理、塔基交地。3. 配合红线外临时用地协议的签订和手续办理。4. 组织施工单位进行现场调查、编制详细的线路路径调查报告。5. 配合参加站址和塔基交地、工地交底	1. 配合场平工程量验收、及时确认工程量和工程费用。2. 配合变电站征地协议、房屋拆迁合同、线路塔基拆迁及青赔补偿协议收集变更协议及其费用测算。3. 配合收集变更协议、塔基拆迁协议、房屋拆迁协议、塔基赔补偿协议及其费用和财务支出凭证	1. 配合建设管理单位、业主项目部进行站址、塔基交底。2. 配合参加场平进场交地和交地验收。3. 配合协议、征地、塔基占地及青赔补偿协议签订	1. 配合审核施工合同内的场平工程量、价、费的确认。2. 配合站址征地、房屋拆迁、塔基占地及青赔偿费用测算	1. 负责线路现场调查、临时用地、用林、砍伐地等手续办理。2. 配合签订站址征地协议、房屋拆迁、塔基占地及青赔补偿协议。3. 配合属地附着物的开展地政府拆迁、管道迁移以及场平整工作（合同外）。4. 配合参加红线外用地协议的签订和手续办理	1. 负责合同范围内场地、量、价、费清单管理。2. 配合与施工有关的杆迁、用电、用水等暂估费用的管理。3. 配合施工手续办理费用管理。4. 配合场地及清外用费用管理	1. 负责及时提供场平设计资料和交线路塔基红线施工图。2. 负责提供林地手续办理所需塔基坐标及红线图。3. 配合施工进行现场调查。4. 配合签订塔基占地及青赔补偿协议。5. 配合建设管理单位、业主项目部进行站址、场平验收、塔基交地	1. 配合场地平整工程量、价、费的确认。2. 配合征地及清理费用测算
管控要求	负责站址和塔基交地、工地交底、征地补偿协议范围与施工合同内容重复风险		参与站址和塔基交地、工地交底		配合站址交地、场平验收、场平进场交底和交地验收工作；管控站址场平质量问题		配合站址交地、塔基交桩、管控战略合作协议、征地补偿协议范围与施工合同内容重复风险		负责提供场平施工图、配合站址、交地、塔基交底、交地验收、管控战略合作协议、征地补偿协议范围与施工合同内容重复风险	

（二）建设阶段

单位名称	建设管理单位			业主项目部		监理项目部		施工项目部	
岗位	建设管理专责	技经专责		项目经理	造价管理	总监理工程师	造价工程师	项目经理	造价员
管理事项清单	1. 负责每月上报项目现金流预算。 2. 负责根据现场实际进度经办项目资金支付审批单。 3. 负责制定项目投资完成率目标，并进行月度分解，督促参建单位按时完成。	1. 负责审核项目资金支付审批单。 2. 组织牵头制定下发每月投资完成率目标。 3. 负责投资完成率情况通报和考核。		1. 审核预付款、进度款（包含农民工工资支付表等附件）。 2. 督促施工单位开设农民工工资专用账户。 3. 编制项目资金月度计划报建设管理单位	审核预付款、进度款费用（包含农民工工资）	审核预付款、进度款（包含农民工工资支付表等附件）	配合审核预付款、进度款（包含农民工工资支付表等附件）	1. 组织申请预付款、进度款（包含农民工工资支付表等附件）。 2. 审核分包单位编制的农民工工资支付表，确保农民工工资直接发放到农民工本人账户。 3. 审核分包单位（包含农民工资）并报施工单位相关部门	1. 配合申请预付款、进度款（包含农民工工资及其附件）。 2. 审核分包单位工程进度款费用（包含农民工工资）
工程款支付	管控要求	—		1. 落实农民工工资支付管理办法，督促施工总承包单位按月足额支付农民工工资。 2. 进度款总额不高于已完工程价款的90%		1. 检查施工总承包单位农民工工资支付情况。 2. 进度款总额不高于已完工程价款的90%		1. 及时支付分包单位工程款。 2. 按月足额支付农民工工资。 3. 进度款总额不高于已完工程价款的90%	

续表

单位名称	建设管理单位		业主项目部		监理项目部		施工项目部		设计单位		造价咨询单位
岗位	项目管理专责	技经专责	项目经理	造价管理	总监理工程师	造价工程师	项目经理	造价员	设总	造价工程师	造价工程师
管理事项清单（变更签证）	1.负责一般设计变更和现场签证技术方案的审批。2.参加重大设计变更审查、重大设计变更与现场签证方案审查会，负责现场签证重大工程量审查、现场签证费用的审核。3.重大变更事项按省公司管理流程履行沟通汇报职责，反时上报省公司批准。4.负责设计质量考核。	1.负责一般设计变更和现场签证的审批。2.负责出具非设计原因的变更联系单，提交设计单位。3.组织设计变更审查，组织方案审查会。4.参加重大设计变更与现场签证审查、现场组织重大设计变更与现场签证方案审查会，负责现场签证重大工程量审查、现场签证费用的审核。5.负责设计变更与现场签证流转，并上报建设管理单位。6.负责设计变更与现场签证实施督办和提出考核意见。	1.参加现场签证审查、参加重大变更与现场签证方案审查会，提出专业意见。2.负责现场签证与重大设计变更费用和项目经计合同计算审核、现场签证的合规性审查，工程量完整性进行把关。3.协助落实设计单位签订合同依据计算费用考核要求。4.协助项目经理现场签证方案、现场签证资料归档要求。5.负责设计变更与现场签证资料归档	1.负责出具监理单位提出的非设计原因的变更联系单，交设计单位。2.负责组织对设计变更与现场签证对工程量和费用的审核。3.负责现场签证方案、变更签证支撑依据的甄别。4.负责现场签证材料归档，并做好变更审批单的分类依据编号，填写设计变更，现场签证汇总表。	1.负责设计变更与现场签证在计算和费用的审核。2.协助总监对设计变更与现场签证审核设计方案与现场签证支撑依据，确保合规和完整。3.配合总监对设计变更与现场签证进行甄别。	1.根据经审核批准过的设计变更与现场签证方案对施工进行专项施工。2.负责出具现场签证。3.负责出具施工单位提出的非设计原因的变更联系单。4.牵头收集变更与现场签证支撑依据。5.负责向监理主交现场签证	1.负责编制现场签证计算书。2.参与签证支撑依据校核。	1.负责发起设计变更原因的设计变更。2.负责联系单非设计原因出具与审核设计变更。3.负责审核现场签证单。4.牵头收集设计变更与支撑依据。5.负责向业主和监理提交设计变更，并负责内部流程的跟踪和催办	1.负责编制设计变更与现场签证计算书用计算书。2.负责审核现场签证计算书用计算书。3.配合设计人员参与变更与现场签证支撑依据校核	配合建设管理单位对审核设计变更与现场审查和核实加现场核实
管控要求	落实国网公司和省公司设计变更与现场签证相关管理规定		1.严格执行"先签后干"管理要求；一般变更与签证在规定的时间内（7日）完成审批；重大变更（14日）完成审批。2.3天内完成"量差变更"预审、督办。3.30天内完成总流程审批。3.支撑依据合规、完整		1.一般变更与签证在规定的时间内（3日）完成审批。2.重大变更与签证在规定的时间内（5日）完成审批。3.7天内完成"量差变更"审查。4.支撑依据合规、工程量计算书与费用准确		1.不得拆分现场签证。2.支撑依据合规、完整，工程量计算书与费用准确		1.开工后30天内完成"量差变更"审批流程。2.不得拆分设计变更		支撑依据合规、完整，工程量计算书与费用准确

续表

单位名称	建设管理单位		业主项目部		监理项目部		施工项目部		设计单位		造价咨询单位
岗位	项目管理专责	技经专责	项目经理	造价管理	总监理工程师	监理工程师	造价工程师	项目经理	造价员	设总	造价工程师	造价工程师
管理事项清单	协调分部结算重大问题	1.负责分部结算编制、控制及汇总等管理工作。 2.审核确认分部结算文件。 3.按有关要求做好分部结算资料保存归档工作	1.提供转序通知书。 2.组织设计、施工、监理、造价咨询单位完成对分部结算资料的会审。 3.组织设计、施工、监理、咨询单位对工程量变更签认，对设计变更现场签认汇总。 4.参加设计、施工、监理、咨询单位开展的施工量与结算量"三量"的核查	1.负责分部结算预审及上报，配合分部结算其他相关工作。 2.参加设计、监理、施工单位进行五方会审。 3.参加对施工单位报送分部结算资料的会审。 4.参加施工、监理、咨询单位施工量五方签认	1.参加分部结算会审。 2.负责提供分部结算阶段隐蔽工程资料。 3.负责组织监理方计量与施工"三量"结算量的核查	1.参加分部结算会审，对分部结算单位上报的审单进行审核，提出具体的书面审核意见。 2.参加设计、施工量与结算"三量"的核查	1.组织已完工程量文件编制、施工分部结算书上报。 2.负责组织人员参加会审，对五方工程量进行确认并签章。 3.参加设计量、施工量与结算"三量"的核查	1.负责已完工程量文件编制、施工分部结算书上报。 2.参加分部结算会审。 3.负责收集、整理工程实施过程中造价管理有关基础资料。 4.参加设计量、施工量与结算"三量"的核查	1.提供整准确的施工图及量差分析书。 2.组织设计人员参加分部结算会审，对工程量进行确认并签章。 3.负责提供设计"三量"基础计量，作为施工量与结算"三量"的核查	1.参加分部结算会审，审核实施工程量结算上报工程量计列的合理性、准确性和费用合理性，提出审核意见	1.负责分部结算工程量及费用审核。 2.参加实施阶段工程量核查。 3.负责对分部结算工程量进行现场复核
转序（分部结算）管控要求	220千伏及以上输变电工程应于工程转序（分部）完成后45日内完成分部结算；110千伏及以下输变电工程应于工程转序（分部）后30日内完成分部结算				1.工程转序（分部）前完成已发生的设计变更和现场签证的审核。 2.工程转序（分部）前完成工程量的确认		1.工程转序（分部）前完成所有现场签证的申报。 2.220千伏及以上输变电工程应于工程转序（分部）后15日内及以上输变电工程应于工程转序（分部）后10日内完成分部结算上报		1.工程转序（分部）前完成已发生的设计变更申报。 2.工程转序（分部）前完成费用的审核，并提出设计意见		负责分部结算评审工作，出具咨询报告

（三）结算阶段

单位名称	建设管理单位	前期项目部		业主项目部		监理项目部		施工项目部		设计单位		造价咨询单位
岗位	技经专责	项目经理（建设部）	项目经理（发展部）	项目经理	造价管理	总监理工程师	造价工程师	项目经理	造价员	设总	造价工程师	造价工程师
管理事项清单	1. 在竣工投产前按要求完成组织测算、配合概算超概调概工作。2. 组织工程竣工验收。3. 负责建设场地征用费及清费核和审算。5. 提供竣工结算单、结算资料的归档工作。7. 协调结算资料的归档至财务部门。	1. 负责工程竣工投产前期费用结算、上报前期费用清单。2. 提供前期费用合同及成果文件。	1. 负责工程竣工投产前期费用结算、上报前期费用清单。2. 提供前期费用合同及成果文件。	1. 协调参建单位及相关部门提交工程结算资料。2. 组织设计、监理、施工单位完成结算资料的竣工投产后30日内完工竣工投产后30天内完成资料的移交及废旧物资移交工作。4. 对未完工程办理费留手续。5. 组织设计、监理、咨询对施工工程量进行五方签认。	1. 在竣工投产前配合费用测算完成概算超概工作。2. 负责组织竣工结算相关部门的结算审核。3. 负责督促施工单位在工程竣工投产后30天内完成资料移交及废旧物资移交。4. 对未完工程报告进行预留。5. 参加竣工结算会审。	1. 参加竣工结算会审。2. 负责提供结算阶段隐蔽资料、"三量"核查成果文件。3. 配合结算审核单位进行现场复核。4. 参加竣工设计、施工、监理单位对工程量的五方签认。	参加竣工结算会审。	1. 组织竣工工程量文件编制、工程竣工结算书上报。2. 组织施工人员参加竣工结算会审，对五方工程量进行确认并签字。3. 负责分包工程在竣工结算完成后28天内收齐分包结算书（结算书中附签证手续），在分包完成后56天内完成分包结算审核。4. 负责工程实施过程中业主项目部提交废旧物资资料。	1. 负责竣工工程量文件编制及上报。2. 参加竣工结算会审。3. 负责工程竣工结算相关基础资料的收集、整理。	1. 提供完整准确的设计成果文件（包括竣工图、地勘报告、三维设计成果资料等）及竣工差分析书。2. 组织设计人员参加竣工结算会审，对五工程量进行核算并签章。3. 负责工程调概的调整工作。4. 负责工程投产30天内向建管单位提供整套竣工图	1. 参加竣工结算会审、核查结算费用的准确性和计列合理性，提出审核意见。2. 配合工程概算调整工作	1. 配合概算调概工作。2. 负责对竣工结算工程量进行现场复核。3. 负责竣工结算量及费用审核、出具造价咨询报告。负责竣工结算评审，出具报告
结算办理管控要求	负责组织完成竣工结算费用资料，编制上报工程竣工结算报告	负责报送前期费用结算清单及结算成果文件前期费用结算报告		负责竣工结算单位提交竣工结算资料，预审并上报工程竣工结算，根据结算批复意见配合调整工程结算		提交监理总结，负责监理结算文件编制及上报：220千伏及以上输变电工程应于竣工验收后15日以下输变电工程应于竣工验收后10日内编制完成并提交		负责竣工工程量文件编制及上报：220千伏及以上输变电工程应于竣工验收后15日内编制完成并提交；110千伏及以下输变电工程应于竣工验收后10日内编制完成并提交，配合建设管理单位、审计部门完成工程财务决算、审计以及财务销工作		负责设计结算文件编制及上报：220千伏及以上输变电工程应于竣工验收后15日内编制完成并提交；110千伏及以下输变电工程应于竣工验收后10日内编制完成并提交		负责竣工结算及对竣工结算进行评审工作，出具咨询报告

附件 4

施工单位投发经管理内部融合工作清单

部门	前期阶段		实施阶段			竣工阶段	
	工程投标	成本预算管理	分包比选及合同管理	工程过程管控	施工结算	分包结算	项目成本核算及考核兑现
经营管理部	1. 归口管理工程投标。 2. 组织投标项目的现场踏勘。 3. 组织报价文件编制及审核。 4. 组织技术标书编制。 5. 建立投标文件资料库，实现工程投标文件资料的共享	1. 负责核定工程成本预算并行文下发，组织协调工程重大成本预算问题。 2. 核定工程成本预算调整金额，组织协调工程重大问题。 3. 经营管理实行"预算制"	1. 负责修订和发布分包合同范本。 2. 核定分包比选限价	1. 牵头组织全过程造价管理。 2. 协调办理重大签证及变更。 3. 牵头制定经营管理办法，从制度上预防项目部向分包借支	负责督促施工结算，审定施工结算资料	1. 审定超一定比例的分包结算并签订结算协议。 2. 协调分包结算重大事项。 3. 实行决策、执行、监督"三分离"，加强制度监督，对虚假分包结算考核	1. 负责审定竣工工程成本。 2. 组织财务关账。 3. 组织审核考核兑现。 4. 组织召开重大问题评委会。 5. 组织开展项目成本分析
技经结算中心	配合投标报价文件编制	审核工程成本预算及调整事项	审核分包合同	1. 组织合同交底。 2. 核定分包进度款（预应款）。 3. 指导项目部编制现场签证，督促项目部及时发起及办理现场签证。 4. 监督项目部的资金回流	指导项目部编制施工结算资料归档（包括电子文档）	1. 审定未超比例的分包结算并签订结算协议书。 2. 审核分包结算资料，严厉打击利用职权虚报工程量及签证等结算数据	指导项目部竣工后整理工程实际成本及佐证资料，审核成本费用

续表

部门	前期阶段	实施阶段			竣工阶段		
	工程投标	成本预算管理	分包比选及合同管理	工程过程管控	施工结算	分包结算	项目成本核算及考核兑现
施工管理部	—	1. 负责审核施工组织策划文件。 2. 配合审核成本预算调整申请	1. 明确分包比选人的流程，审核分包准入。 2. 审核分包合同	审核分包签证工作量	—	审核分包结算工作量，禁止项目部上报虚假签证	—
物资管理部	负责提供材料及设备的询价信息，配合投标报价审核	—	1. 明确分包比选的流程，审核分包比选。 2. 编制分包比选文件，按照施工管理部提供的参选单位名单，组织开展分包比选公司采购工作领导小组。 3. 制定废旧物资回收计划，严禁私自处理工程剩余物资和废旧物资	—	—	—	负责核定材料、工机具成本费用，配合完成项目成本分析

续表

部门		前期阶段	实施阶段				竣工阶段	
		工程投标	成本预算管理	分包比选及合同管理	工程过程管控	施工结算	分包结算	项目成本核算及考核兑现
项目部	项目经理	1. 配合分公司投标技术标书编制和初步审核。2. 配合投标项目的现场踏勘	1. 负责编制施工组织策划文件,组织编制工程成本预算。2. 提出成本预算调整,并提供配套支撑材料。3. 落实党风廉政"一岗双责",开展项目部廉洁教育	1. 审核分包合同限价。2. 起草分包合同	1. 负责监督管理分包商农民工工资支付,审核分包工程款支付。2. 负责工程质量管理,对已完工工程开展结算工程量确认,归集隐蔽工程、临时措施等重点项目过程资料。3. 组织编制及汇总签证资料和现场签证办理。4. 审核分包现场签证。5. 定期开展合规管理自查自纠,防范资金风险	组织编制施工结算资料	1. 审核分包结算。2. 加强对分包工程量和签证的把关,监督项目部成员利用职权谋取不当利益	1. 办理机具、材料结算。2. 编制考核兑现明细表

续表

部门		前期阶段	实施阶段			竣工阶段		
		工程投标	成本预算管理	分包比选及合同管理	工程过程管控	施工结算	分包结算	项目成本核算及考核兑现
项目部	造价员	—	1. 负责编制工程成本预算。2. 负责全过程成本预算管理。3. 审核工程成本预算调整事项，编制成本预算调整文件并完成相关手续	1. 负责编编分包比选限价。2. 配合分包合同起草。3. 严禁通过泄露标底及其他技经数据，从中谋取不当利益	1. 对分包商进行合同交底。2. 审核分包进度款（预付款）。3. 编制现场签证费用计算书，负责办理设计变更。4. 监督签证及现场签证管理项目部的合规管理	负责编制归档施工结算资料（包括电子文档）	1. 审核分包结算。2. 归档分包结算资料。3. 监督分包结算工程量和签证数据真实性	1. 负责竣工后整理、汇总工程实际成本费用及佐证资料。2. 核算工程项目成本费用，配合开展项目成本分析

附件5

设计变更及现场签证审核流程优化图

设计变更优化部分流程图

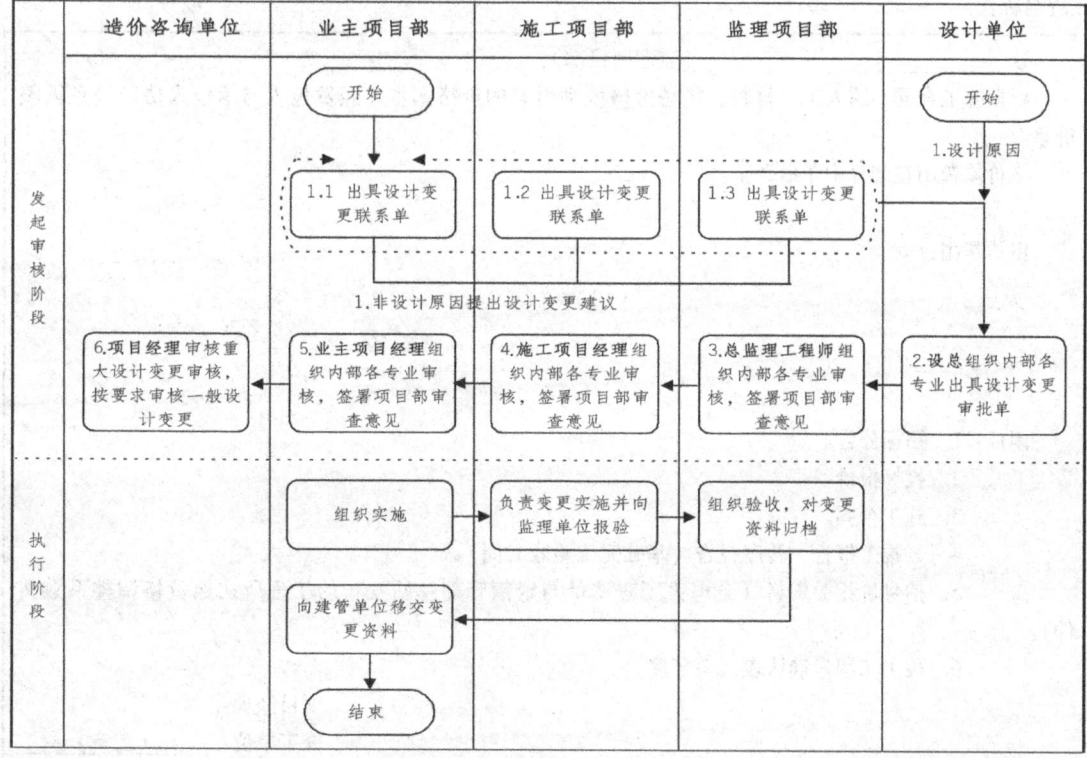

现场签证优化部分流程图

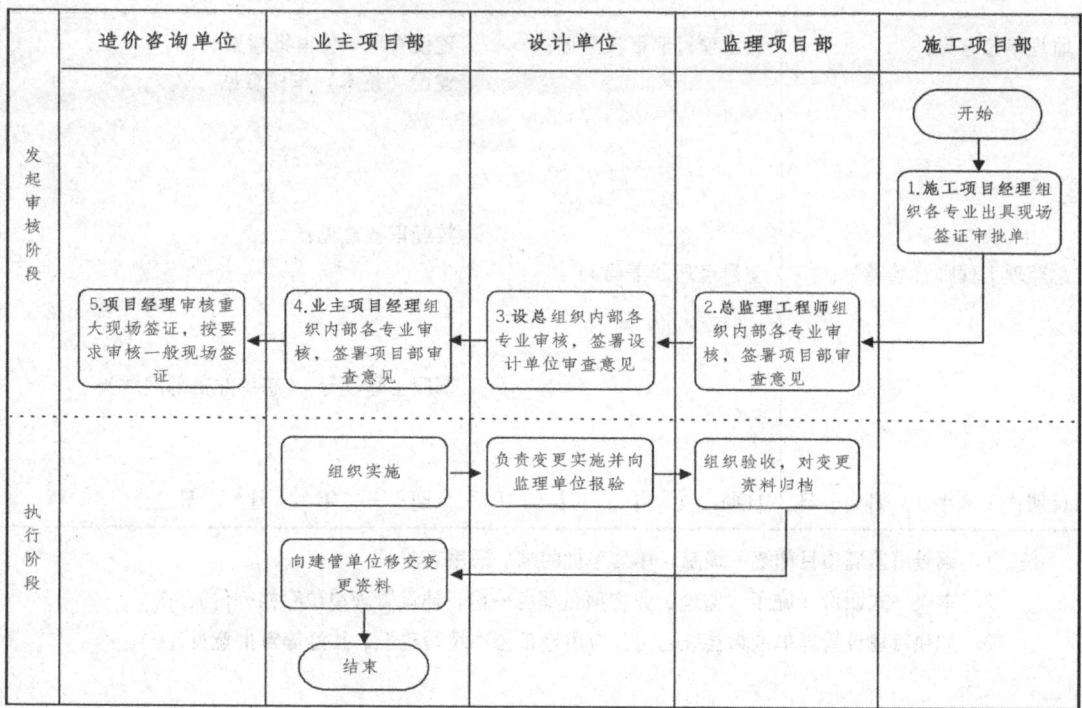

附件6

确认单模版

人工、材料、机械价差调整确认单

工程名称： 编号：

致_____（监理项目部）：

根据施工合同，因人工、材料、机械价格波动引起的价格调整，经发包人与承包人协商同意调整价差。

该价差费用在结算中予以调整。

申请费用：

附件：1. 招标公告。
2. 投标报价。
3. 施工合同。
4. 开竣工报告、转序报告（基础完工验收时间）。
5. 信息价相关资料（含电力工程造价与定额管理总站发布的工程所在地价格调整系数文件）。
6. 竣工工程量确认表（分年度）。

项目经理：
施工单位：_____（盖章）_____
日期： 年 月 日

监理单位意见： 总监理工程师（盖章）： 日期： 年 月 日	业主项目部审核意见： 项目经理（盖章）： 日期： 年 月 日	建设管理单位审批意见 建设（技术）审核意见： 技经审核意见： 部门主管领导：（签字并盖部门章） 日期： 年 月 日

注：1. 编号由监理项目部统一编制，作为审批的唯一通用表单。
2. 本表一式四份（施工、监理、业主项目部各一份，建设管理单位存档一份）。
3. 如项目建设管理单位为县级公司，应由地市公司填写建设、技经等审批意见。

暂估价确认单

工程名称：　　　　　　　　　　　　　　　　　　　　编号：

致　　　　　　　　（监理项目部）：		
暂估价事项及内容：		
申请费用：		
附件：1.		
2.		
……		
		项目经理：
		施工单位：　　（盖章）
		日期：　　年　　月　　日
监理单位意见：	设计单位意见：	业主项目部审核意见：
总监理工程师（盖章）：	设总（盖章）：	项目经理（盖章）：
日期：　年　月　日	日期：　年　月　日	日期：　年　月　日
建设管理单位审批意见 建设（技术）审核意见：	重大暂估价确认审批栏	
	建设管理单位审批意见	省公司级单位建设管理部门审批意见 建设（技术）审核意见：
技经审核意见：		
		技经审核意见：
	分管领导（签字）：	
部门主管领导：（签字并盖部门章）	建设管理单位：（盖章）	部门分管领导：（签字并盖部门章）
日期：　年　月　日	日期：　年　月　日	日期：　年　月　日

注：1. 编号由监理项目部统一编制，作为审批的唯一通用表单。
　　2. 本表一式五份（施工、设计、监理、业主项目部各一份，建设管理单位存档一份）。
　　3. 如项目建设管理单位为县级公司，发生重大暂估价确认时，应由地市公司填写建设、技经等审批意见。
　　4. 以下两种变化情况，需签署重大暂估价确认审批栏意见：①技术方案发生重大变化；②暂估价金额增加幅度超过20%且暂估价总费用超过20万元。

暂列金额确认单

工程名称： 编号：

致 （监理项目部）：
暂列金额事项及内容：
申请费用：
附件：1. 　　　2. 　　　……
项目经理： 施工单位：　　（盖章） 日期：　　年　月　日

监理单位意见：	设计单位意见：	业主项目部审核意见：
总监理工程师（盖章）：	设总（盖章）：	项目经理（盖章）：
日期：　年　月　日	日期：　年　月　日	日期：　年　月　日
建设管理单位审批意见 建设（技术）审核意见： 技经审核意见： 部门主管领导：（签字并盖部门章） 日期：　年　月　日	重大暂列金额确认审批栏	
	建设管理单位审批意见 分管领导（签字）： 建设管理单位：（盖章） 日期：　年　月　日	省公司级单位建设管理部门审批意见 建设（技术）审核意见： 技经审核意见： 部门分管领导：（签字并盖部门章） 日期：　年　月　日

注：1. 编号由监理项目部统一编制，作为审批的唯一通用表单。
　　2. 本表一式五份（施工、设计、监理、业主项目部各一份，建设管理单位存档一份）。
　　3. 如项目建设管理单位为县级公司，发生重大暂列金额确认时，应由地市公司填写建设、技经等审批意见。
　　4. 以下两种变化情况，需签署重大暂列金额确认审批栏意见：①技术方案发生重大变化；②暂列金额增加幅度超过20%且暂列金额总费用超过20万元。

附件7

项目部造价管理量化评分表

前期项目部造价管理量化评分表

工程名称：　　　　　　　　　　　　　　　　　　　　　评价日期：

序号	评价项	管理评价细则（50分）	分值	扣分	扣分原因	技术评价细则（50分）	分值	扣分	扣分原因
一	前期阶段		50				50		
1	前期管理	1. 技经人员参加设计评审会，提出技经专业性意见。（15分，未参加会议扣5分/次） 2. 落实战略合作协议管理要求。（15分，管理不规范扣1分/处） 3. 组织测算所辖电网输变电工程征（占）地及青苗补偿等费用。（5分，未组织测算扣5分） 4. 技经专业参与征（占）地及青苗补偿等费用合同签订。（15分，未参与扣2.5分/次）	50			1. 核实环保、水保、覆矿、地灾、环境敏感区等专项评估报告费用是否完整、准确计列。（15分，漏计费用扣2分/处，计算错误扣1分/处，扣完为止） 2. 核实环保、水保、机械化施工、环境敏感区、成片经济林砍伐、停电过渡等实施方案费用是否完整、准确计列。（15分，漏计费用扣1分/处，计算错误扣0.5分/处，扣完为止） 3. 审核重大沟通事项费用。（10分，费用计算错误扣2分/处） 4. 审核输变电工程征（占）地及青苗补偿等费用合同金额和结算金额。（10分，费用审核不到位扣2分/处）	50		

业主项目部造价管理量化评分表

工程名称：　　　　　　　　　　　　　　　　　　评价日期：

序号	评价项	管理履职评价细则（50分）	分值	扣分	扣分原因	工作质量评价细则（50分）	分值	扣分	扣分原因
一	前期阶段		50				50		
1	前期管理	参加设计评审会。（5分，未参加会议扣1分/次）	5			1. 设计造价文件与设计方案的工程量是否一致。（3分，工程量计算错误扣0.3分/处，扣完为止） 2. 实施方案（环保、水保、机械化施工、环境敏感区、成片经济林砍伐、停电过渡等）费用计列是否准确。（3分，漏计费用扣0.5分/处，计算错误扣0.3分/处，扣完为止）	6		
二	建设阶段		35				27		
1	现场造价管理标准化建设	1.《建设管理纲要》《项目管理实施规划》等成果文件是否明确造价管理内容，造价管理目标。（2分，无造价管理目标、造价管理内容扣2分） 2. 业主项目部组织对监理项目部、设计单位开展造价管理现场交底。（2.5分，未组织扣2.5分） 3. 造价协调内容是否纳入工地例会、工地例会内容是否涵盖现场造价管理内容。（5分，工地例会未涵盖造价内容扣1分/次，扣完为止） 4. 工程现场造价标识信息是否按照最新文件要求执行，如人员、职责、目标等内容。（2.5分，不满足管理要求扣0.5分/项） 5. 项目部技经人员配置是否到岗到位，现场履职是否到位。（5分，人员配置不到位扣5分，项目部技经人员履职次数不到位、未参加工地例会扣1分/次，扣完为止）	17			造价交底覆盖主体是否完整，交底记录单、月度追踪卡填写是否有缺失。（2分，缺项或者错误扣0.5分/份）	2		

续表

序号	评价项	管理履职评价细则（50分）	分值	扣分	扣分原因	工作质量评价细则（50分）	分值	扣分	扣分原因
2	现场资金管理	组织开展防范拖欠农民工工资检查。（2分，重大节假日未组织检查扣1分/次）	2			1. 审核预付款、进度款支付等附件（包含农民工工资支付表等附件）。（2分，不规范扣0.5分/份） 2. 编制项目资金月度计划报建设管理单位。（1分）	3		
3	设计变更与现场签证	1. 负责组织各单位开展设计变更与现场签证会审，明确所需关键性支撑材料，涉及责任事件的应查找原因、分析责任，根据合同条款出具明确的处理意见。（8分，重大变更签证扣2分/项，一般变更签证扣1分/项） 2. 对设计变更与现场签证办理进行管理。（5分，未督办流程扣1分/项，竣工前未完成所有变更签证流程扣5分）	13			1. 设计变更及现场签证是否严格履行先审批后实施。（2分，扣1分/份） 2. 设计变更及现场签证是否按时限或流程审批。（2分，超期扣0.5分/份） 3. 设计变更及现场签证事由是否充分、合理。（2分，扣0.5分/份） 4. 设计变更及现场签证支撑材料是否完整；编码、日期、签章手续等是否完整。（2分，扣0.5分/份） 5. 是否存在设计变更及现场签证混淆使用的问题。（2分，扣0.5分/份） 6. 是否存在拆分或规避重大设计变更及现场签证的问题。（2分，扣0.5分/份） 7. 是否存在以升版图规避设计变更审批的问题（2分，扣1分/份）	14		
4	分部结算	1. 归集分部结算资料。（1分） 2. 组织设计、监理、施工、造价咨询单位完成对施工单位报送分部结算资料的会审（2分）	3			1. 是否按照计划开展分部结算。（2分，未执行扣2分） 2. 是否存在未完结、未干结、先估后结的问题。（2分，不满足管理要求扣2分） 3. 分部结算工程量及费用计算是否准确。（2分，扣0.2分/处） 4. 现场实际工程量与设计图纸工程量是否一致。（2分，扣0.2分/处）	8		

续表

序号	评价项	管理履职评价细则（50分）	分值	扣分	扣分原因	工作质量评价细则（50分）	分值	扣分	扣分原因
三	结算阶段		10				17		
1	结算办理	1. 归集竣工结算资料。（2.5分，结算资料归集不及时扣0.5分/项） 2. 组织计量、施工量与结算量核查（2.5分，未组织扣2.5分） 3. 组织设计、监理、施工、咨询单位对竣工工程量进行竣工工程量签认。（2.5分，未组织扣2.5分） 4. 负责物资结算（含废旧物资）相关事项。（2.5分，影响竣工结算批复扣2.5分）	10			1. 工程结算时效性是否满足省公司管理要求。（7分，不满足省公司结算时限管理要求扣7分） 2. 工程结算是否规范、准确。（10分，错误扣0.5分/处，扣完为止）	17		
四	否决项								
1	负面清单	竣工结算高效完成率、分部结算实施率未达100%							
2	负面清单	项目部管理责任导致主网建设投资完成率未达100%							
3	负面清单	非客观原因结算超概算							
4	负面清单	拖欠农民工工资，导致投诉上访，引发舆情							

监理项目部造价管理量化评分表

工程名称：_____　　　　评价日期：_____

序号	评价项	管理履职评价细则（50分）	分值	扣分	扣分原因	工作质量评价细则（50分）	分值	扣分	扣分原因
	总分		50				50		
一	前期阶段		5				10		
1	前期管理	参加设计评审会。（5分，未参加会议扣1分/次）	5			1. 审核工程勘察方案，监督实施并进行相应控制。（5分，错误扣0.5分/处） 2. 复核重大沟通事项、专项施工方案。（5分，漏计费用扣0.5分/处，计算错误扣0.3分/处，扣完为止）	10		
二	建设阶段		35				30		
1	现场造价管理标准化建设	1. 负责编制监理项目部策划文件，明确造价管理要求。（2分，未明确扣2分） 2. 造价协调内容是否纳入监理例会、例会材料是否涵盖现场造价管理内容。（5分，例会未涵盖造价管理内容扣1分/次，扣完为止） 3. 工程现场造价标识信息是否按照最新文件要求执行，如人员、职责、目标等内容。（3分，不满足管理要求扣0.5分/项） 4. 项目部管理人员配置是否到岗到位、现场服务是否到位。（5分，人员配置不到位、未参加工地例会扣1分/次，扣完为止）	15			—	—		
2	现场资金管理	—	—			审核预付款、进度款（包含农民工工资支付表等附件）。（5分，审核不到位扣1分/处）	5		

续表

序号	评价项	管理履职评价细则（50分）	分值	扣分	扣分原因	工作质量评价细则（50分）	分值	扣分	扣分原因
3	设计变更与现场签证	1. 设计变更及现场签证是否严格履行审批后实施。（6分，不规范扣2分/项） 2. 负责组织项目部内部审查和处理设计变更、现场签证。（4分，未组织扣2分/项，审查不及时扣1分/项）	10			1. 负责设计变更与现场签证的甄别。（4分，错误扣1分/份） 2. 负责设计变更与现场签证材料文件归档，并做好变更审批单分类依存序编号，填写设计变更与现场签证汇总表。（2分，不规范扣0.5分/份） 3. 审核设计变更与现场签证支撑依据及费用，确保事由充分合理，费用准确。（10分，不规范扣1分/份） 4. 是否存在拆分或规避重大设计变更及现场签证的问题。（2分，扣0.5分/份） 5. 是否存在以升版图规避设计变更审批的问题。（2分，扣0.5分/份）	20		
4	分部结算	1. 参加分部结算会审。（2.5分，未参加扣2.5分） 2. 负责组织设计量、施工量与结算量的核查。（3分，未组织扣5分） 3. 参加分部结算工程量确认。（2.5分，未参加扣2.5分） 4. 负责及时提供分部结算阶段隐蔽工程资料，"三量"核查等相关成果文件。（2分，未及时提供扣0.5分/份）	10			核对已完工程量准确性。（5分，工程量不准确扣0.5分/处）	5		

续表

序号	评价项	管理履职评价细则（50分）	分值	扣分	扣分原因	工作质量评价细则（50分）	分值	扣分	扣分原因
三	结算阶段		10				10		
1	结算办理	1. 参加竣工结算会审。（3分，未参加扣3分） 2. 参加结算工程量确认会。（3分，未参加扣3分） 3. 负责提供结算阶段隐蔽工程资料，"三量"核查成果文件等。（4分，反时提供扣0.5分/份）	10			核对竣工工程量准确性。（10分，工程量不准确扣0.5分/处）	10		
四	否决项								
1	负面清单	竣工结算高效完成率、分部结算实施率未达100%							
2	负面清单	非客观原因结算超概算							
3	负面清单	拖欠农民工工资，导致投诉上访，引发舆情							

施工项目部造价管理量化评分表

工程名称：　　　　　　　　　　　　　　　　　　　　　　　　评价日期：

序号	评价项	管理履职评价细则（50分）	分值	扣分	扣分原因	工作质量评价细则（50分）	分值	扣分	扣分原因
总分			50				50		
一	建设阶段		40				28		
1	现场造价管理标准化建设	1. 经营（造价）管理内容是否纳入施工工地例会，工地例会材料是否涵盖经营管理内容。（10分，例会材料未涵盖管理内容扣1分/次，扣完为止） 2. 工程现场造价标识信息是否按照最新文件要求执行，如人员、职责、目标等内容；是否设立维权信息标识牌。（5分，缺失一项扣1分） 3. 项目部造价员配置是否到岗到位，现场服务是否到位。（5分，人员配置不到位扣5分，项目技经人员履职次数不到位、未参加工地例会扣1分/次，扣完为止）	20			—	—		
2	现场资金管理	1. 组织申请预付款、进度款（包含农民工工资支付表等附件）。（1分，申请不及时扣1分） 2. 组织开展防范拖欠农民工工资检查。（4分，重大节假日未组织检查扣2分/次）	5			1. 审核分包单位编制的农民工工资支付表，确保农民工工资直接发放到农民工本人账户。（5分，审核不到位扣1分/处） 2. 审核分包单位申报施工单位相关部门。（5分，审核不到位扣1分/处）	10		
3	设计变更与现场签证	1. 设计变更及现场签证是否严格履行先审批后实施。（6分，不规范扣2分/份） 2. 负责组织项目部内部审查和处理设计变更、重大节假日未组织检查扣2分/项、审查不及时扣1分/份	10			1. 设计变更及现场签证审核事由是否充分、合理。（5分，不规范扣1分/份） 2. 现场签证发起流程不及时。（8分，不规范扣1分/份）	13		

续表

序号	评价项	管理履职评价细则（50分）	分值	扣分	扣分原因	工作质量评价细则（50分）	分值	扣分	扣分原因
4	分部结算	1. 组织已完工工程量文件编制、施工分部结算书上报。（3分，不及时扣3分） 2. 负责组织施工人员参加分部结算会审，对已完工程量进行确认并签章。（2分，未组织扣2分）	5			1. 核对已完工程量。（1分，未核对扣1分） 2. 负责及时收集、整理、上报分部结算资料。（4分，资料不规范扣1分/处）	5		
二	结算阶段		10				22		
1	结算办理	1. 组织竣工工程量文件编制、施工结算书上报。（6分，不及时扣6分） 2. 组织施工人员参加竣工结算会审，对竣工工程量进行确认并签章。（4分，未组织扣4分）	10			1. 施工结算基础资料是否完整、规范。（20分，资料不规范扣1分/处，扣完为止） 2. 核对结算工程量，并完成结算价款确认。（2分，不满足要求扣2分）	22		
三	否决项								
1	负面清单	施工责任导致竣工结算完成率、分部结算实施率未达100%							
2	负面清单	拖欠农民工工资，导致投诉上访、引发舆情							

附件8

施工单位内部施工项目部经营管理量化评分表

工程名称：　　　　　　　　　　　　　　　　　　　　　评价日期：

序号	评价项	管理履职评价细则（50分）	分值	扣分	扣分原因	工作质量评价细则（50分）	分值	扣分	扣分原因
一	经营过程管理		25				25		
1	项目预算管理	1. 组织编制成本预算。（2分，未组织扣2分） 2. 组织发起预算调整流程。（2分，未组织扣0.5分/次）	4			1. 开展现场调查并完成现场调查报告、施工组织策划、工程量统计，编制成本预算。（2分，不规范扣0.5分/次） 2. 过程中是否根据需要及时通过报批件申请调整预算，严格执行"一项目一预算，无预算不开支、有预算不超支"。（2分，因项目部管理造成的调整扣0.5分/次）	4		
2	合同管理	组织合同编制。（2分，未组织扣0.5分/次）	2			1. 是否及时发起各类合同编制、审批、签字盖章流程，不发生合同倒签现象。（1分，不规范扣0.2分/份） 2. 是否使用正确合同版本，合同内容无错漏。（1分，不规范扣0.2分/份）	2		
3	进度款管理	1. 组织申请预付款、进度款（包含农民工资支付表等附件）。（2分，未及时申请扣0.5分/次） 2. 审核分包进度款。（1分，未及时审核扣0.2分/次）	3			1. 是否及时对业主申请预付款、进度款。（1.5分，错误扣0.3分/处） 2. 是否审核分包进度款（包含农民工工资）并及时起付流程。（1.5分，错误扣0.3分/处）	3		

续表

序号	评价项	管理履职评价细则（50分）	分值	扣分	扣分原因	工作质量评价细则（50分）	分值	扣分	扣分原因
4	变更签证	1. 组织收集现场签证的支撑依据。（4分，未组织扣1分/份） 2. 是否及时向监理、业主提交签证资料，发起签证流程。（4分，发起不及时扣1分/份）	8			变更签证资料是否齐全、规范。（8分，扣1分/份）	8		
5	分包月度签证报备	组织分包商发起月度签证报备。（1分，未组织扣0.2分/次）	1			是否按月组织分包商发起月度签证报备，确保报备资料齐全。（1分，不规范扣0.2分/份）分包商是否及时发起签证。（0.5分/份）	1		
6	分包签证	督促分包商发起分包签证。（7分，未督办扣1分/次，分包工程竣工前未完成所有变更签证流程扣7分）	7			1. 分包商是否及时发起签证。（4分，超期扣0.5分/份） 2. 是否及时完成项目部审核并上报公司部门。（3分，超期扣0.5分/份）	7		
二	施工结算		15				15		
1	分部结算	1. 组织分部结算资料收集、上报分部结算书。（3分，未组织扣3分） 2. 组织施工人员参加分部结算对审，对五方工程量进行确认并签章。（2分，未组织扣2分）	5			1. 分部结算书及相关资料是否齐全、规范。（3分，错误扣0.5分/处） 2. 是否及时扫描，按规定对纸质版及电子版扫描件进行移交、归档。（2分，不规范扣0.5分/处）	5		
2	竣工结算	1. 组织竣工结算资料收集、上报竣工结算书。（8分，未组织扣8分） 2. 组织施工人员参加竣工结算对审，对五方工程量进行确认并签章。（2分，未组织扣2分）	10			1. 结算书及相关资料是否齐全、规范。（8分，不规范扣1分/处） 2. 是否及时扫描，按规定对纸质版及电子版扫描件进行移交、归档。（2分，不规范扣0.5分/处）	10		

续表

序号	评价项	管理履职评价细则（50分）	分值	扣分	扣分原因	工作质量评价细则（50分）	分值	扣分	扣分原因
三	分包结算		10				10		
1	分包结算书上报	组织分包商按时间节点上报分包结算书并审核。（7分，未组织扣7分）	7			1. 是否及时完成项目部审核并上报公司部门。（3分，审核不及时扣3分） 2. 上报结算书是否及时、完整、规范。（4分，错误扣0.5分/处）	7		
2	分包结算书整改	组织分包商按照要求整改分包结算书并审核。（3分，未组织扣3分）	3			1. 分包结算书整改是否符合公司审核要求。（2分，不规范扣0.5分/处） 2. 是否及时完成整改后结算书的部门审核。（1分，不及时扣1分/处）	3		

下 编

大力研究创新

新型电力系统构建加速演进，电网建设面临"任务重、工期紧"等新要求，提升了基建工作的风险与难度。当前，产业工人日趋短缺，推动电网建设向"人工为辅、机械为主"转变，电网建设急需"新技术、新装备、新模式"升级。

为落实国网基建"六精四化"要求，根据公司现代建设管理体系布局，公司组织编制了《2030基建技术创新规划》（以下简称"规划"）。规划分析了内外部发展形势，制定了六大战略路径：一是工程勘察由"人工测量"向"全息数字勘测"升级，二是电网设计由"经验绘图"向"BIM智能设计"升级，三是引导线路施工向"全链条机械化"演进，四是引导变电施工向"绿色智能建造"演进，五是推动作业现场向"现代智慧工地"转变，六是远程监控向"数智综合督查"转变。围绕六大战略方向，公司组织全过程、全专业开展"找差距、补短板"大讨论，在"勘察设计、施工建设、建设管理"3个方面铺排了63项研究任务，明确了未来6年十大技术创新成果和十大创新示范工程，并在实验室建设、创新科技成果转化、体制机制建设等方面提出工作目标和要求。

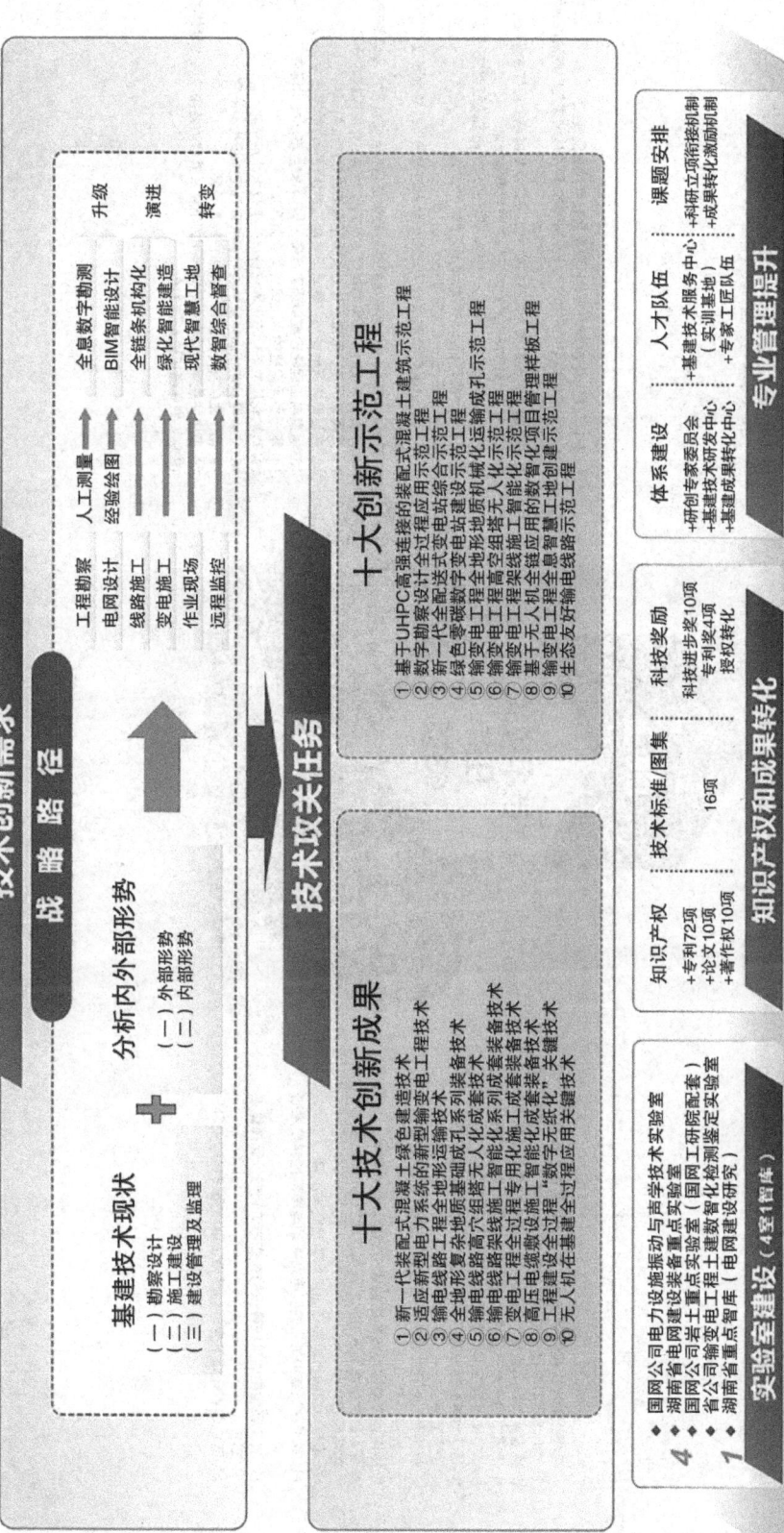

技术攻关任务 63项

勘察设计

1. 装配式变电工程数字化设计建设一体化技术研究
2. 变电工程二三维一体化设计技术
3. 适应新型电力系统的新型变电工程技术体系研究
4. 提高工程环境适应性及防灾能力的设计技术研究
5. 输变电工程测绘数字化内外业协同方法研究
6. 基于地貌勘探原理的山岳地区输电线路工程综合物探方法研究
7. 基于激光点云三维扫描的变电站边坡工图BIM模型快速建模正方法
8. 适应输变电工程绿色营造的设计建造的设计标准研究
9. 基于建筑结构低碳高强材料的装配式绿色建造构造控制技术体系研究
10. 再生材料的资源循环利用研究
11. 基于新型建筑结构优化的变电站建设的输变电站运动与噪声控制技术研究与应用
12. 支撑新型电力系统建设的输变电工程造价管理体系研究与应用
13. 高电阻率环境下变电站环保接地槽研究与应用

施工

1. 基于新型材料的变电预制件的研究
2. 变电工程地下设备基础螺栓紧固度检测技术研究
3. 基本水循环施工泥浆固化海排装置技术的研究
4. 绿色施工在线恢复技术研究
5. 植被绿化恢复技术研究
6. "空天地"一体化水土保持技术
7. 施工装备近零碳安装技术研究
8. 基于预制件安装智能机器人机的研究
9. 物联传感钻芯成孔技术研究
10. 多态控制起重设备塔吊装置研究
11. 管母线集成式自动化焊接系统研制及应用
12. 绝缘油介损试验装置清洁技术研究
13. 智能地下电缆沟槽化施工多功能作业车研究
14. 变电工程电缆沟槽化施工多功能作业车研究
15. 变电土建多功能作业技术研究
16. 机械化施工"流水线"作业技术研究
17. 60Mpa以上硬岩成孔技术研究
18. 微型预制装配式装备装置目标机装的研究
19. 模块化微型起重设备塔吊装置研究
20. 折臂式控制起重塔吊装置的研究
21. 铁塔多维度拼装技术研究
22. 无人化铁塔螺栓紧固度检测技术研究
23. 新能源张放线技术研究
24. 新能源棒塔智能安装技术研究
25. 同网架放线智能安装技术研究
26. 输电线路张紧智能压接技术研究
27. 机械化施工"流水线"作业技术研究
28. 装备智慧塔站（换流站）防火泄爆降噪材料研究
29. 变电站低频变噪降噪隔声材料开发与应用
30. 变电站低频变噪降噪隔声材料开发与应用
31. 低噪声低频变噪降噪隔声材料开发与应用

建管及监理

1. 基于人工智能识别的无人机安全质量管控应用研究
2. 面向大语言模型的电力工程施工过程资料环境增强技术研究
3. 基于固定翼复合型无人机在输变电工程环保监测关键技术
4. 集成SLAM与BIM技术的施工场景融合及关键技术研究
5. 建设期复杂施工场景感知及现代化管理研究
6. 研究基于物联感知的现代智慧工地
7. 新型阵列声波检测仪器研究
8. 基于无人机射线X线数字成像机器人的办理电线路耐张线夹检测关键技术研究
9. 开展适应新型电力系统电网基建安全数字化管控关键装备研究
10. 开展新型电网基建主动安全管控数字化装备研制研究
11. 开展电网基建电网基建应急协调指挥管控技术研究
12. 开展变电工程建设虚拟现实场景(VR)安全培训技术研究
13. 基于多无遥感的水土保持智能监测技术
14. 机械化施工条件下标准化线路电磁环境控制被控制预测的研究与应用
15. 交直流输电线路电磁环境变化监测与评估
16. 变电运行场景鸟情防控管理研究与应用
17. 基于主动友好控制的低频噪声防控技术研究
18. 变电站主变声源低频噪声标准化及其智能监测关键技术研究
19. 施工期环境智慧监测系统

国网湖南电力有限公司关于打造新时代湖湘特色电网建设工程技术研发基地服务电网高质量发展的方案

为深入贯彻落实习近平总书记关于发展新质生产力的重要论述,突出科技创新的核心要素作用,推动公司现代建设管理体系完善提升,认真梳理公司发展所急、技术发展所趋,统筹公司现有资源,坚定打造"公司基建新质生产力策源基地、高质量基建人才队伍培养基地和电网建设工程技术成果转化基地",实现电网建设工程技术向安全高效、清洁低碳、生态环保、数智互联等方向转型,基建人才队伍建设向体系化、标准化、专业化、现代化等方向发展,创出湖湘名片、国网样板,研究提出打造新时代湖湘特色电网建设工程技术研究发展基地,组建国网湖南省电力有限公司电网建设工程技术研究中心(电网建设产业工人技能培训中心)的方案。

一、组建的必要性

(一)适应新质生产力发展的需要

当前,发展新质生产力,培育发展新动能,已经成为各行各业统一的工作目标和方向。于电网基建新质生产力发展而言,公司目前呈现三个方面问题,一是工程技术进步较慢,公司电网建设工程技术发展不充分不均衡,缺乏专门的技术研究和技术支撑力量,缺少专用的技术试验、技术鉴定等场地,在绿色建造、数智管控等技术方面的研发创新成效不多。二是研究成果应用乏力,近些年虽在机械化装备研发方面取得一定成果,但随着各省重视程度和投入资源的增加,公司先发优势并不牢固,且已研发的先进专用装备采购受限,应用不足,深度迭代研发、研发成果转化等方面提升空间较大。三是作业人员技能素质不高,电网基建项目管理人员管理能力、施工现场作业人员技能水平参差不齐,外包作业人员"散兵游勇"的方式仍然存在,无法支撑作业模式机械化转型需要;公司基建队伍系统性培训不足,现有实训场地受限,机械化施工人才培育的特色不鲜明。

(二)支撑国网公司输变电工程技术研究的需要

国网公司已于近期组建电力工程技术研究院有限公司,定位为电力工程建设专业科研机构,计划从复杂地形地质条件下的电力工程勘察技术、设计技术、施工技术研究及装备研制方面着手,为国家重大电力工程建设提供技术支撑,从学科建设、专业研究团队培养、建设试验研究能力等方面,为国际技术发展趋势开展科研布局。公司近些年来深耕机械化施工研发推广,取得了一系列亮眼的创新成果,得到了各级领导、国网公司系统内外各单位的广泛认可,创出了先发优势和精进基础,正适合趁势而发成立支撑国网公司输变电工程技术研究的专门机构,进一步巩固头部效应,打响湖湘品牌。省送变电公司长期参与国网公司投资建设的重大输变电工程项目,在建设过程中积累了丰富的实践经验,有利于推动新技术、新装备的创新研究,可为公司支撑国网公司开展电力建设技术研究提供助力。

（三）推进公司电网建设工程技术研究体系化发展的需要

目前公司电网建设工程技术研究缺少统筹管理，施工工机具技术监督中心、土建技术监督中心等依托建设公司柔性运转，电网建设研究创新中心依托省经研院柔性运转，机械化推广中心、施工装备租赁平台物资储备中心、基建技能实训基地等依托省送变电公司实体化运转，虽各有业绩，但在前瞻布局、统筹部署等方面脱节乏力，在科研攻关、推广应用等方面受到制约，较今后发展形势和公司高质量发展需要而言，急需成立一个专门机构，加强电网建设工程技术研究体系化发展，改进当前"各管一段、领域空白"的不足，解决"各施其政、力散印浅"的痛点，形成公司电网建设工程技术健康发展局面。

二、组建原则及目标

（一）组建原则

1. 突出目标导向、问题导向

聚焦电网基建新质生产力发展，对标国网公司级、省部级实验室申报标准和湖南省工程技术研究中心组建条件，以"研究解决公司电网建设工程技术难题、增强技术支撑能力、对接国网公司基础前瞻技术研究"为目标，以"打造公司基建新质生产力策源基地、高质量基建人才队伍培养基地和电网建设工程技术成果转化基地，实现技术、装备、队伍一流发展"为关键路径，以全面深化机械化施工创新发展为当前重要抓手，合理设置管理和专业机构，按先急后缓原则，逐步完善机构和队伍。

1. 突出系统施策、优化整合

整合省送变电公司内部资源，优化职责分工，采用整体划转、内部竞聘等方式充实力量，保持研究、培训等既有业务有序过渡；对公司优秀专家可单独聘任，对公司存在短板的专业研究领域，面向社会招聘；同步联合外部资源，开展与高校科研机构、企业的深度合作。

2. 突出强基固本、着眼长远

锚定绿色化、机械化、数智化发展方向，优化整合现有研究力量，尽快推动一批电网建设急需的技术攻关任务、机械化装备研发任务的立项工作，取得一批"短、平、快"的实用性成果。主动争取参与国网公司长线研究课题，以及基础性、前瞻性、颠覆性技术研究项目，提升对国网公司电力建设技术研究的支撑作用。依托现有管理力量，组织开展好基建专业传统培训项目和机械化施工等特色培训项目，加大公司基建人才队伍的培育力度。积极争取国网公司基建专业培训项目，充分发挥国网公司基建施工技能实训基地实效。

（二）机构设置

（1）挂牌成立"国网湖南省电力有限公司电网建设工程技术研究中心"和"国网湖南省电力有限公司电网建设产业工人技能培训中心"，合并全称为"国网湖南省电力有限公司电网建设工程技术研究中心（电网建设产业工人技能培训中心）"，以下简称"国网湖南电建技术研究中心"。

（2）省送变电公司在现有业务范围基础上，拓展工程技术研究、业务培训等业务范围，强化支撑保障作用，维持其全资子公司和法人主体不变。

（三）功能定位

国网湖南电建技术研究中心定位为公司电网建设工程技术的专业研究机构和电网基建高素质人才队伍的培育机构，归口建设部管理。业务范围包括：电网建设机械化技术研究、装备研制、成果转化、应用推广、试验检测、技术支撑、标准制定修订等，基建项目管理人员和基建现场作业人员培训，新型装备统筹调配、性能鉴定等。

（四）目标定位

聚焦发展电网基建新质生产力，突出保安全、增效益、促发展，建立绿色化、机械化、数智化建造新模式，着力将国网湖南电建技术研究中心打造成为国网公司开展工程技术研究、基建人才培育、创新成果转化的重要支撑单位，争当推动电网基建新质生产力发展的领头羊。

1. 2024 年（夯实基础年）

（1）研发方面，开展机械化三维设计和数字航测等新技术应用，推进设计数据在项目建设全过程共享复用；开展预制装配件轻量化、小型化、标准化研究，依托工程开展预制式混凝土技术应用研究，初步构建绿色建造技术体系。基本形成适用于湖南地区的全过程覆盖、全地形适应、全天候可用（"三全"）装备体系和机械化施工"流水线"作业新模式，线路山地硬岩成孔、复杂条件跨越等机械化施工技术瓶颈实现突破。全年技术研究、装备研制等在研及储备课题达到 20 项。力争国家专利受理授权 8 项，申报国网公司级或省部级科技进步奖 1 项。专职研发人员到岗不少于 10 人。

（2）实训方面，力争年内启动实训基地升级建设。推进公司电建产业工人（含施工分包人员，下同）测评及准入管理，省咨询公司、送变电公司产业工人实现测评全覆盖，电网建设项目管理及作业人员实训覆盖率达 30%。

（3）转化方面，建成国网系统首个省公司级电网建设工程技术研究成果转化基地，建立成果转化管理体系。输变电工程施工装配化率达到 93%，绿色建造评价优秀率达 95%。线路工程机械化应用率达到 86%，变电、电缆工程整体达到 85%，公司基建现场三级及以上风险作业同比压降 30%。力争完成技术研究、装备研制等创新成果转化 3 项。

2. 2025 年（强化管理年）

（1）研发方面，推广机械化三维设计和数字航测等技术成果的全过程应用，持续提高设备集成度、建构筑物装配率和预制件标准化程度，利用"数字沙盘"、物联传感、移动互联网等先进技术探索智慧工地建设，推动"人机料法环"全面可控、在控；推进施工装备的电动化、智能化感知设备加载，以及模块化拆分与便捷化组装，完善"三全"装备体系；支撑公司、建管、施工 3 个层级基建数智化管控平台建设，实现施工装备管理、电建产业工人管理、造价分析等业务线上化。全年技术研究、装备研制等在研及储备课题达到 25 项以上。力争国家专利受理授权 10 项，申报国网公司级或省部级科技进步奖 2 项。专职研发人员在岗达到 20 人。争取承接国网电力工程技术研究院有限公司研究任务。

（2）实训方面，突出以"机械化施工"专业为主、输变电传统项目为辅，打造具备竞争力的培训产品。固化电建产业工人测评模式，形成管理标准，公司电建产业工人测评覆盖率达到 90% 以上。电网建设项目管理及作业人员实训覆盖率达到 60% 以上。

（3）转化方面，打造技术迭代示范区与应用赋能先行地。畅通"创新—研发—产品

（服务）"的成果转化渠道，做好产业链条补强固延、产研转化深度融合，争取进入国网公司两级集中采购目录。输变电工程施工装配化率达到95%，绿色建造评价优秀率达98%。线路工程机械化应用率达到90%，变电、电缆工程整体达到90%，公司基建现场三级及以上风险作业同比压降50%。完成技术研究、装备研制等创新成果转化不少于6项。

3. 2026年（深化发展年）

（1）研发方面，深入应用"大数据、云计算、物联网、人工智能、BIM仿真"等技术，推动智慧工地建设，绿色建造向远程操作、自动作业方式转变；实现各电压等级机械化施工装备"实用化、系列化、模块化、小型化、电动化、智能化"发展，重载无人机、高山峻岭模块化硬岩成孔装备、智能螺栓紧固机器人、变电多功能作业一体机、电缆输送智能控制系统等研发实现突破；三级管控中心全面应用，基建项目管控向"业务线上流转+现场智能感知+远程集中监控"的新模式转变。全年技术研究、装备研制等在研及储备课题达到30项以上。力争国家专利受理授权15项，申报国网公司级或省部级科技进步奖3项，积极申报国家级科技进步奖。研发整体技术水平处于国网领先地位，研发人员固定且不少于20人，根据发展实际，积极申报国网公司、省部级重点实验室和湖南省工程技术研究中心。力争承接国网电力工程技术研究院有限公司研究任务不少于2项。

（2）实训方面，将实训基地承载力从2024年的单日容纳200人提升至500人。机械化施工培训成为湖南品牌、国网名片。公司电建产业工人测评覆盖率达到100%，电网建设项目管理及作业人员实训覆盖率达到80%以上。

（3）转化方面，建成集应用示范、成果展示、智慧管理、物资仓储、统筹调配、维保检修、检测试验等功能于一体的创新装备管理基地，35千伏及以上电网建设项目的重大施工装备购置、调配和维保等实现"全省一盘棋"管理。输变电工程施工装配化率达到97%，绿色建造评价优秀率保持国网领先水平。线路工程机械化应用率达到95%以上，变电、电缆工程整体达到95%，除特殊条件、特殊作业外，基本消除"深基坑作业、爆破施工"等二级及以上风险作业。完成技术研究、装备研制等创新成果转化不少于10项。

三、组织机构及人员

（一）组织机构

国网湖南电建技术研究中心不单独设置管理部门，通过优化省送变电公司现有本部职能部门职责和编制满足管理需要，下设电网建设技术研发中心、电网建设技术服务中心、电网建设技术成果转化中心3个业务机构。

1. 电网建设技术研发中心

将省送变电公司既有机构"省机械化施工推广中心（机械化施工分公司）"分设为两个独立业务机构，维持科级建制不变，其中，省机械化施工推广中心更名为电网建设技术研发中心，归口公司建设部、科技部管理。

（1）主要职责：负责电网建设工程技术研究工作。开展电网建设机械化技术研究（包括标准化设计、施工工法、绿色建造、智慧监管、环水保等）；开展机械化施工新型装备研发；开展新材料、新工艺应用及质量控制；开展专利布局规划，挖掘专利技术优势；开展机械化相关技术服务工作，为湖南省重大工程输变电建设提供技术支撑，为公司电网建设提供全过程技术指导；配合开展研发成果转化推广工作。

(2)业务实施:公司将电网建设机械化科研项目下达给省建设公司管理;依托国网公司电力工程技术研究院有限公司,积极争取国网公司级、国家级课题研究;联合装备制造强企与高等院校,推动电网建设机械化装备的创新研制;承接其他单位委托研发的相关科研项目。

2. 电网建设技术服务中心

电网建设技术服务中心即省送变电公司现有的电网建设技术服务中心(国网基建施工技能实训基地,以下简称"实训基地"),归口公司组织部、建设部管理。

(1)主要职责:负责公司电网建设技能人才培训工作,支撑落实国网公司培训项目。开展全省电网基建项目管理人员、作业层班组骨干、核心分包队伍人员、基建"三种人"(作业票签发人、作业负责人、安全监护人)、应急抢修人员等培训;开展基建全业务培训、线路和电缆施工全流程实训项目;开展机械化施工培训、电建产业工人测评、机手取证培训、分包商培评准入等特色业务;配合开展人才评价、技能竞赛等工作。

(2)业务实施:承接公司电网建设项目管理及作业人员培训项目;支撑国网湖南技术技能培训中心,落实公司内部技能培训项目;对接国网技术学院,积极承接国网公司基建技能实训项目;加强与政府机构、行业协会、装备制造企业等的沟通,争取承接从业资格考证培训、新型装备操作机手培训等项目,争取获批许可开展电建产业工人测评及分包商培评准入工作。

3. 电网建设技术成果转化中心

在省送变电公司内部通过优化现有的业务机构组建,归口公司建设部管理。

(1)主要职责:负责电网建设工程技术成果转化、推广管理工作。开展电网建设工程技术创新成果的评估、转化、应用示范;开展知识产权申请、保护、授权等管理工作;开展新技术、新装备等成果的现场观摩、参展交流等工作;开展新装备成果的租赁、维保、调配等统筹管理;开展市场营销、品牌建设、应用服务工作;开展成果验证、评估、推广和法律政策等方面的咨询服务。

(2)业务实施:结合成果评估结果选择合适的转化途径,针对持续收益较高的成果,依托大力集团进行转化,通过签订转化合作协议,共享转化收益。大力集团根据创新成果类型,建立自行组织生产销售和委托第三方生产销售等转化渠道,具体实施方案由省管产业公司指导落实。依托公司施工装备租赁平台物资储备中心(以下简称"装备管理平台")强化装备成果推广应用和租售市场拓展,做实机械化施工装备的调配、维保、检测及对外租赁工作,建成"统筹全省、辐射周边省份、面向全国"的装备管理、租赁、推广平台,由建设部、产业部协同组织实施。

(二)人员配置

国网湖南电建技术研究中心主任由省送变电公司执行董事兼任,明确1名三级副职,专职分管。四级领导人员根据省送变电公司机构调整进行综合核定。其他人员根据机构职责及实际需求进行配置。

四、保障措施

（一）组织保障措施

建议公司成立新时代湖湘特色电网建设工程技术研发基地建设领导小组，负责研究制定建设总体规划，对工作开展情况进行指导和监督。领导小组下设工作小组，负责落实总体规划，推进组建初期各项工作任务落地，确保组建稳定、人员稳定、业务稳定、舆情稳定。

（二）人员保障措施

通过提高研发人员薪酬待遇，对急需紧缺人才实施"一人一策、一事一议"等举措，提升人才引进吸引力。发展初期，该中心人员由省送变电公司内部人员转岗组成，包括原省机械化推广中心、实训基地划拨的人员，以及在省送变电公司通过竞聘、调配等方式新转岗的人员；同时适当加大机械类、材料类、电子信息类等专业的高学历毕业生的引进力度。发展远期，根据该中心发展实际，从省送变电公司内部继续吸纳优秀人才，同时从公司系统内外，以岗位竞聘、社会化招聘等形式补充专家人才，并根据项目研发专业需要引进柔性团队、知名专家、教授、学者等。

（三）场地保障措施

1. 场地现状

目前，省送变电公司泉塘基地总占地约168亩，布局了公司机械化施工推广中心、实训基地、装备管理平台、大力集团等单位，功能清晰，分区明确，用地饱和。其中，机械化施工推广中心、实训基地是国网湖南电建技术研究中心的组建基础，装备管理平台是其成果转化推广的重要支撑。以上条件，使得泉塘基地天然适合打造新时代湖湘特色电网建设工程技术研究发展基地。现有泉塘基地转型升级主要存在以下三方面问题：一是缺少机械化创新装备试验检测、技术鉴定、成果展示，以及电网建设工程技术研究室、实验室等功能场地，严重制约公司机械化施工创新成果研发推广和电建技术创新发展；二是实训基地规模较小，目前承载力最高仅为200人，支撑落实国网公司级、省公司级及地市公司级培训项目的能力受限，且缺少室内外模拟实操、机械化施工技能实训、电建产业工人测评等功能场地，与"高质量基建人才队伍培养基地"的发展需要存在较大差距；三是现有泉塘基地由市政道路分为东西两区，用地性质不一样，难以实施新建、改建项目。

2. 场地设施规划发展

公司组织策划规模扩大后的泉塘基地功能分区，用1～2年完成新增地块建设升级，合理布局电网建设工程技术研究，新研制装备试验检测，输变电工程施工工器具试验检测，机械化装备成果展示，机械化施工户外实训，基建线路、变电、电力及调试专业全流程实训，电建产业工人测评等功能区域，统筹建设输变电施工技术研究室、机械化勘察设计及施工技术研究室、机械化装备研发室、环水保研究室、智能管控技术研究室等，推动泉塘基地成为公司基建新质生产力发展核心区。

（四）运营保障措施

（1）建议设置电网建设机械化科技专项业务板块，加大研究资金投入，增加科技立项，力争每年科技立项课题5项以上，由公司科技部、建设部归口并组织实施。

（2）建议将全省基建工程技术指导服务、机械装备现场准入检测、新型装备试用推广、组织现场观摩、业内参展等所需费用纳入公司成本，具体业务归口建设部管理，以年度框架招标的方式实施。

（3）建议有序落地"推动大规模设备更新"有关政策，推动省公司装备管理平台建设，建议从以下渠道落实新装备购置资金：一是公司以零购方式购置装备，未来3年每年根据需要投资；二是产业管理公司统筹全省产业单位施工装备采购，并以零购的方式购置装备，每年根据需要投资；三是省送变电公司未来3年自筹资金购置装备。

（五）其他保障措施

1. 内部

一是加大与国网公司基建部、物资部等相关部门沟通力度，将成熟度高、效益转化高的机械化装备推荐纳入国网公司两级集中采购目录，由公司建设部、物资部组织实施。二是加快落实明年零购装备的储备计划，协调国网公司有关部门，将新型机械化装备纳入零购资产目录，由公司财务部、发展部、建设部协同组织实施。三是保持与国网电力工程技术研究院有限公司的密切联系，积极争取科研项目，并在其指导下，加快推进公司已研发的新技术、新工法、新标准等成果转化为国网标准，由公司建设部、科技部组织实施。

2. 外部

一是加强与装备制造强企的战略合作，争取在研发、推广、转化以及省部级重点实验室创建等方面的支持，由建设部、科技部、产业部组织实施。二是积极争取应急、住建、人社等政府机构支持，开展战略合作，承接特种作业培训考证、职称技能等级评定等业务。争取能监办批准许可公司电建产业工人测评及分包商培评准入工作。由组织部、建设部、安监部组织实施。

五、重点工作

（一）电网建设技术研发中心

（1）机械化标准设计方面，开展"输变电遥感地质""基于AI大模型的人工智能设计""无人机航测技术深化应用"等课题研究，深化三维设计成果在机械化施工领域的应用。

（2）装备研发方面，持续推进线路专业已研发装备的迭代升级，推动高山峻岭、硬岩成孔、"无人化"组塔等领域的装备研发取得突破。全面开展变电、电缆专业新型装备研发。加快新能源、人工智能装备及其数智化管理平台的研发。

（3）绿色建造方面，推进预制件应用、装配式建造和智慧工地建设，开展"基于装配式混凝土的变电站绿色建造和资源循环利用技术""基建远程指挥舱、驾驶舱""'环保+安全+N'多专业协同监控体系建设""'BIM+物联网'技术的基建工地应用"等课题研究。

（4）技术支撑方面，加强电网建设机械化标准设计、施工工法、绿色建造、智慧监管、环水保等技术指导和支撑。提供全省、市州供电公司基建工程现场专业技术服务。强化新装备准入管理，参与新装备试点应用、成效评估。

（二）电网建设技术服务中心

1. 改善硬件设施

增加实操工位数量，满足架空线路、变电一次、电力电缆等八大传统专业的实训需求；结合室内外场地规划，新增动火、临电以及定制化线路基础、组塔、架线专业、变电土建等培训设备设施。定制培训专用机械化施工装备，以及虚拟操作仓、安全施工VR体验交互设备等，实现机械化模拟施工实景培训与展示功能。

2. 健全培评体系

建立并完善培训课程体系，围绕机械化施工专业，建立标准化的培训"菜单"，为送培单位以及参培对象提供定制化服务。持续完善电建产业工人测评体系，优化专业考核场地与考核题库，建立标准化、模块化、规范化的测试和评价流程。

3. 增强师资力量

优化调整省送变电公司内部力量，补充变电、调试、电缆等专业培训师资；分专业组建柔性师资团队，支撑项目教学工作。加强对外联络，邀请电力行业专家参与实训基地定制化项目培训，满足参培单位及学员的个性化需求。

4. 完善业务布局

将公司级新员工培训项目、省管产业单位培训项目、各地市级合作项目及人才评价等进一步完善提升，固化为实训基地基本业务。围绕"机械化施工"专业，推出特色突出的"机械化施工培训项目"；与中电建协、行协等组织进行战略合作，提供"机械化机手"培训取证服务，并向国网系统进行推广辐射。

（三）电网建设技术成果转化中心

1. 夯实成果转化基础

以电网建设机械化技术研究成果转化为主要突破口，主导相关技术研究、装备研发及应用标准制定。打造懂政策、懂市场、懂技术的专业人才队伍，加强知识产权的申请、保护和管理。运用技术咨询、服务和培训等手段，将科研成果转化为服务产品，形成具有市场竞争力的优势产业。

2. 建立成果评价机制

运用"两度"① 精准分析，对"两度"均较高的科技成果，以成果转让、专利许可等方式，约定双方收益；对技术成熟度高而市场成熟度不高的研究成果，将已成型的规范和著作与出版方进行合作，通过出版发行的方式形成版权收益；对技术成熟度低、市场成熟度高或者"两度"均较低的成果，按照合作转化、"许可＋合作"的方式，与合作方共担风险、共享收益。

3. 突出产业支撑转化

将大力集团作为本中心成果转化的重要渠道，指导支持大力集团实施产业发展转型升级行动，优化内设机构，充实生产制造和市场营销力量，建立自行生产销售、外委代工制造销售，以及国网系统内代理销售等商业模式，共促转化、共享收益。

---

① "两度"指科技成果的技术成熟度和市场成熟度。

4. 加强成果全面推广

组织开展新技术、新材料、新工艺、新装备等试点应用、现场观摩，机械化装备参展交流，以及机械化施工技能竞赛支撑配合等工作，提供全过程信息跟踪、用户调研和技术咨询服务，多渠道宣传推广创新成果。

5. 做实租赁支撑推广

将装备管理平台作为本中心开展成果推广的重要渠道。加快装备升级，根据市场动向需求提高成熟实用装备占比。加快管理升级，推进公司机械化装备智慧管理平台建设；发挥装备管理平台优势，与国网"e装备"平台、装备制造企业、各省送变电等强化合作，共享装备资源、用户需求等信息，提升装备应用收益。加快业务升级，树牢"全省一盘棋"理念，统筹公司35千伏及以上电网建设项目的重大施工装备购置、调配和维保管理，建立"一、二类目录装备"[1] 机制，将地市公司产业单位的一类目录装备纳入平台直管，二类目录装备纳入平台管控，提供装备维修保养、鉴定检验等服务。

---

[1] 装备管理平台管控装备一、二类目录（建议）：一类目录为大型装备，包括电建旋挖钻机、锚杆钻机等各类钻机；550及以上型号落地平（摇）臂抱杆、履带式电建起重机、汽车起重机；随车起重运输车、履带运输车；牵张设备（含智能牵张设备）、集控可视化放线系统、伞形跨越架等；二类目录主要为机动绞磨、液压机、手扶拖拉机、手扳葫芦、抗弯连接器、各类卡线器、各类滑车等。

关于造价、装备、环保水保等专业在机械化施工转型升级中的影响与作用的研究报告

为贯彻落实国网基建"六精四化"战略部署,更好地服务新型电力系统建设,湖南公司创新开展现代建设管理体系建设,大力推进机械化施工作业模式转型升级,率先打造全过程覆盖、全地形适应、全天候可用的机械化施工装备技术体系,初步建成机械化施工"流水线"作业新模式,安全、优质、高效助力湖南电网建设。本报告重点研究分析工程造价、施工装备、环保水保等专业与机械化施工的关系。

一、研究背景

2018年以来,湖南电网投资规模一直保持在较高水平,安全管控压力持续处于高位,同时现场作业人员老龄化、低技能化等问题日益凸显,无法满足电网高质量发展需要。为解决电网建设突出问题,湖南公司在国网系统率先开展电网项目施工机械化转型升级,并取得一定成效。随着机械化施工的不断推进,传统电网基建专业管理模式与机械化施工新质生产力不匹配的矛盾相继显现,主要表现在以下两个方面。

(1) 机械化施工快速推进和现行专业管理模式之间的矛盾。机械化施工"流水线"作业新模式的大范围推广,受较多实施条件限制,尤其在设计技术、工程造价、环保水保、环境要素保障等方面,现行专业管理模式无法完全适应机械化施工要求。

(2) 新型施工装备的推广应用和作业人员素质不高的矛盾。新型机械化装备和施工技术更新迭代,一线作业人员对机械装备不了解、对工艺工法不熟悉、对装备状态缺乏认知,造成施工装备选择不正确、施工效率下降,以及装备故障率上升、装备闲置率高等新问题。

二、工作目标

坚持"问题导向、目标导向、结果导向",通过探索工程造价、施工装备、环保水保、设计技术、队伍建设、建设环境要素保障六个方面在机械化施工推进过程的边界条件,明确六大要素保障需求,确保实现机械化作业模式转型升级工作总体目标。

1. 工程造价目标

紧密结合机械化施工的装备升级和工法提升,深入研究机械化施工计价标准,完善计价依据,2024年更新公司机械化施工计价原则,2025年完善机械化施工标准计价体系,做到造价合理、依法规范。加强造价全过程管理,做优前期方案比选,做实过程造价管理,助力机械化施工技术推广。

2. 施工装备目标

深入调研分析机械化施工痛点、难点,联合国内制造强企建立机械装备研发合作机制,重点突破山地硬岩成孔、复杂条件跨越、变电预制件智能化安装等机械化施工应用难题,建立健全适用于湖南地区的全过程覆盖、全地形适应、全天候可用("三全")装备体系。依

法合规购置专用施工装备，建立机械装备管理平台，统筹装备管理，满足湖南电网施工需求。

3. 环保水保目标

①制定针对性强的环保水保配套标准、技术规范和管控措施，对超界扰动、溜坡溜渣、余土处置、植被恢复等共性问题，研究具体的管控措施。②基于电网建设机械化施工特性，建立环保水保要求落地的标准化管理流程，提升全过程环境保护和水土流失防治措施落实的科学性和系统性。③以扰动范围植被快速恢复为目标，开展山丘地区水土保持通用设计、施工迹地"三段式"复绿、机械化喷播等管理和技术创新，形成源头防控、过程管控与高效复绿相结合的现场管控新机制。

4. 设计技术目标

2024年，以《输变电工程设计能力提升两年行动方案》相关要求为抓手，全面压实设计单位主体责任和评审单位把关职责，抓实工程勘测质量，修订完善初设机械化施工专题报告标准模板，细化施设阶段机械化施工专项设计深度和质量要求，严格落实机械化应用率目标。2025年，完成线路工程新型环保基础设计新技术研究，完善微型桩、螺旋锚基础、PHC预制桩桩基础等基础设计方案。持续推进变电装配式设计技术研究和应用，研发变电站建筑物装配式预制屋面和装配式基础设计技术。开展预制电缆排管、电力隧道等预制新技术试点应用。

5. 队伍建设目标

2024年，持续优化"流水线"作业流程，开展专业化自有班组标准化建设，送变电公司组建数量不少于30个，各市（州）产业单位组建不少于3个，力争施工高峰期现场专业化自有班组数量占比不低于30%；依托送变电实训基地，培养一批熟练掌握机械化施工工法应用的技能型人才。2025年，固化"流水线"作业流程，全面推进专业化自有班组标准化建设，现场专业化自有班组数量占比不低于50%。

6. 建设环境要素保障目标

以前期项目部高效运转为支撑，属地公司、施工单位深度参与敏感地区的选址选线和杆塔定位工作，对线路路径和实施方案提出优化意见，合理避让地方协调难点。以营商环境（获得电力）指数评价为抓手，完善常态化调度协调、政企协同机制，充分依靠市县政府做好属地建设环保保障工作；以同业对标、企负考核为手段，分层级压实市县公司对外协调职责，统一建设全流程对外协调口径，为"无障碍"机械化施工打好基础。

三、存在的问题及原因

（一）工程造价方面

问题一：人员的专业素质提升不满足机械化施工需求。

原因分析：技术和技经专业从业人员对机械化施工现场采用的新技术新装备不熟，对现场作业了解不够。

问题二：定额预算计价方式更新滞后于机械化施工推进速度。

原因分析：现行定额预算计价体系仍以人工施工方式为主，规费、措施费等取费以人工费为基数、机械费基本不参与取费，机械化施工定额有待补充完善。

问题三：设计深度不足导致概预算未考虑特殊措施费。

原因分析：设计人员对机械化施工装备应用场景或作业流程不熟悉，概预算编制阶段未针对性考虑需采取的特殊施工方式，如路桥加固、搭设便桥、临时围堰、临近带电体施工、特殊跨越等。

问题四：道路损坏赔偿标准与现场实际差距较大。

原因分析：机械化施工损坏乡村道路赔偿，没有相应的指导文件，费用计算缺乏统一标准，多个项目实际赔付费用超出限额。

问题五：复绿费用计列标准有待完善。

原因分析：省内复绿费标准目前按 10 元/m^2 计列，与山丘地区施工成本存在较大差距。

问题六：林木砍伐面积增加，施工成本提高。

原因分析：与传统施工方式相比，机械化施工新模式下的林木砍伐面积大幅增加，施工单位砍伐成本提高。

问题七：增加水田复垦成本。

原因分析：水田桩位采用机械化施工后，土壤被压结，施工完成后需翻松以满足复垦条件，增加了施工单位复垦成本，且田坎、沟渠损坏也带来赔偿费用增加。

问题八：落地摇臂抱杆组塔增加了组塔成本。

原因分析：组塔施工采用落地摇臂抱杆方式的，抱杆进出场成本较高，目前暂未考虑该项费用。

（二）施工装备方面

问题一：现有装备数量不足，无法满足机械化施工需求。

原因分析：一方面，受购买能力以及未来施工任务存在不确定等因素综合影响，公司所属施工单位采购的专业装备数量总体不足，无法满足全省作业高峰期机械化施工应用需求；另一方面，目前，在高速公路及铁路跨越、螺栓自动紧固、间隔棒自动安装等专用装备研发方面，仍存在技术瓶颈，现有装备仅覆盖80%左右的施工场景，难以满足全过程机械化施工的应用需求。

问题二：新装备新技术应用存在人员排斥现象。

原因分析：部分参建人员对机械化施工认识不足，知识水平及管理能力有限，仅从施工经济效益角度出发，抵触新装备新技术的现场试用。首先，新设备新技术应用存在试错风险，需用多次现场试用才能进行合理化改进，存在增加施工成本的可能性。其次，现场人员组织管理能力不足，开工前对于机械化施工的人员配置、风险点管控及"流水线"策划不足，人为造成施工成本增加。最后，项目部人员对于机械化施工装备、技术认知欠缺，不能熟练地掌握成熟装备的适用范围及性能特点，无法有效开展装备选型。

问题三：机械化施工装备研发管理有待完善。

原因分析：专用装备研发体系不完善，目前研发团队成员主要为项目管理人员，缺少一线班组长、设备操作手等现场作业人员，造成部分新研发的装备存在性能偏差、改进周期长等问题。装备研发机制运转不顺畅，研发经费不足，课题立项少；研发课题立项数量严重偏少。

问题四：机械化施工装备现场应用效率偏低。

原因分析：装备应用管控手段不够完善。装备应用效果完全取决于机手及现场负责人经验水平，目前缺乏有效手段辅助现场，在工法应用、装备站位等技术层面进行决策。同时，装备状态信息缺少有效的反馈手段，维护保养时效性缺少监督手段，专用装备难以长期保持健康状态。

（三）环保水保方面

问题一：环评方案深度不足，临时道路面积估算不准确。

原因分析：可研收口后即启动工程水保方案编制工作，可研深度导致塔基数量及位置、施工道路走向、牵张场位置等均未确定，无法准确计列工程量；部分机械化施工专题报告和施工策划深度不足，仅考虑临时施工道路路面宽度及长度，未考虑因地形、地势原因产生的边坡面积，造成环水保服务单位临时用地面积估算过小。

问题二：装备选择不合理，造成扰动范围扩大。

原因分析：临时施工道路、塔基区作业平台修建等作业场景，不合理选用超长超重设备或轮式设备，均会扩大现场施工扰动范围。此外，施工准备期未合理规划场地布置或施工过程未严格执行限界措施，施工过程工器具随意堆放、开挖土石方处理不规范等，也将造成临时用地面积大幅增加。

问题三：机械化施工余土处置不规范导致顺坡溜渣，迹地植被恢复较差。

原因分析：机械化施工临时道路修筑尤其涉及坡度较大山体时，对表土扰动较大，客观上难以做到余土全部外运或全部就地消纳，大部分施工现场就地处理，山丘地区线路机械化施工现场溜坡溜渣问题较为普遍，现场整改、复绿工作较为困难。同时，由于施工机械及设备反复碾压，施工道路土壤被压实，撒草籽、穴播、条播等传统人工复绿手段种子萌发、成活率低，影响复绿效果。

（四）设计技术方面

问题一：机械化施工设计配套技术方案深度不足。

原因分析：施工图设计阶段，现场详勘和沿线交通调查不充分，临时道路和运输方案设计不合理，设计深度不足。

问题二：现有基础、铁塔型式与机械化施工装备匹配不足。

原因分析：基础、铁塔设计型式种类较多，机械化施工新型装备与基础、铁塔型式匹配不准确，无法正确指导现场施工。

（五）队伍建设方面

问题一：机械设备操作人员经验缺乏。

原因分析：目前在用的输电线路基础、组塔机械化专用装备均为近几年新研制，应用时间不长，部分装备尚在升级迭代中，缺少熟练的操作人员。同时，公司现有机械设备操作人员培训机制不完善，受场地和设备限制，专用装备操作人员均由合作研发单位提供或尤其代为培训，自有操作人员成长较慢。

问题二：作业班组应用新装备、新工法积极性不高。

原因分析：一是目前在用的装备部分是新产品，存在一定的磨合期，例如液压集控绞磨，装备的经常性检修或技术维护不到位，有时反而降低了施工工效。二是履带式机械设备进出场容易造成道路损坏，带来阻工或者赔偿的协调难题，增加了班组成本。三是严抓严管态势下，管理压力增大，班组负责人宁可采用更为熟悉的传统施工方式，应用新装备、新工法的积极性不高。

（六）建设环境要素保障方面

问题：机械化施工加大属地协调难度。

原因分析：一方面，施工外部环境已成为制约当前电网项目高效推进的关键因素，基于机械化施工的"流水线"作业新模式，对环境保障时效性提出了更高要求；另一方面，与传统施工方式相比，机械化施工带来的临时用地面积增加、乡村道路破坏等新问题，加大属地协调难度。

四、下阶段工作举措

（一）工程造价方面

（1）推动技经、技术专业与项目管理融合，定期组织专业人员下沉施工现场，全面了解机械化施工新技术装备应用情况，准确分析工程造价与现场实际差异。

（2）全面收集机械化施工需补充、完善的定额，如履带车运输、机械成孔较硬岩及坚硬岩、灌注桩成孔流砂、临时钢护筒、机械道路修筑、机械降基、围堰等，主动向国网总部和定额总站沟通汇报，助力预算计价取费体系更新完善，争取由人工取费向直接工程费取费转变。

（3）针对不同施工条件，编制特殊措施费清单，制定典型施工方案并测算相应的费用标准。

（4）针对机械化施工道路损毁赔偿问题，建议：一般性的损坏纳入属地框架协议，严重损坏采取"一事一议"的方式解决；对于未执行省公司有关规定或未按审定方案实施，造成的额外损坏，严格考核施工单位。

（5）全面统计、分析现场实际复绿成本，针对山丘、平地、湖区等不同地形地貌和地质条件，差异化制定复绿费用标准。

（6）概预算及施工招标控制价增列林木砍伐费用，或者明确由属地单位负责，包含在框架协议中。

（7）拟定复垦费用标准，概预算及施工招标控制价增列复垦费用。

（二）施工装备方面

（1）一是省公司结合电网投产需求合统筹安排各工程建设计划，避免同一分部工程节点过于集中。二是根据全省实际需求统筹设备采购，探索与厂家合作、采取临时租赁方式满足施工高峰期装备需求。三是针对机械化施工技术瓶颈，开展硬岩开挖、组塔施工、高空作业等多项电网建设专属装备创新研发工作。

（2）一是增加新设备新技术试验成本，依托典型工程充分做好前期策划和试验过程技术管理管控，及时对试验项目进行功能实现、成本对比、效率效益等多方面分析。二是针对新装备新技术应用，组织全省基建专业机械化施工管理与技术专业培训。

（3）一是进行研发成本控制，设备研发专注需要解决的根本问题，减少功能叠加造成的研发成本。二是对于具有推广价值的机械设备，进行批量采购，以降低生产成本为前提减少设备购置成本，最终降低租赁价格。三是设备研发生产过程综合研发成本，采用耐用部件,并从易维护更换等角度进行结构设计,施工现场规范设备操作和维护流程,定期进行保养与维护。

(4) 一线班组长及设备操作人员柔性支撑装备研发,完善机械化施工"产学研用"合作机制,针对预研、在研、试用装备情况建立定期研讨机制,确保机械化施工装备在各项性能指标平衡的前提下,最大限度满足现场需求。

(5) 搭建智慧工地装备一体化平台。利用智能数字化技术,建立机械设备智能监测平台,实现可视化、数字化管控,平台内设装备应用要点库,辅助现场施工技术决策,同时可实时监测设备基本信息、实时位置、施工状态、工作时长、维保记录、备件更换记录等关键信息。

(三) 设计方面

(1) 机械化施工理念应贯穿设计全过程,从可行性研究阶段开始至施工图设计阶段,应提出可实施的机械化施工设计方案,并按照机械化施工模式编制工程概算和预算。可行性研究阶段重点落实路径机械化施工方案可行性,初步设计阶段应有独立的机械化施工专题报告;施工图设计阶段重点突出工程设计与施工技术、装备性能的高度协同。从设计源头开展技术创新,持续提升基础、组塔等工序机械化施工水平。

(2) 设计应针对不同的地质地形、基础作用力等条件,优化基础设计,降低施工难度。设计阶段应加强装备选型理念,熟悉临时道路修建、物料工地运输、基础开挖成孔、混凝土施工、接地施工、组塔施工、架线施工和施工辅助全过程机械化施工装备性能参数。

(3) 充分结合地形地貌和机械装备性能参数明确塔位临时道路修筑、设备进场和材料运输方案。施工临时道路应综合考虑施工机械设备进退场(大型预拌混凝土罐车除外),设计应根据工程实际,结合地形地貌特点,选择合理的机械运输方案,以提高施工效率,降低工程成本,因地制宜地选用窄轨履带运输车、轻型卡车、轮胎式运输车及标准化索道等装备。

(四) 环保水保方面

(1) 设计初期充分考虑现场地形、植被等立地条件、施工机械设备类型及进出场道路情况,尽可能减少全开挖路段的长度及其土石方量,减小临时道路长度及塔基作业平台的数量、面积,初步形成优化后的临时道路选线,与此同时,充分考虑道路开挖过程中的余土处置、拦挡等措施,并考虑不同地形路段(如山脊或平缓地形,陡坡区、转弯处等)的机械设备进场的最低宽度要求,从而较为精确地测算出临时道路面积。

(2) 在临时道路选线基础上,综合考虑不同地形路段(如山脊或平缓地形,陡坡区、转弯处等)的不同机械设备(预拌混凝土罐车、吊车等)进场的最低宽度要求,计算相应的开挖土石方工程量,并充分考虑临时道路修筑过程中的余土原位与异位处置、拦挡等措施,避免因余土堆置不当导致道路过宽、边坡过大、边坡溜渣等扰动过大问题。从源头做好绿色施工措施,做实机械化施工单基策划,在开工前组织完成机械化施工扰动预控策划方案和植被恢复方案编制。

(3) 在临时道路选线基础上,机械化施工扰动预控方案应综合考虑不同地形路段(如山脊或平缓地形,陡坡区、转弯处等)的降基高度和开挖土石方工程量,小于自然安息角的区域修筑道路以半挖半填为主,就地平衡土石方,并在相对平缓或低洼的路段设置一定的余土摊铺区,对于坡度超过自然安息角的全开挖路段或作业平台,应明确标注通过转载机将开挖余土全部转移到摊铺区结合一定的拦挡措施进行异位处置,从而避免因挖填方堆置不当导致顺坡溜渣问题,最大限度地减轻工程建设过程中的土石方开挖回填导致的扰动面积过大、溜坡溜渣、植被破坏难以恢复等问题,实现低扰动、绿色环保施工。

(4)结合"三同时"需求,环水保专员应督促施工队伍,尽可能利用好最适宜的春季、初夏等复绿季节(确保足够的恢复周期及雨水条件),其中施工道路边坡在进场阶段、塔基区边坡施工在浇筑完成后尽早介入复绿,路面、基面在组塔架线完成后分区逐次开展恢复工作,重点掌握各阶段施工信息,避免交叉施工导致反复碾压影响复绿,有效降低恢复成本。

采用适宜冷暖季节的草种混播配方以及不同立地条件配套的土壤改良、低扰动整地、保墒覆盖、适量养护等植被恢复施工工艺,确保多样化草种的快速萌发生长,正常演替,持久恢复。

(5)摒弃"先破坏后治理、施工完毕再治理"的错误理念,落实三个项目部环保水保管理职责,做到"准备"不到位不允许开工。环水保专责人员应根据单基策划、预控方案、植被恢复方案狠抓现场落实,与主体工程相衔接,严格实行先控后治,在确保技术可行、经济合理的基础上,在施工进场阶段及基础开挖阶段加强施工限界,注重半挖半填路段和作业平台的表土剥离、余土处置及必要的拦挡措施,尤其重视全开挖路段及基坑开挖土方的异位处置,同时注意陡坡路段及塔基区的临时截排水、苫盖等措施,减少冲蚀,加强降水的排导、集蓄利用,尽早介入植物措施,进行三段式恢复植被。

以转序验收为管理节点,环水保专责人员应将环保水保设施质量验收纳入中间验收工作,采取"阶段验收",基础工序中间验收时,将水保措施落实情况作为重点检查,不合格不得转入杆塔组立工序。组塔工序中间验收时,检查水保措施落实以及损坏后修补情况,不合格不得转入架线工序。

(6)根据线路工程不同的土质(土质、土石混杂、石渣)、坡度(溜渣边坡或路面基面)等立地条件,以及对应的不同的整地措施进行分类计算复绿费用,并应增加一定的土壤改良措施、养护措施(夏秋干旱季节)费用。

建议考虑施工临时道路恢复履带式复绿喷播设备、旋耕机等新型机械化装备的研发,专门针对临时施工道路的土地整治、植被播种、洒水施肥养护等方面,集合环水保实施需求多功能于一体,增加植被恢复施工效率及成活率,降低相应的植被恢复费用。

(五)队伍建设方面

(1)一是制定完善的人员培训培养考核晋升机制,通过逐年培训新人、年度考核"优胜劣汰"等方式,从机制上激励或者迫使对应人员加强学习,提升技能。二是联合分包商、合作研发单位一起建立"机械设备操作人员库",有需要时,可从库中优选经验丰富、技能熟练的机械操作手参与现场施工。三是加大实训基地投入,开展湖南电网实训基地机械化施工装备虚拟座舱项目研发,解决场地、设备受限问题,对操作人员采用模拟+实操的方式进行培训、考核。

(2)一是利用歇工期加强对班组负责人的培训,尤其在装备、工法方面,以数字化的案例和实用性的操作手法,让其了解关键细节,帮助规避可能的效益损失。二是在体制机制上设定班组机械化施工考核系数,在对班组的考核评价方面,考虑其机械化施工的应用情况,给予其对应的收入、评级等。通过机制,鼓励其应用机械化施工。

（3）一是强化班组的新技术、新工法培训指导，并采取考核方式检验培训成效，提高新技术、新工法应用水平。二是通过开展实战演练与劳动竞赛，提升班组施工力量与工艺水平，打造机械化施工标杆班组，对分包班组起到样板先行、试点引路的作用，提升公司核心竞争力。

（六）建设环境要素保障方面

（1）设计阶段线路路径和实施方案充分征求属地公司、政府的意见，严格履行审批流程，落实开工条件，高度重视各项合规手续办理，明确项目协调管理模式。

（2）全面收集原来道路工况及损坏情况，协同属地公司、建设管理单位形成第一手资料。策划机械化施工计划投入施工装备及物料运输工程量，评估机械化施工后对道路的损坏情况，对影响机械化施工流水作业的关键点重新进行论证机械化施工的必要性。综合整个工程机械化施工对道路、地表附着物、环水保的影响，综合地方补偿标准，评估机械化施工经济可行性。

五、实施保障

（一）有序推进，开展融合试点

已明确23项机械化施工重点管控项目参与国网公司年度机械化施工示范工程建设，覆盖省内各建管单位。围绕全过程机械化施工创新管理、新型施工装备应用等方面开展建设，组织机械化施工示范工程方案审查，开展过程督导，总结示范应用亮点及成效。

（二）专业督导，提升工作质效

组织省送变电公司、经研院、设计院、中心院及各市州公司建设部相关人员，开展机械化施工专项督导，覆盖15家建管单位，每个单位3~5项工程，并涵盖所辖各电压等级。重点落实公司机械化施工管理要求，并依托督导项目对建管、设计及施工单位开展机械化施工专项培训，督导检查结果将在进行通报。

（三）交流学习，加强经验推广

加强学习交流，促进相互提升。依托在建工程，组织建管、设计、监理及施工单位开展机械化施工现场观摩会，实景展示公司机械化施工创新成果，宣贯机械化施工理念、管理要求，通过现场直观感受、技术研讨，提升基建队伍机械化施工专业水平。

基于预制混凝土结构变电站绿色智能建造体系和资源循环技术的研究与应用

一、目的和意义

(一) 项目背景

根据《国家电网公司发展战略纲要》，为了更快地提高企业整体经营效率，国网将推进各类变电站建筑的规范化选型、标准化设计和装配化建设、机械化施工，同时着重推进绿色建造。国家电网目前预计在"十四五"期间，新建和改扩建合计7000余座新型绿色智能变电站。

目前我国的变电站建筑以钢结构为主，钢结构虽然自重较轻，安装便捷，抗震性能好，然而钢结构变电站建筑在使用过程中还是会遇到一系列问题。第一是钢结构的防腐防锈问题。在长时间与外界环境接触后的作用下，钢材很容易与周围的大气、水等环境介质直接接触产生电化学腐蚀。这种腐蚀过程的发展速度极快，而一旦在其表面产生了腐蚀或者锈蚀的情况，其腐蚀坑往往会沿着纵深方向迅速发展，使钢材从表面到内部逐步发生应力集中等影响其材料力学性能的现象，不仅危害其受力性能，同时也会加深腐蚀形成恶性循环，我国每年因锈蚀造成损耗的钢材超过1000万吨，钢结构受到腐蚀或锈蚀损坏后会使得建筑所处环境极为恶劣，对于变电站建筑的安全性、稳定性都造成了巨大的威胁。第二是钢结构的防火问题。钢材在250℃左右时会产生"蓝脆"现象，超过300℃以后屈服点及抗拉强度开始显著下降，超过600℃后强度大大减弱。在所有的建筑结构种类中，钢结构相比于混凝土结构、砖混结构等体系，其对于防火的要求是最高的。虽然在实际的工程项目中，钢结构的防火处理方法较多，但依然无法从根本上解决问题。第三是钢结构建筑不能很好地解决防水问题。钢结构建筑由于结构主体和功能面层缺乏整体性，建筑缝隙过多，因此会时常发生不可预料的渗水问题。同时钢结构构件由于受温度影响，会出现明显的热胀冷缩，从而增大建筑缝隙，导致更为严重的渗水现象。另外，钢结构建筑的热桥节点温性能也不理想。

将钢筋混凝土结构作为主体结构取代钢结构的变电站建筑是一个可行的路径。钢筋混凝土结构建筑按建造方式的不同，主要分为现浇钢筋混凝土结构和装配式钢筋混凝土结构。其中，现浇钢筋混凝土结构建筑虽然成本较低，技术较为成熟，但存在工序繁多、效率低下、质量难以保证、碳排放高等诸多问题。例如混凝土构件均在室外养护，受天气影响较大因而难以保障其质量，而过多的湿作业也造成了工序繁杂、碳排放高等问题；而现行的装配式钢筋混凝土结构技术，虽然工厂生产的构件品质较现浇建筑更高，同时减少了现场湿作业、碳排放，但因其沿用现浇钢筋混凝土结构建筑设计和建造的思维，结构构件缺乏标准化设计，导致模具种类过多，构件缺乏整体性，其建造效率较现浇没有明显的提升，同时还提高了成本。综上所述，现行的现浇混凝土结构和装配式混凝土结构的建筑较之原有的钢结构变电站建筑均没有足够的优势，所以并不能有效地取代钢结构。

为全面贯彻新发展理念，充分发挥能源配置中心的作用，提高能源安全有效的利用率，全面改善变电站建筑的使用品质,变电站建筑转型升级好已成为国家电网内部专业人士的一致共识,亟须研究一套适用于变电站建筑的智能化、绿色化、信息化的设计和建造技术。因此,本项目希望基于预制混凝土结构提出一套适用于变电站建筑的新型装配式建造技术,充分利用新材料、新结构以及设计和建造技术体系解决钢结构建筑固有的防火防水性能差、不耐腐蚀、耐久性差等诸多问题。

(二)项目成果的作用

本项目以解决传统钢结构变电站建筑的痛点问题为切入点,重点围绕预制混凝土结构的BIM多专业协同一体化智能设计、基于新型低碳高强材料的装配式绿色建造技术体系、装配式变电站土建施工关键技术以及再生材料的资源循环固废利用技术四个核心环节开展研究。本项目将提出基于预制混凝土结构变电站建筑的绿色智能建造技术体系,并以资源循环的绿色低碳材料技术作为支撑,解决现有的变电站建筑耐久、防水、放渗、防火等痛点、难点问题,并提高变电站施工的信息化、绿色化程度和建造效率,实现高层次的低碳节能减排,促进变电站建筑的高品质应用。项目的成果奖对湖南省乃至全国的能源电力安全保供,以及电力行业促进"碳达峰"和"碳中和"目标具有重要意义。

(三)成果应用和推广途径

成果应用推进过程中,工程项目上将采取与龙头企业合作开发、设计和施工,形成示范工程试点,研究成果将应用于湖南省的多个示范项目,其中第一批包含3~6个变电站试点项目,在理论研究和应用技术上通过合作、吸收、消纳,形成新型而成熟的技术体系,以利于后续工程项目的应用。推广途径主要是通过项目进展过程中的照片、视频以及完成的实际效果进行实地参观和学术会议交流,从而更全面、更广泛地促进新技术的应用。

(四)成果推广后的直接和间接效益

对于变电站建筑,其直接效益在建造造价上,采用新型的装配式构件以后,运用接近钢结构装配的混凝土结构预制构件,其单位面积造价较现行的装配式建筑单价节省10%~20%,略低于钢结构变电站建筑造价,可有效减少因钢结构遭到腐蚀、防火层、防水层受到破坏的维护工作,同时减少钢结构热桥影响,保证设备保温节能效果提升,后期运维可成本降低10%以上。另外构件的生产、运输、吊装过程中,综合节能率可达20%以上,直接经济效益明显。

间接效益体现在材料的节能降碳上,因本项目所运用的技术基于新型的装配式工艺和材料,例如墙柱一体化外墙板可以减少水泥等高碳排放的材料的使用,通过原位土制备现场步道砖、植草砖、围墙砖、护坡砖等,达到免烧制、免水泥、的原位资源化利用低碳工艺,材料碳排放由 $295kgCO_2e/m^3$ 减少到 $144kgCO_2e/m^3$,具有显著的社会和生态效益。

二、预期目标和成果形式

(一)预期目标

项目预期总目标包括全装配绿色建造构造技术、全预制变电站施工技术、流态固化土技术3项,基于PC结构变电站预制墙柱一体化板、装饰一体化防火内墙板、搭建智慧工地平台、低碳砖制品、全再生混凝土预制构件新产品5项，实现含6种装配式混凝土变电站的湖南省建筑标准设计图集（含预制构件关键节点图）立项，新型预制PC变电站构件BIM族库1套，钢筋错位连接技术规程1项，受理相关发明专利14项，发表核心期刊或EI检索论文2篇，授权软件著作权1项，节能效益评估报告1篇，项目技术报告1篇。

子课题1：基于变电站建筑的BIM多专业一体化协同智能设计研究与应用

（1）完成变电站的多专业协同标准化研究，形成《装配式变电站湖南省建筑标准设计图集》，指导设计和施工。

（2）构建BIM标准化族库，囊括建筑构件的设计、制造、施工全过程信息，完成论文录用1篇。

（3）提出变电站建筑被动式节能多目标优化算法，实现变电站被动式能耗分析、优化以及碳排放分析，进行示范工程节能经济效益评估。

（4）申报发明专利5项。

子课题2：基于新型低碳高强材料的装配式绿色建造技术体系研究

（1）完成预制墙柱一体化板的研究试制以及示范项目应用落地。

（2）完成装饰一体化防火内墙板的试制以及示范项目应用落地。

（3）完成装配式预制标准构件关键节点图，汇入图集。

（4）申报发明专利2项。

子课题3：装配式变电站土建施工关键技术

（1）完成智慧工地平台的搭建，实现预制构件信息、人员管理、环境监控等施工所需功能信息集成，授权软件著作1项。

（2）实现墙柱一体化板的钢筋非接触搭接，并完善其施工工艺和工法，应用于示范工程。

（3）完成《钢筋错位连接技术规程》地标立项。

（4）申报发明专利2项。

子课题4：

（1）实现全再生混凝土的结构应用技术，试制内墙墙板，完成工程应用，并完成论文录用1篇。

（2）以原状工程渣土完成低碳渣土砖的试制，并应用于示范工程。

（3）完成流态固化土对变电站示范工程的基坑处理应用。

（4）申报发明专利5项。

（二）成果形式

项目的核心成果拟通过申报专利、软件著作、发表论文、标准等方式进行产权归属保护，同时形成图集、BIM族库，以实现成果落地应用。

项目需要通过多个示范工程试点应用，将技术转化成落地的工程项目和产品，对试点工程建筑进行正式的施工图审查。

项目咨询类研究成果拟指导变电站示范工程模块化设计、数据增值服务应用等，应用前需通过专家评审和上级单位部门发文等。

项目所有研究成果在示范工程中试点应用后，可择优继续推广应用到湖南乃至全国的变电站模块建设、数字运行、智慧运维和拓展运营中，有良好的应用与转化前景。

（三）示范应用

长沙山塘 110 千伏变电站、湘潭棋梓桥 220 千伏变电站、岳阳滨湖 220 千伏变电站等工程项目均为目前筹备建设的预制 PC 结构变电站，这几个项目都有条件应用本科技项目的技术体系，也将最大限度地应用相关技术研究成果成为示范工程。例如各变电站均采用 BIM 正向设计，以 BIM 模型形成信息化基础指导施工并形成智慧工地平台，实现工地管理的材料和构件信息化、环境信息化、人员信息化等模式。

外墙板采用整体吊装的预制墙柱保温一体化板、全预制含预埋件的楼板、全预制梁，通过 UHPC 钢筋错位连接技术进行后浇接缝实现预制构件的高强连接；同时，示范应用的变电站进行模数研究，统一柱网、楼梯、警卫室、女儿墙等预制构件的模数，实现标准化构件组合模式，降低模具成本，提高装配效率。

三、国内外研究水平的综述

（一）相关技术发展的历史简要回顾

装配式混凝土建筑起源于 19 世纪末，最早出现在欧洲，随后于 20 世纪初期传入美国，并开始有了一定规模的建设。装配式钢筋混凝土结构运用了模块化、工业化的生产方式，顺应了当时美国等发达国家的大规模建设要求，因此在这些国家得到了极大程度的推广与应用落地。例如，丹麦是世界上最早推广使用预制混凝土结构的国家之一，现在在丹麦 70%～80% 的建筑为预制或装配式混凝土结构。另外，瑞士、德国、法国和新加坡现有的装配式建筑占其全国建筑的 80%，日本当下的装配式建筑占建筑整体市场总量 50% 左右。美国在 20 世纪 30 年代开始出现预制装配式建筑，1976 年美国国会通过国家工业化住宅建造及安全法案，同年开始出台一系列严格的行业标准；1991 年，美国 PCI（预制预应力混凝土协会）年会上提出将装配式混凝土建筑作为美国建筑业发展的契机，因此促进了美国建筑行业往后 20 年的装配式建筑绿色建造的长足发展。目前，美国的装配式钢筋混凝土结构建筑约占建筑总量的 35%，或许是因为美国人工成本较高，装配式混凝土结构住宅的价格仅为传统现浇方式建造房屋价格的一半。而我国装配式建筑发展较上述发达国家较为滞后，其开始于 20 世纪 50 年代末，当时为了满足我国工业化发展的需求，借鉴了苏联建筑行业的发展经验，开启第一批装配式建筑工程的实施和落地。20 世纪 70 年代末至 80 年代末，随着经济的高速发展，大量的住宅需求成为亟待解决的难题，装配式建筑的发展进入一波高峰期。但由于当时机械设备、信息化等技术较为落后，难以满足装配式建筑的精确设计和施工等要求，出现了种种卡脖子问题，这使得装配式建筑在我国发展逐步陷入停滞。另外，由于我国人力资源较为丰富，因此现浇建筑相反更具有市场。而"十三五"以来，我国国务院于 2013 年 1 月 1 日发布的《绿色建筑行动方案》明确强调要推广适合工业化发展的装配式建筑体系，近十年装配式建筑得到了快速发展，至 2022 年，新建装配式建筑的比例达到了 25%，总面积累计达到 24 亿平方米（见图 1）。根据住房和城乡建设部发布的《"十四五"建筑业发展规划》所提出的要求，至 2025 年，装配式建筑应该占到新建建筑的比例 30% 以上。

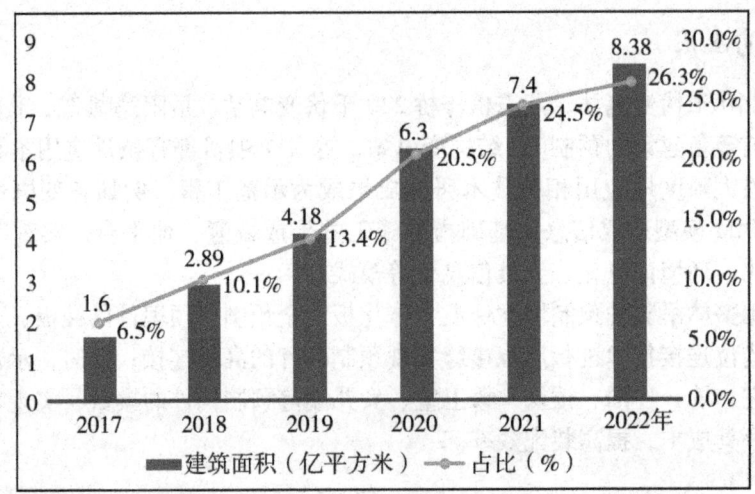

图 1　2017—2022 年中国新建装配式建筑面积及占新建建筑比例预测趋势

（二）国内外研究水平的现状和发展趋势

在美国，大城市的装配式建筑以装配式钢筋混凝土结构和钢结构为主，城郊地区、小型城镇、农村地区则以轻钢结构和木结构为主。美国的住宅常用建筑构件和部品部件例如墙体、门窗、楼板等的标准化程度都较高，用户可以通过商业化的方法买到需要的产品，并通过少量的人力实现装配。美国装配式构件采用 BL 质量认证制度，设计遵从 PCI 协会编制的《PCI 设计手册》及《预制混凝土结构抗震设计》，其发展的新型技术体系有 ACSTC 干连接装配混凝土结构技术体系、DBS 多层轻钢结构住宅体系、Conxtech 钢框架技术体系、Modularize 模块化技术体系等。

德国主要采用双皮墙、T 梁、双 T 板、预应力空心楼板、叠合板等结构，其中双皮墙也叫作叠合墙，是德国首创并且实现了广泛应用和推广的一种预制构件形式。在德国，双皮墙体系不仅拥有先进的全自动、工业化生产流水线，同时也拥有高效的生产效率。但是，该种结构形式也存在一定的问题，例如叠合受力性能不明确、中间后浇的混凝土容易产生收缩变形和振捣困难等相关问题；法国的装配式建筑总量上大体是以预制混凝土结构为主，钢、木结构等为辅。法国独创的装配整体式混凝土结构体系为世构体系（SCOPE），是一种预应力预制混凝土装配整体式框架结构体系，主要预制构件包括预应力叠合梁、叠合板和预制柱等。世构体系的主要特点在于其节点构造方式，包括键槽、U 型筋和现浇混凝土。世构体系已应用到《预制预应力混凝土装配整体式框架结构技术规程》（JGJ 224—2010）中。

日本处于地震带，是地震极为严重的国家，因此他们的装配式建筑都需要达到出极高的抗震性能。日本装配式建筑的预制构件主要特点包括：外墙板大多采用夹芯保温墙板；楼板则大多数采用预应力空心板，少数采用预应力平板组合楼板和预应力小梁加空心砌块组合楼板等；卫生间通常采用整体卫浴体系；预制柱则采用灌浆套筒连接的竖向连接方式。此外，日本装配式建筑的主体结构以框架结构为主，高层建筑多辅以隔震层和减震构件等措施，住宅体系中推动以骨架为主体长久使用年限化和填充体可适应性多变化为特点的 SI 住宅体系。日本装配式建筑采用的主要节点形式包括：跨中对梁主筋结合、柱与柱通过钢筋灌浆套筒连接、节点现浇的常用梁柱工法；节点区进行梁主筋结合的工法和节点预制的莲根型工法。

在我国，自主研发的非预应力框架结构主要有天津大学的约束混凝土柱装配整体式框架结构体系。约束混凝土柱体系的技术特点为：结构梁采用钢梁，楼板采用预制空心楼板，柱采用外包钢管连接。钢梁端部焊有端板，节点核心区设有钢板箍（留有螺栓孔），用高强长螺栓连接。此结构体系合理发挥了钢材和混凝土的力学性能，减少了梁柱节点的湿作业，提高了节点结构性能，但其构件生产和运输成本有所增加。

剪力墙结构主要包括深圳万科和远大住工的内浇外挂体系、合肥宝业集团引进的双皮墙体系和全预制剪力墙体系。全预制剪力墙体系又包括中南集团的 NPC 体系、宇辉集团剪力墙体系、山东万斯达剪力墙体系、北京万科剪力墙体系和中建 MCB 体系等。

我国装配式建筑虽然起步较晚，但近年受政策影响发展速度逐步加快。对于本项目研究的变电站建筑的装配式建造，还存在许多尚未填补的空白，例如预制构件的设计标准化、建筑模数化，大型 PC 预制构件吊装工艺、全过程施工的精细化管理等，都需要通过本项目进行充分的研究并应用于实际工程。

（三）存在的问题或痛点

目前已有的研究成果依然存在较多的痛点问题，包括：

（1）虽然国内外已有了较多建筑标准化设计、模块化设计的理念，但其大多数是对于住宅、公寓、学校教学楼、医院住院楼等民用建筑类型，对于变电站建筑，标准化设计还是亟须填补的空白领域，虽然变电站规模有所不同，但在很大范围内还是有足够的标准化设计潜力；同时，在变电站建筑多专业精细化协同设计上也存在诸多不足，目前大多数变电站设计较为粗略，很多情况下会依靠现场施工调整，导致施工质量低下，出现各类衍生的问题；再者，在保温节能设计上，对于需要大量散热的变电站建筑，窗地比、窗墙比、保温层在各个部位的厚度等参数都缺乏精确的研究数据，同样需要填补这些研究的空白。

（2）对于预制构件的应用和绿色建造技术，现有的研究主要针对预制非承重外墙板和轻质条板内墙为主，但都不是最适合与变电站建筑的构造做法，且更多的是诸如极限荷载、抗震性能以及模型验证等的理论研究，缺乏实践工程的技术应用研究，尤其是轻质条板隔墙因本身强度不足并不适用于层高较高的变电站建筑，需要力学性能更好的内墙材料来取代。同时变电站的地下装配式结构在预制管廊方面已经较为成熟，但预制基础、预制地下围护墙等构件因其自重、连接结点、防水等问题，其应用技术研究还存在许多不足。

（3）在装配式施工的关键技术上，预制构件的节点施工处理是关键问题，目前主要的连接方式包括灌浆套筒、浆锚搭接、螺栓连接等。这些方法均有一定的缺陷，在等同现浇问题上还尚有不足；在智慧工地建设上，虽然各公司均有涉猎，但都较为片面，缺乏全套完整的体系；而针对装配式变电站建筑施工的流程、措施和部分专用的机具研发也需要创新的研发来适应新的绿色建造技术体系。

（4）再生材料的资源循环利用技术上，目前较多的是理论和试验研究，而应用于实际工程项目的技术还只是凤毛麟角。要实现技术应用，需要适用于现场原位渣土制砖的成套设备机具，同时要达到超低碳生产的要求，还需要大量的实践应用研究。

四、项目研究内容和实施方案

基于预制混凝土结构变电站的绿色智能建造以及再生资源循环技术,针对上述目前技术存在的问题和痛点,围绕新型装配式变电站土建的多专业协同设计技术、新型预制构件应用、变电站关键土建装配式施工技术、超低碳再生材料循环利用技术,开展一系列研究工作,分为以下四个子课题:①基于变电站建筑的BIM多专业一体化协同智能设计研究与应用;②基于新型低碳高强材料的装配式绿色建造构造技术体系研究;③装配式变电站土建施工关键技术;④基于超低碳理念的再生材料资源循环固废利用研究与应用。项目研究成果将为变电站建筑建设提供重要支撑,其总体技术路线如图2所示。

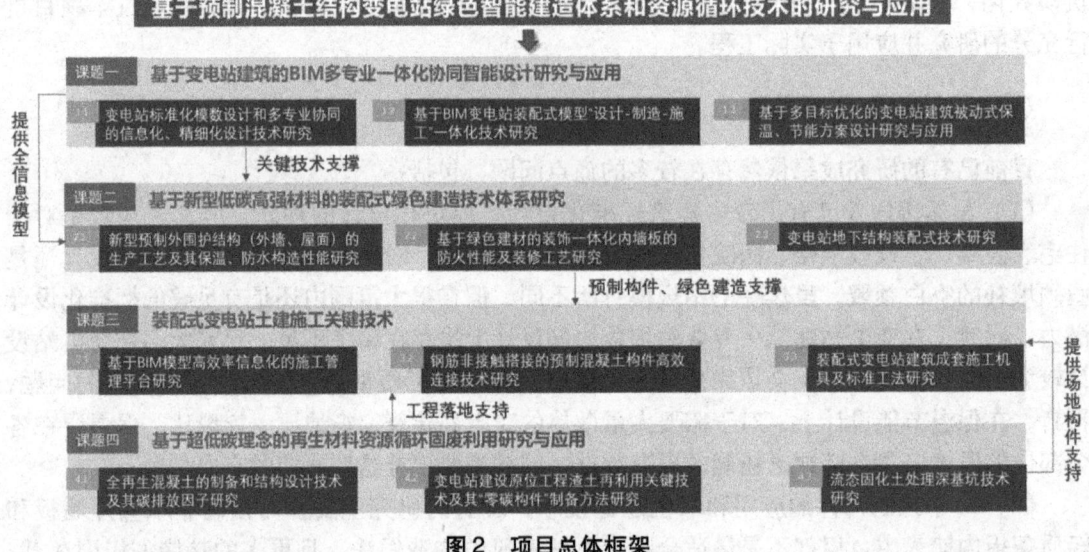

图2 项目总体框架

(一)项目研究内容

子课题1:基于变电站建筑的BIM多专业一体化协同智能设计研究与应用

(1)变电站标准化模数设计和多专业协同的信息化、精细化设计技术研究。

对装配式混凝土变电站的功能、结构、设备、预埋件进行分析、归类、总结,为不同规格、不同尺度的变电站建筑平面布置、功能需求构建理论基础;对高频使用并能实现通用性的预制构件进行归纳总结,形成标准化模数数据库;对多个示范工程项目进行标准化、模数化的优化,终达到通过最少的多专业协同高精度标准构件模数组合成最多的变电站建筑类型。

(2)基于BIM变电站装配式模型"设计—制造—施工"一体化技术研究。

基于BIM平台进行变电站建筑的族库设计,达到结构设计、构件生产、管线综合、预留预埋等类别高精度协同正向设计,并形成精确的信息化平台直观体现方案设计、工程量和造价。基于BIM的全专业模型协同设计过程,对可能出现冲突或碰撞的问题点进行解决和优化。对于完整的全专业BIM模型进行信息化处理,形成设计、制造、工程量、造价、施工一体化的全息模型,整合成为信息化平台应用于web端,实现模型建成后可直接查看构件信息、各分部分项工程的工程量及造价;基于BIM模型分析预制混凝土结构变电站对比钢结构变电站的工程量和总造价,进行经济效益分析。

(3)基于多目标优化的变电站建筑被动式保温、节能方案的设计研究与应用。

揭示夏热冬冷地区的环境气候和当地的变电站建筑能耗形成对应的本构关系;根据室内风、光、热环境满足人体舒适度、节能最优化、光伏潜力最优、通风散热最优原则,构建多目标优化的算法机制;根据多目标优化后的房间组合、面积、层高、立面形象、开窗位置和体型系数等参数,研究生成数据的筛选和处理方法,智能筛选出最优解集,并从解集中选出最为合适的方案,通过现行节能规范进行性能上的验证,最终得出变电站建筑被动式节能的最优方案。

子课题2:基于新型低碳高强材料的装配式绿色建造技术体系研究

(1)新型预制外围护结构(墙柱一体化板、预制屋面板)的生产工艺及其保温、防水构造性能研究。

提出基于变电站建筑的"墙柱一体化板"作为外墙板的构造设计、生产工艺、吊装工艺。通过模数标准化制定研究,做到最少化的构件种类以减少模板种类,降低成本;研究"预制墙柱一体化板"一次成型的反打工艺;同时,研究运输和吊装过程中对大体快预制构件的保护措施,在稳定的吊装构件和大体快墙板的支撑构件进行研究创新;对于预制屋面板,重点研究预制屋面板拼缝的防水处理以及保温层和隔热层的结合方式、尺度,以增强变电站建筑整体的防水性能和被动式节能性能。

(2)基于绿色建材的装饰一体化内墙板的防火性能及装修工艺研究。

研究基于装配式一体化装饰理念的内隔墙构造,以轻钢或铝合金龙骨的构造为基材,研究其整体装配式的制造、施工工艺,做到整体装配,高效安装,可拆卸更换循环使用等功能;作为内防火墙需要重点研究其耐火性能,保证其3小时的耐火性能;开发成套的适配墙板的面层装饰板材或者涂料以及板缝间的卡件,以及装配式的吊顶集成装饰线,形成装饰一体化的可自由拆装耐火墙板。

(3)变电站地下结构装配式技术研究。

研究和突破大型地下设施的装配式技术难点,包括地下结构的预制基础、地下围护墙的装配技术。针对变电站建筑的特点进行预制基础节点构造设计、部件标准化拆分,以利于地下工程的高效率、高容错的上部结构连接方式和施工方式;以理论研究和有限元计算分析构件节点的抗震性能,并反复设计优化;针对地下围护墙的抗渗性能进行研究和试验,提出以外包防水层的装配整体式叠合墙,分别针对预制部分和现浇部分进行抗渗试验,得到最优性价比的各部分混凝土抗渗等级;优化构造节点和施工工序,保证地下装配式围护结构的抗渗性能。

子课题3:装配式变电站土建施工关键技术研究

(1)基于BIM模型高效率信息化的施工管理平台研究。

以BIM建筑信息模型为基础,搭建预制构件设计、生产、运输、现场吊装、后期运维的一站式构件信息管理平台。对于变电站工程项目,通过以BIM为核心进行精细化、信息化、智慧化的设计信息轻量化管理,形成web端、移动端、PC端的云平台,做到可以实时且便利地进行观察,以指导施工。基于机器视觉的表观病害程度,提出基于快速DIC与视频运动放大技术的结构微动形变测试技术,通过传感器返回构件实时性能捕捉,实现构件实时安全监控,长时间保证施工期和运维期的结构安全。

(2) 钢筋非接触搭接的预制混凝土构件高效连接技术研究。

基于变电站标准化预制构件的节点构造,以其节点锚固连接为研究对象,分析现有连接等方式的不足和 UHPC 钢筋错位非接触连接的技术难点,提出合理的节点构造方式;基于前期的试验基础、文献调研及理论分析,掌握影响钢筋粘结锚固性能的影响因素,通过拉拔试验研究钢筋与 UHPC 粘结性能,得到各位置下锚固长度建议值;建立钢筋与 UHPC 粘结滑移本构关系,形成"强节点、强锚固、弱构件"的结构体系,同时也做到材料节约、降本增效;针对大型的墙柱一体化板的施工和构造,进行节点设计和施工工艺研究。基于新型非接触搭接技术的变电站对比钢结构和预制 PC 结构的现场湿作业量,分析其施工优势,并列入经济效益分析报告。

(3) 装配式变电站建筑成套施工机具及标准工法研究。

基于墙柱一体化板、模块一体化内墙、全预制楼板、全预制基础等预制构件及错位连接技术,研究施工的机具和工法,设计将各类新产品量身定制的全套穿插式施工流程,实现大量减少支撑、大幅缩减工期的施工方案,根据施工现场情况进行最合适的方案选择,保证大量新技术施工措施的合理性、容错率以及整体配合高效性;研制适合于墙柱一体化板的平衡吊具,确保吊装过程不发生失稳、变形等问题;编制科学合理的操作方案,并对起吊机具预先做好静载试验和动载试验;研究墙板快速且精准定位的操作方法以及开发相应的定位引导器具,提高定位效率。针对一些突发情况,如预埋件定位不准,研究制定最低程度的破坏补救措施以及构件深化设计中更具容错性的预埋预留方式,最终实现安全、绿色、四节一环保的高效率装配式施工。

子课题4:基于超低碳理念的再生材料资源循环固废利用研究与应用

(1) 全再生混凝土的制备和结构设计技术及其碳排放因子研究。

研究和优化全再生混凝土的制备方法和结构设计技术。研究全再生混凝土的力学性能与数值模拟方法,确定材料本构模型关键参数取值与全再生骨料力学性能参数映射关系;模拟多种低碳建材在构件层次上的配置组合,提出基于建立配比优化评估的低碳建材混凝土构件的设计及承载力校核方法。解析其制备工艺,研究和优化全再生混凝土材料的碳排量,确定碳排放因子。

(2) 变电站建设原状工程渣土再利用关键技术及其"零碳构件"制备方法研究。

开展原状渣土颗粒级配分析,区分其碎石、砂、粉粒以及黏粒含量;同时分析其化学成分,重点分析原状黏土矿物的成分与含量,为工程渣土制备零碳的场地路基砖材料及资源化利用提供基础依据;研究原状工程渣土的发泡技术,确定适合于湖南典型地区原状渣土的发泡工艺参数取值;研究不同工艺的组合对工程渣土骨料产品颗粒粒形、级配等指标的影响,寻求能耗最优、成本最低、碳排放最低的工艺流程以制造设备用以制备场地路基、围墙等砖材设施。

(3) 流态固化处理深基坑技术研究。

研究材料的配比,形成其适合变电站工程当地原位土的固化剂材料最佳选择,对不同固化剂掺量和类别的固化土试块进行宏观性能研究,寻找其原材料配比对性能影响的规律;对不同流态固化土的抗冻融性能分析、表面性能、热工性能进行试验测试和分析;探索不同土质所需要的破碎设备功率和时间,保证最大粒径不超过10mm;研究其搅拌均化、养护的工艺,通过自研设备将土样检验、破碎、搅拌分散、外加剂添加、流态土泵送一体化实现,达到绿色且高效的变电站地基固化效果。

(二) 项目实施方案

子课题1：基于变电站建筑的BIM多专业一体化协同智能设计研究与应用

本课题旨在分类分析各种变电站建筑，提取变电站设计的模数控制关键设计要点，总结各类变电站设备的尺度和预埋件、预埋管的布置形式，最终形成轴网尺寸和功能模块的标准化，并辅以多目标优化设计方法提升节能性能，最终形成正向设计的BIM信息化产品。

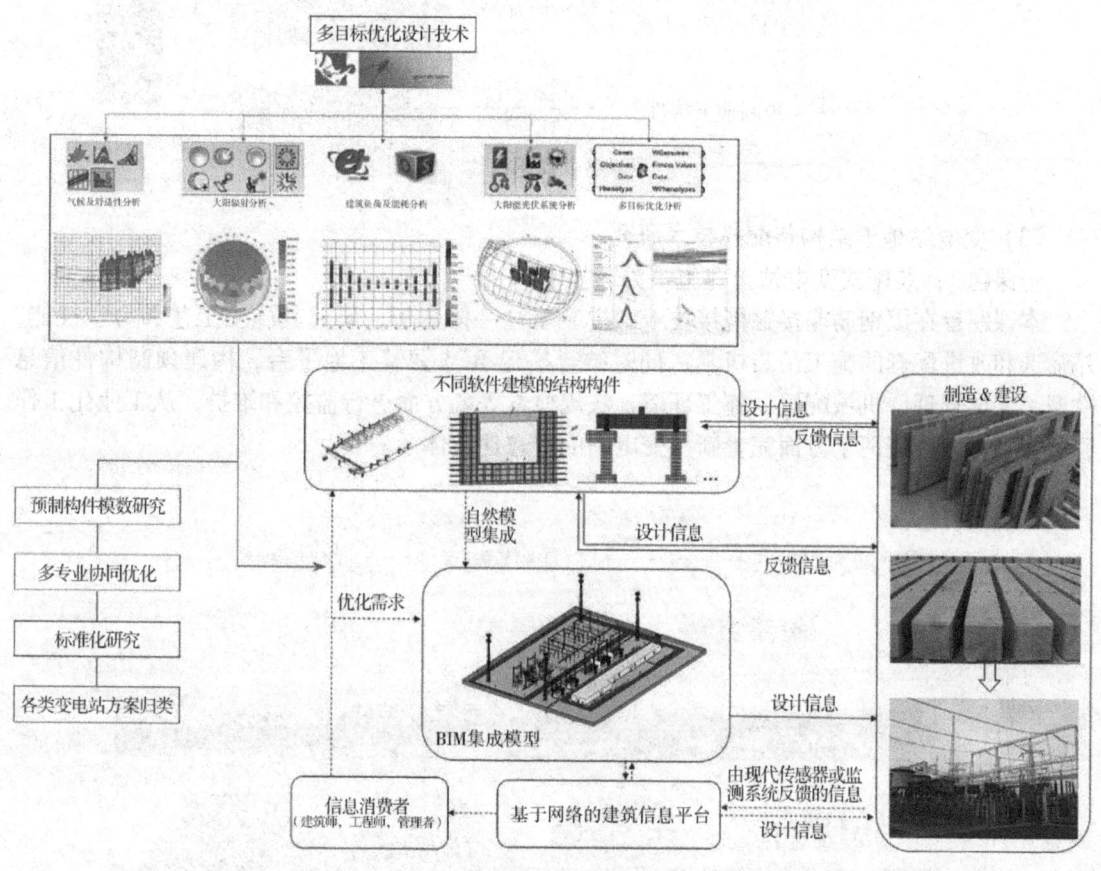

子课题1 技术路线

（1）变电站标准化模数设计和多专业协同的信息化、精细化设计技术研究。
（2）基于BIM变电站装配式模型"设计—制造—施工"一体化技术研究。
（3）基于多目标优化的变电站建筑被动式保温、节能方案设计研究与应用。

子课题2：基于新型低碳高强材料的装配式绿色建造技术体系研究

本课题旨在对变电站的对墙柱一体化板和防火内墙板的规格进行分类整合，先进行反打一体化保温装饰的试制加工，再重点进行热桥节点设计、拼缝防水构造处理等工作，对针对大型变电站的底下设施进行深化和优化处理，形成适用于变电站建筑的围护结构体系和工业化体系，实现绿色建造的基础条件。

（1）基于预制外围护结构（墙柱一体化板、预制屋面板）的保温、防水构造性能研究。
（2）基于绿色建材的装饰一体化内墙板的防火性能及装修工艺研究。

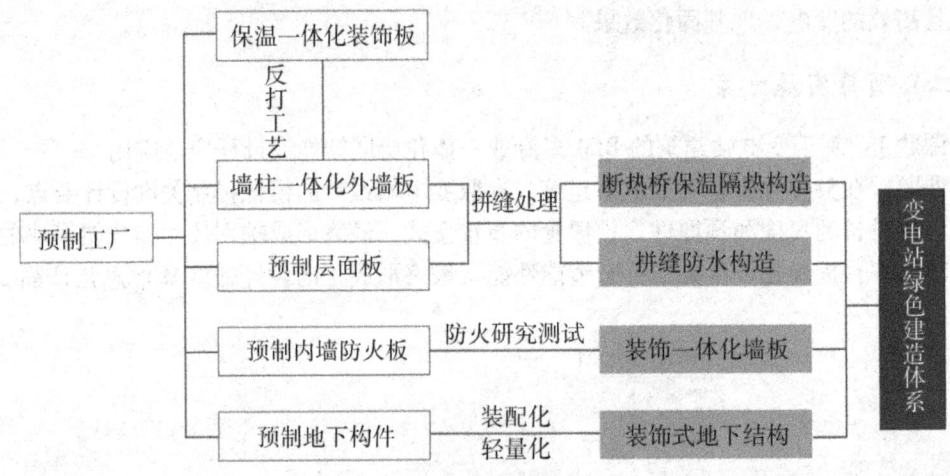

子课题2 技术路线

(3) 变电站地下结构装配式技术研究。

子课题3：装配式变电站土建施工关键技术

本课题旨在以钢筋非接触搭接技术试拼装墙柱一体化板，研究其施工工艺和力学性能，并筛选和改进配套的施工吊装机具，同时结合搭建BIM智慧工地平台，构建预制构件信息模型、人员管理、机械配置、施工环境、法规检索等各方面进行监控和维护，从工业化工作流和信息化工作流两个方面完善新型变电站的智慧建造体系。

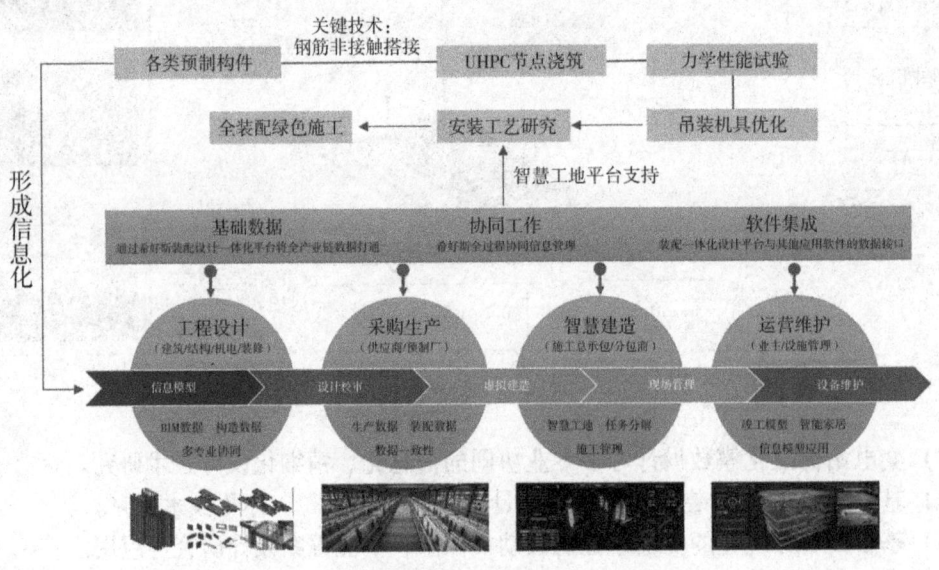

子课题3 技术路线

(1) 基于BIM模型高效率信息化装配及其智慧工地研究。
(2) 钢筋非接触搭接的预制混凝土构件高效连接技术研究。
(3) 装配式变电站建筑成套施工机具及标准工法研究。

子课题4：基于超低碳理念的再生材料资源循环固废利用研究与应用

本课题旨在研究全再生混凝土、原状渣土砖、流态固化土的原材料分类筛选、基材配比、制备方法、使用功能,开展试制低碳产品力学性能研究及参数、工艺优选,形成长沙地区原状渣土最佳配比和工艺流程应用研究,结合碳排放分析平台进行全过程的碳指标计算和全生命周期环境影响评价,揭示减碳效果。

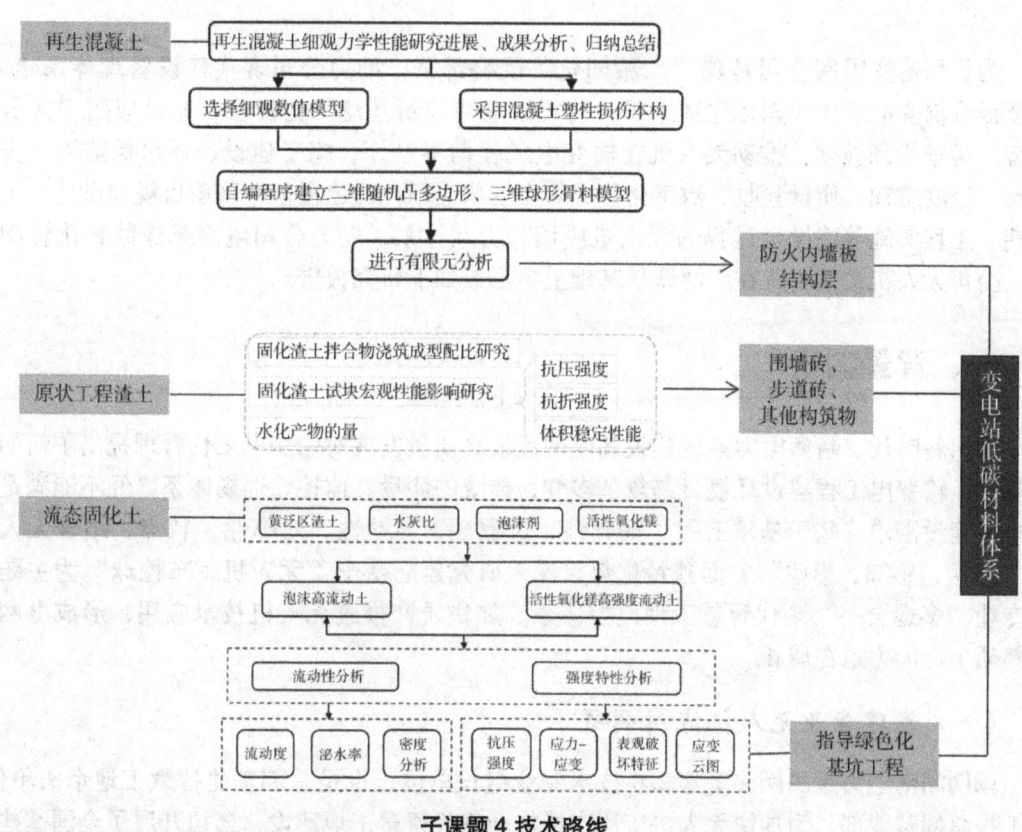

子课题4技术路线

(1) 全再生混凝土的制备和结构设计技术及碳排放因子研究。
(2) 变电站建设原状工程渣土再利用关键技术及其"零碳构件"制备方法研究。
(3) 流态固化处理深基坑技术研究。

关于无人机在基建全过程中深化应用的研究报告

为贯彻落实国网公司基建"六精四化"战略部署,助力公司现代建设管理体系建设,持续提升输变电工程智能化建造水平,公司以电网"新基建"为契机,充分应用"大云物移智"等前沿新技术,推动无人机在输变电工程勘察设计、施工建设、环水保监测、安全监测、进度感知、质量验收、数字化移交等多场景应用,构建覆盖电网项目规划设计、工程前期、工程实施等建设全过程的无人机应用和交互体系,助力公司电网基建数智化转型升级。公司无人机柔性团队在广泛调研基础上,形成如下研究报告。

一、背景调研

进入新时代,新型电力系统建设和电网建设高质量发展对输变电工程管理提出了新的更高要求,输变电工程建设环境日趋复杂多变,传统的测量、监控、巡视体系已经不能满足现代电网建设需求,基于基建工程"基础性、过程性、移动性、外部性"特点,结合无人机在"测量、感知、影像"方面独特优势,深入研究建立基于"无人机+布控球"为主题的跨专业"多巡合一"现代智慧工地监控体系。加快研究推进无人机技术应用,形成电网建设新质生产能力迫在眉睫。

(一)基建专业无人机应用调研

国网湖南电力是国网 e 基建 2.0 技术专业组长单位,也是总部基建智慧工地牵头单位,经汇报总部基建部,为加快无人机应用支撑推动现代智慧工地建设,公司开展了全国基建无人机应用大调研。

1. 无人机管理

(1)制度建设方面。

在总部层面,基建环保专业无人机应用尚处零星、起步阶段,暂未印发无人机管理相关规定。

在省公司层面,部分省公司开展了顶层设计,如国网湖南电力印发《国网湖南省电力有限公司基建无人机全链作业体系建设实施的指导意见》;部分省公司发布了管理细则,如国网河北电力制定并发布《无人机管理实施细则》;部分省公司明确了无人机作业管理规定,如国网湖北电力制定了无人机管理制度、野外作业制度、人员岗位培训制度等。

(2)数字化方面。

在作业管控层面,部分无人机应用率较高的单位开展了数字化探索,如国网江苏电力完成基建管理系统无人机应用建设,实现全省基建无人机全过程应用管控;国网湖南电力依托该公司运检专业"无人机"平台开发基建模块,对作业开展数字化管理。

在创新应用方面,国网浙江电力等 e 基建试点单位将各工程项目通过无人机采集的激光点云、倾斜摄影数据,在 e 基建 2.0 系统上试点开展数字化移交。

在智能提升方面,主要应用 AI 图像识别等技术,国网山东电力等采用无人机"空中拍"等管控手段，综合运用"现场+远程""帮扶+无感"等方式提升工程监管质效，新建变电站北斗雷达可视化监拍装置通过AI图像与雷达双重识别告警校验。

2. 无人机典型应用

（1）勘察设计阶段。

勘察单位利用复合固定翼无人机、多旋翼中型无人机搭载激光雷达、高清与正射相机和RTK等设备，对输电线路规划廊道进行快速勘测，高效采集线路廊道的地形、地貌、植被、河流、建筑物等数据，生成精确的点云模型、倾斜摄影三维模型、正射影像地形图和高清影像数据，为后续的设计工作提供依据，大幅提升测绘效率，并降低外业成本。

设计单位通过无人机对规划廊道多次勘测采集的大量地形地貌数据，快速构建二维正射影像、点云/实景三维模型并结合地理信息系统进行三维GIS建模，整合叠加GIM模型、设计图纸、点云/实景三维模型，利用高分辨率正射影像、数字高程模型，调绘路径中心关键地物信息，融合航测成果、国土空间规划数据等各类数据，实现输电线路设计三维再现和可视化，支撑通道清理、机械化施工道路开辟等新业务需求。

（2）施工管理阶段。

①在施工单位角度，主要应用无人机导地线导引绳展放工作，方便快速、起降自如、安全性高、对环境适应性强，实现高空导引绳的远程投放，避免高空人员多次上下铁塔，提高工作效率。

对于山区地形复杂区域的工程建设，大载重无人机常态化运输作业，用于基建工器具、塔材等物料的运输。推广无人机系留照明在夜间施工中的应用。试点基于重载无人机架设的新型货运索道、单轨运输侧等方法，解决山地索道支架的运输难题，提高山地重型索道的实用性、便捷性。

②在监理单位角度，广泛应用无人机开展安全巡检。依托无人机高空拍摄、快速飞行的特点，对施工作业现场进行安全稽查，全面管控工程非计划和违章作业。利用无人机开展现场巡视，对施工人员的行为进行多维度监控，对违章行为进行拍照取证。快速检查施工人员组塔、架线以及高处转移位置等工作场景的安全措施完备情况，解决高空作业数码照片采集难题。应用无人机进行质量管控，对高空导地线压接等监理旁站无法有效覆盖的作业面开展远程监控，确保所有作业面始终可控在控，提高监理工作的质效。

应用无人机辅助输配电施工现场的监理工作，改变传统监理方式。发挥无人机"机动快、范围广、视角宽"的"鹰眼"特点，辅助现场旁站监理人员，借助4G/5G技术实现无人机视频推流直播与远程在线监控，实施"空、天、地"同步监管。通过无人机对人员多、风险等级高、工艺复杂的现场进行实时安全监督。在平行检验、监理初检工作阶段，利用无人机拍摄铁塔的螺丝、销针等细节部位，将视频录制存入数据库，作为监理依据，在满足监理工作数码采集需求的同时，提升质量验收的覆盖范围及深度。

③在建管单位角度，应用无人机开展项目管理。通过无人机航拍，开展安全督查、环水保检查等工作，同时通过工程现场多角度照片，详细记录施工现场情况，便于了解项目进展，跟踪施工进度。试点应用《基于AI技术的输电线路工程无人机安全巡检关键技术研究》等科研成果，实时智能判别工程安全问题，及时预警，实现输变电工程安全巡查自动飞、智能判、即时控，有效防范安全风险。试点应用复合固定翼无人机开展非计划作业高效稽查方法。规范建设过程中无人机应用工作，加强输电工程无人机检查作业管理。应用无人机倾斜摄影技术，构建环水保空间三维数字模型，实现施工扰动、植被覆盖面积、溜坡溜渣

面积、土石方量等参数量测,支撑施工过程环水保监督管理。试点应用复合固定翼无人机进行工程环水保高效监管,每月全线路飞行二次正射影像+高清摄像,进行前后二期高清正射影像对比分析,有序高效监管工程全线施工扰动、工程环水保措施落实、工程复绿等变化,进行对比分析,发现问题及时处理,在此基础上,研究建立专业环水保无人机监管队伍与机制,实现全省输变电工程月度环水保监管到位。

(3) 验收移交阶段。

在质量验收阶段,目前无人机已广泛应用于线路验收工作,通过"飞巡+高空+地面"分组,"无人机+人工"协同作业的方式,对线路工程进行全方位精细化验收。首先利用无人机搭载激光雷达技术采集新建线路可见光数据和三维点云模型数据,构建精、细、准的线路三维模型,规划无人机自主验收、巡检的航线和轨迹。建模的同时,全方位测量杆塔倾斜度、导地线弧垂、绝缘子倾斜、交叉跨越距离等数据,大幅度提高验收的质效。利用无人机开展精细化巡检,对线路铁塔金具、绝缘子等进行近距离、全方位排查并拍摄照片,进行缺陷分析,做到验收无死角、无盲区。

环水保验收,山区线路工程地形复杂、施工范围广,传统的环水保验收工作量大、验收效率低。利用无人机搭载高清摄像头,进行施工点位高空航拍,通过与开工前航拍照片进行对比分析,监测、检查施工区域的植被覆盖情况和土壤侵蚀程度,实现施工扰动范围、环水保措施布设、植被与迹地恢复情况的智能评价,对发现的问题进行整改闭环,提升环水保验收的质效。

数字化移交阶段,通过无人机采集的激光点云、倾斜摄影数据已在 e 基建 2.0 系统上试点开展数字化移交。研发 GIM 模型与点云模型叠加对比技术,将施工验收点云模型与设计 GIM 模型进行比对、校正,实现精准数字化移交,推动 GIM 模型可实用于生产运维。

(二) 生产专业无人机应用调研

国网湖南电力输电专业无人机应用在全国网走在前列,体现在规模化、数字化、实用化等方面。

1. 制度保障

国网湖南输电检修公司结合内部运用情况,健全基于激光点云数据的无人机智能自主巡检相关制度规定,高质量完成省公司《立体巡检+集中监控指导意见》《无人机自主巡检规模化应用工作方案》《无人机专项技术监督工作方案》《立体巡检示范单位评选建设工作方案》等纲领性文件编写,促进和指导全省无人机自主巡检规模化应用提升工作。

在飞行空域管理方面,输检公司通过空域申请、飞行报批等业务流程,全面规范无人机巡检业务,加强飞行安全管理工作,有效防治"黑飞"事件发生。通过与南部战区建立飞行空域保障定期沟通机制,根据年度巡检计划,积极对接南部战区、民航,配合省公司设备部申请全省线路无人机巡检空域,依法合规开展无人机巡检的工作。

在无人机智能自主巡检方面,输检公司研发的无人机巡检全景管控平台系统已实现规划航线、点云数据、飞行计划与调度管理、飞手管理、设备管理、维保管理、智能识别影像中包含的线路缺陷与问题、飞行影像实时直播、视频数据的查询、展示、本地管理及本地存储等模块。系统部署于省公司内网与互联网大区,通过隔离装置实现内外网数据互联。

利用激光雷达采集点云数据,通过航线规划软件在 PC 端根据耐张塔与直线塔的不同特点,规划无人机航线,将航线文件导入到具有 RTK 精准定位的无人机中,无人机便可按事先规划的航线开展自主巡检作业，一键启动后，作业过程无须人工干预，且航线可在不同批次巡检中重复使用，极大地提高了无人机巡检效率。

随着"自主精巡+自主快巡"的无人机自主巡检作业体系的不断完善，目前日均巡视的塔基数较原人工模式增至3~4倍，随着线路长度不断增长，设备主人人均维护线路长度同比提升21%，在无人机自主巡检规模化应用的背景下，巡检后的影像数据也呈指数级增长，为解决一线班组数据分析压力大、缺陷隐患判定难等问题，输检公司联合国网联研院、国网智能、华为三家单位开展图像智能识别算法攻关，组建研究团队，结合"两库一平台"建设，推动算法本地化部署，初步实现"自主飞、实时传、智能判"三步走的工作目标，工单从全景平台建立后，巡视完成后作业人员仅需手动导入巡检照片及辅助判图，即可完成全业务链条闭环。截至目前，已累计智能识别照片10万余张，发现设备本体缺陷5000余条，极大地解决了人工分析数据量大、传统人工巡视质量不佳等难题。

2. 无人机在输变电线路建设中的应用设想

在调研会上，各方就无人机在基建过程安全监控中的应用细节进行了较为深入的讨论，包括适合基建场景的无人机型号、空域申请与安全飞行、基建应用场景与运检应用场景的异同、远程通信方式与问题等。

在讨论过程中，提出了基建过程无人机应用环境与输电检修应用环境的差别，在基建场景应用存在以下难点和问题：一是基建过程是一个从无到有的建设过程，基建的大部分时间是在设施和设备的形成过程中，现场呈不规则或变化的状态，大部分时间无法进行基于激光点云扫描形成模型之类的无人机自动巡飞；二是基建过程的安全管理是各级监控工作的重中之重，无人机在基建安全管理中的应用方法与技术还有待研究；三是基建过程的队伍和人员无法做到像检修工作一样稳定，无人机应用的场景和使用复杂度也较高，对飞手的要求和培训工作提出挑战；四是基建工作尚未建立大规模有序应用无人机的案例和经验，类似飞行计划、应用方案与工具、空域管理和协调等方法和机制尚未建立；五是现有基建数字化平台尚未有关于无人机应用的管理模块，有关无人机的应用处于散乱、随意、无法监控管理的状况；六是基建无人机应用的数量和规模还比较小，维修依赖厂家，费用高昂。还就建设公司与输检公司无人机团队间学习合作、专业系统利用与共享、合作开发、无人机维保与飞手专业培训等方面展开讨论，寻求实现互利共赢。

3. 小结

在本次调研中，输检公司详细介绍了无人机在输电线路巡检过程中应用的宝贵经验，对无人机在电网建设过程中的应用（安全质量管控、配网核量等）进行了讨论和交流，并希望日后可以就无人机在基建过程中的应用的相关科研工作领域合作交流。本次调研成果丰硕，对日后公司团队建设、设备型号配置、购置与管理、项目实施、作业标准制定、平台开发与运行等具有重要的参考价值。

（三）调研总结

根据近半年的大调研，公司无人机团队系统梳理基建无人机应用场景，分类归纳如下。

1. 量测应用

深化无人机在勘察设计中的应用，在35千伏及以上输变电工程中全面推广应用无人机地形测绘、输电线路数字航测、通道雷达扫描，为站址路径选择、断面优化和交叉跨越提供精准的地理信息服务。深化无人机测量在施工中的应用，重点研究无人机在线路弧垂观测、带电距离和交跨安全距离测量、实物工程量测算、基坑辅助验收等场景应用。深化无人机在"数字电网"建设中的应用，深度对接运行和检修专业需求，结合三维设计和通道航测，实现输变电工程模型和通道全息数字化移交，为数字电网提供孪生空间和模型底座。

2. 装载应用

突破导引绳全自动导入滑车等关键技术，推动无人机在快速封网等输电线路架线施工中的应用。推广系留无人机（飞艇）夜间照明、现场5G通信信号覆盖等技术，研究无人机绝缘作业平台，拓展无人机在带电作业、有限空间和危险部位等作业场景的应用。突破"无人机+机器人"联合在输电线路附件安装关键技术，开展间隔棒安装、跳线安装、视觉识别螺栓紧固机械臂、防震锤安装、攀登自锁绳挂接等场景应用研究；因地制宜地试点开展重载无人机（飞艇）在山区输电线路材料运输、索道架设、机械转运、铁塔吊装组立、跨越施工中的应用。

3. 感知应用

深化应用无人机的现场感知功能，重点研究违章识别、进度感知、外观检查等场景中的应用。加强无人机在工程质量验收过程中的应用，研究机载压接x射线探伤、接续管弯曲度和握力检测等场景。研究基于三维航迹规划的无人机高空验收应用，重点研究间隙安全距离、悬垂串垂直度、预绞丝绕包质量等；利用激光点云技术，开展输电线路对地面、树竹等跨越物的验收。

4. 影像应用

运用无人机正射、倾斜摄影等技术，优化站区布置和方案比选；深化应用影像成果，辅助开展通道走廊保护、林业手续办理、拆迁工程量核算等工作；全面应用航测成果，优化施工方案编制，支撑施工道路方案制定、运输组织和辅助工程量计算等工作。深入推进无人机在环水保专业的应用，以"卫星遥感+无人机"为手段，实现对重点工程环境扰动情况的定性判断和定点监管，提升环水保监督管理水平。

二、目标与任务

（一）工作思路

基建环保专业无人机应用尚处零星、起步阶段，必须坚持"问题导向"和"目标导向"，大力发展无人机应用。

1. 基建专业无人机应用存在的问题

（1）大载重无人机在电网建设过程中的应用场景仍相对较少，载重400千克的无人机市场上为空白，许多作业方式未有效投入应用，建议增加基建工程中大载重无人机的应用创新，形成更为完善的大载重无人机基建应用方案，提升复杂地形条件下的建设效率。

（2）复合固定翼无人机在施工等阶段应用尚未普及，应用效果显著，应用空间很大，建议可考虑成立基建省级无人机飞行队伍，配备多台复合固定翼无人机、数据分析处理软硬件环境与相应资质的飞手，完成省公司电网建设非计划作业与环水保监管日常巡查与分析工作。由于复合固定翼无人机及相关设备、服务市场价格较高，建议国网统一组织与有关厂商商谈与集中采购，减低购置与服务成本。

（3）当前无人机操作规范与规章制度不完善，部分无人机缺少持证飞手操作，导致对飞行中隐患判断不到位，存在安全隐患。建议公司统一无人机操作规范和安全规章制度，配备无人机工程必须配备有持证飞手,加强飞行安全管理。

(4)智能化辅助不足,数据采集后缺乏有效的数据处理和分析方法,导致数据利用不够充分;数据孤岛现象严重,各单位之间的数据缺乏共享和协同机制。建议引入先进的数据分析工具和平台,提高数据处理和分析能力,充分挖掘数据价值;建立统一的数据共享平台,实现跨部门数据的互联互通和共享协作。

(5)现有的无人机技术和设备尚未完全满足实际施工和监理需求,部分项目中无人机的应用仍处于试验阶段,缺乏大规模推广机制。结合实际需求,持续改进和创新无人机技术和设备,提高其实用性和可靠性;制定切实可行的无人机推广计划,在更多项目中开展应用试点,总结经验进行大规模推广。

(6)当前无人机自动化程度不高,仍需大量人工干预和操控,图像分析也基本依靠人工判断,数据智能分析和决策支持系统尚未完善,难以实现真正的智能化应用。建议加强无人机自动化技术研发,提升无人机自主飞行和操作能力,引入人工智能和机器学习技术,构建智能分析和决策支持系统,实现无人机应用的智能化提升。

2. 基建专业无人机应用发展的目标

(1)加强基建无人机全链作业体系建设,在智慧工地微应用中建立公司基建无人机作业管理模块,实现无人机作业计划管理以及作业过程管控、影响数据管理等功能;支撑开展无人机维修保养、人才队伍培养、作业技术监督等工作,引导基于无人机平台的新技术、新装备研发。持续完善无人机在勘察设计、施工管理、验收移交过程中的应用场景、标准与管理制度,形成无人机应用管理体系。

(2)加强无人机装备研发,联合国内有实力的高校、企业和科研院所建立创新合作机制,开展重大课题联合攻关。统筹无人机创新研究,严格对照公司科技管理要求,开展基建无人机开发应用优选排序,稳步推动技术升级。

(3)加强无人机队伍建设,积极开展无人机飞手持证培训,通过无人机对计划、安全、质量、技术、技经、队伍等基建全专业和环保的环评、水保、技术监督、验收、噪声废水监测、危废处置等环保全专业进行全过程全方位的管控,为人员和设备提供更安全的施工环境,并显著节约人力资源。

(4)加强无人机制度建设,以"六精四化"为指导,着手制定详细的无人机基建作业操作流程、规范和标准等,进一步明确不同场景下的使用要求和责任划分,提升无人机应用标准化水平和成效。

(二)实施路径

根据提炼的核心场景和关键业务活动,设计场景流程的业务走向,绘制具体业务流程的细节和操作过程。通过有效的组织体系,推动先进无人机技术应用迅速从单元级向无人机生态级升级。

(三)工作任务

1. 深化无人机在勘察设计中的应用

(1)深化应用输电线路影像航拍测量,利用高分辨率正射影像、数字高程模型,调绘路径中心关键地物信息,融合航测成果、国土空间规划数据等各类数据,实现输电线路通道三维再现和可视化,支撑通道清理、机械化施工中等新业务需求。加快推进输变电工程三维激光点云技术应用，实现更高精度坐标、高程测绘，杜绝传统人工漏测、误测，提升勘察设计质量。

(2) 深化航测在"数字电网"建设中的应用，结合公司设备、基建、发展、调控等专业对输变电工程通道大数据的需求，发挥基建航测"宽航带、高精度、多信息"的优势，实现工程 GIM 模型融合全息通道大数据的数字化移交。

2. 深化无人机在进度、质量方面的应用

(1) 通过无人机倾斜摄影或点云建模与 BIM 三维模型对比，模拟施工时序，实现形象进度的展示和预警功能。利用无人机扫描和摄像功能，观测主体建筑混凝土裂缝、蜂窝等问题，及时发现质量缺陷。

(2) 通过无人机贴近摄影测量和激光点云数据采集，实现基坑实景模型在监测周期内的快速重构，检测出基坑变形和成孔质量。制定《输电线路无人机验收作业指导书》，辅助开展质量验收工作，分阶段检查施工质量，逐步代替人员登塔检查。

3. 深化无人机在安全管理中的应用

(1) 研究利用无人机实现高空验电、无人机无接触挂拆接地线等作业，提高作业安全隔离水平。利用无人机开展现场巡视，对施工人员的行为进行多维度监控，对违章行为进行拍照取证。快速检查施工人员组塔、架线以及高处转移位置等工作场景的安全措施完备情况，解决高空作业数码照片采集难题。

(2) 加大无人机在应急事件处理中的应用，利用其灵活、快速响应的特点，在发生塌方、危险气体、触电等突发情况，减少二次危害，逐步替代危险排查作业。

4. 深化无人机在高空作业中的应用

深化无人机在输电线路架线施工中的应用。研究导引绳自动导入滑车关键技术，实现放线作业杆塔"不上人"；研究"无人机+机械臂"攀登自锁绳挂拆接，解决第一个上塔和最后一人上下塔无保护问题；研究无人机在快速封网等工序中应用，提升跨越封网施工效率；研究系留"无人机+机器人"在附件安装中的应用，重点解决无人机辅助机器人跨塔作业问题，探索无人机在空中压接平台、机器人在间隔棒安装等场景中的应用；研究无人机激光点云 + VR 在弧垂观测中的应用，攻克无人机快速导线建模技术；研究"无人机+吊挂机器人"在输电线路上行走的关键技术，逐步替代人工走线验收。

5. 重载无人机在机械化施工中的应用

研究大型无人机（飞艇）在特殊地形、地质条件下，在输电线路施工中吊运物料设备的应用，重点研究挂载 200 千克以上载具的经济适用性、典型应用场景。研究重型无人机、重载飞艇直接分段吊装组立、运输铁塔场景中的应用，研究"无人机+电动扭矩机械臂"在螺栓紧固、销钉检查、防震锤安装等应用。研究飞天机器人关键技术，将重型无人机与智能机器人结合，探索在输电线路拆旧、附件吊运安装、带电作业等方面的应用。推广应用无人机系留照明在夜间施工中的应用，研究基于重载无人机架设的新型货运索道、单轨运输侧等场景需求，解决山地索道支架的运输难题，提高山地重型索道的实用性、便捷性。

6. 推进无人机在环水保管理中的应用

应用无人机航摄技术辅助开展工程沿线原始地形地貌、环水保敏感区等地理信息勘查，解决人工调查效率低的问题，提升环评水保方案编制质量。应用无人机倾斜摄影技术，构建环水保空间三维数字模型，实现施工扰动、植被覆盖面积、溜坡溜渣面积、土石方量等参数量测，支撑施工过程环水保监督管理。研究基于无人机遥感影像的图像识别技术，实现施工扰动范围、环水保措施布设、植被与迹地恢复情况的智能评价，提高环保水保验收的质效。

7. 推动无人机在输变电监理中的应用

应用无人机辅助输配电施工现场的监理工作，改变传统监理方式。发挥无人机"机动快、范围广、视角宽"的"鹰眼"特点，辅助现场旁站监理人员，实施"空、天、地"同步监管。通过无人机对人员多、风险等级高、工艺复杂的现场进行实时安全监督。在平行检验、监理初检工作阶段，利用无人机拍摄铁塔的螺丝、销针等细节部位，将视频录制存入数据库，作为监理依据，在满足监理工作数码采集需求的同时，提升质量验收的覆盖范围及深度。

三、重点举措

（一）构建无人机专业化管理体系

建立公司基建无人机作业管理平台，实现无人机作业计划管理以及作业过程管控、影响数据管理等功能；支撑开展无人机维修保养、人才队伍培养、作业技术监督等工作，引导基于无人机平台的新技术、新装备研发。

（二）构建无人机数字化管控体系

构建 B/S 架构的公司级基建无人机数字化管控中心，逐步实现电网基建全流程的无人机信息及数据资源共享，为基建专业无人机航迹自动规划、成果实时采集、数据智能研判提供"云计算、云服务"，提升无人机应用水平。公司无人机数字化系统见图1。

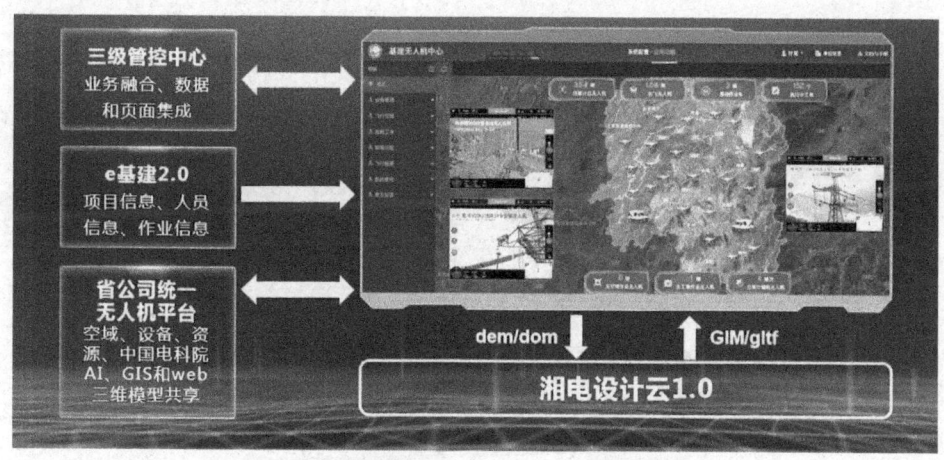

图1　国网湖南电力基建无人机数字化系统

（三）构建无人机智能化创新体系

加强无人机装备研发，联合国内有实力的高校、企业和科研院所建立创新合作机制，开展重大课题联合攻关。统筹无人机创新研究，严格对照公司科技管理要求，开展基建无人机开发应用优选排序，稳步推动技术升级。

（四）有序推进，开展项目试点

考虑到线路和变电站工程实施路径和关键技术差异较大，分别开展试点。在古亭—雁城500千伏线路中，试点无人机勘察设计、安全、环保、质量验收等全过程应用，同步策划无人机＋机械化联合作业；在临湘东220千伏变电站中，部署全智能化无人机巢，打造无人机＋布控球多专业联合巡检模式。